"十四五"时期国家重点出版物出版专项规划项目

新基建核心技术与融合应用丛书

装备自动化
工程设计与实践
第2版

肖维荣 齐 蓉 等编著

U0162091

机械工业出版社

《装备自动化工程设计与实践》（第2版）在第1版的基础上，增加了面向未来的工业通信架构、项目管理关卡模型、mapp组件技术、智能机器设计案例、柔性电驱输送系统设计等章节，特别是增加了智能机器典型应用实例。应用实例采用规范的工程化的设计方法与步骤，介绍其需求分析、关键技术、方案设计与比较、硬件选型、模块化软件设计、人机界面等内容，使读者能够获得更多的工程化的实用知识。

机械装备自动化方案的工程化设计与实现涉及的知识面很宽，本书以提高工业自动化工程师的工程化设计能力及专业技能为目标，针对现代机械制造业的实际需求，以机电软一体化为核心，结合多个典型工程实际案例，将进行这一过程所需的工程知识贯穿起来，阐述机械装备自动化方案设计规范化的方法与步骤。本书内容包含系统技术构成、设计准则、关键技术、项目管理、模块化设计、系统集成等，从工程实用化设计的角度出发，完整地对系统方案设计、硬件配置、自动化方案的开发工具与现代设计方法、控制软件工程化设计、仿真与控制系统无缝集成、控制网络等内容进行了系统阐述，对多种设计方案进行比较分析，使读者能够在一个高的技术水平起点掌握系统设计、工程实现、项目管理的方法。

本书可作为工科院校自动化、电气工程、机械制造专业的高年级本科生和研究生的教材，也可作为从事机电一体化系统制造和销售的工程师的培训教材。

图书在版编目（CIP）数据

装备自动化工程设计与实践/肖维荣等编著. —2版 . —北京：机械工业出版社，2021.2（2023.8重印）
ISBN 978-7-111-66992-0

Ⅰ.①装…　Ⅱ.①肖…　Ⅲ.①机械制造-自动化系统-系统设计
Ⅳ.①TH164

中国版本图书馆 CIP 数据核字（2020）第 239957 号

机械工业出版社（北京市百万庄大街22号　邮政编码100037）
策划编辑：刘星宁　责任编辑：刘星宁　闫洪庆
责任校对：张晓蓉　封面设计：马精明
责任印制：李　昂
北京捷迅佳彩印刷有限公司印刷
2023年8月第2版第3次印刷
184mm×260mm·18印张·492千字
标准书号：ISBN 978-7-111-66992-0
定价：59.00元

电话服务　　　　　　　　　网络服务
客服电话：010-88361066　　机　工　官　网：www.cmpbook.com
　　　　　010-88379833　　机　工　官　博：weibo.com/cmp1952
　　　　　010-68326294　　金　书　网：www.golden-book.com
封底无防伪标均为盗版　机工教育服务网：www.cmpedu.com

Preface

Engineer's visions become reality through automation technology

COVID – 19 started a disruptive global change by the end of 2019. Within several weeks, everybody, independent of age, needed to change to new formats of living. Children and students moved into new education methods like home schooling and remote teaching. It was strongly recommended for older people to stay a home and skip shopping for their daily needs in person. Shut down of many plants and even whole industries had and has a heavy impact on the global  economy. Unemployment, part time working, strictly separated working areas, home office and a significant economic slowdown were the consequences of the pandemic COVID – 19.

"Digital Transformation" has been a buzzword since years, but in this dramatic pandemic phase, the power of this technology became visible. Social media platforms and similar mechanism supported within days the change from classroom teaching into remote lecture offering. Virtual meetings established more or less over night for private as well as business purposes. Full remote access to plants, machines and processes keep manufacturing in progress, even when travelling and personal meetings are blocked. R&D engineers continuous to work on their projects based on simulation. "Digital Transformation" helps us on many levels to manage and to improve our living conditions even in very critical global phases like the COVID – 19 pandemic.

COVID – 19 does not slow down or stop the expansion of knowledge, just the opposite, engineers have to develop new methods and strategies to overcome limits cause by the required restrictions. There are many fields and many industries where we have seen significant changes over the last several years as a result of various research projects at universities and industry laboratories. Most of the researchers' work addresses the goal of improving the world for humans in terms of increased quality, productivity, sustainability, safety and security – or in other words improving living standards and economic efficiency. These research results then find their way into everyday products. COVID – 19 moved "Digital Transformation" Technology into the spot light all over the globe. But we should not forget all the other very important research fields, where consumer benefit from. New packaging materials reduce weight, allow products to be stored longer and improve the all – round experience for the consumer. New synthetic materials used in cars, the textile industry and machines save a significant amount of raw materials. New strategies used to produce, distribute and consume energy changes power plant requirements. These are just a few examples of intensive research to improve daily requirements.

When taking a closer look at the industrial world, we see that all systems have one common foundation: Automation Technology.

Every single machine, every factory and every plant requires the flexibility and the power provided by automation. PLC systems take care of open – loop and closed – loop control. In state – of – the – art PLC systems, data management for batch control, statistical data and quality data are now standard. Various types of motors increase flexibility, efficiency and manufacturing speed. More and more we find AI (Artificial Intellegence) and DL (Deep Learning) in machines. AI/DL based sensors like vision systems open new strategies to improve manufacturing flexibility and quality control. User – friendly HMI solutions enable the operator to control machines or plants according to product specifications and to optimize productivity. Today, most machines are designed with integrated safety technology. Based on standard real – time network technology, such as POWERLINK, the vision of mechatronic systems becomes reality. All the examples mentioned are fundamental components of today's automation technology linked together by automation software. Automation Technology enables the "Digital Transformation" for machines, plants and factories.

Automation engineers must be highly knowledgeable in many different fields. In the past, process and machine development was organized using a step – by – step procedure. Today, parallel organization of development phases is becoming more and more important. In an increasing number of projects, coordination between the various fields of expertise is being managed by the automation engineer. This is an efficient way to optimize mechanical design and meet process technology requirements. The challenge for automation engineers is the wide range of skills they need to master. They must of course be professionals in the field of software, but they also require extensive knowledge in many other technical fields, such as mathematics, physics, mechanics and electrical engineering. Without these skills, it would not be possible to develop robotic systems or high – performance closed – loop control for the process industry.

Teaching this wide range of skills is a complex challenge for universities. Professors have to increase their knowledge every year. Students have to be encouraged and motivated to study many different topics in detail. All – in – all, students and professors require a great deal of commitment to ensure engineers have the knowledge needed to design and develop innovative industry solutions in the future.

I would like to thank Prof. Qi for the idea and her contribution to this outstanding book.

Knowledge is the seed of visions

Visions are the foundation of innovations

Innovations are developed by engineers

Franz Enhuber

Automation Academy Director

B&R

序

自动化技术使工程师的愿景成为现实

2019 年底爆发的新冠肺炎疫情开启了一场席卷全球的颠覆性变革。在短短数周内，每个人无论年龄大小，都需要变换新的生活方式。儿童和学生进入了家庭教育和远程教学等新的教育方式。老年人被强烈建议待在家中，不要外出采购日常所需物品。许多工厂停工，甚至整个行业停摆，这些都对全球经济产生了巨大影响。失业、兼职、严格保持工作距离、在家办公和经济严重放缓等都成为了新冠肺炎疫情的后果。

弗朗茨·恩胡博

多年来，"数字化转型"一直是个潮词，但是在新冠肺炎疫情的期间，这项技术的力量才得以变得清晰可见。社交媒体平台和类似的机制在几天之内支持了从课堂教学到远程授课的转变。虚拟会议无论是出于私人还是商业目的，差不多在一夜之间建立。即使在旅行和私人会议受阻的情况下，对工厂、机器和流程实施远程访问也可以使生产保持正常进行。研发工程师可以在仿真的基础之上继续投身于他们的项目。即使在新冠肺炎疫情的关键阶段，"数字化转型"也在许多层面上帮助我们管理和改善我们的生活条件。

新冠肺炎疫情不会减缓或阻止知识的扩展，相反，工程师必须开发新的方法和策略来克服由疫情所带来的限制条件引起的局限性。过去的几年中，研究人员在大学实验室和工业实验室里取得了众多科研成果，为许多行业和领域带来了巨大的变化。科研工作者始终以改善人类生活质量、效率、安全以及可持续性为工作目标。换句话说，改善人类生活标准和经济效能是科研工作者的共同目标和任务。科研成果体现在人类生活的方方面面，新冠肺炎疫情将"数字化转型"技术转移到了全球的聚光灯下。但是，我们不应忘记让消费者从中受益的所有其他非常重要的研究领域：新型包装材料减轻了重量，使储藏更加方便、长久，改善了用户的全方位体验；新型合成材料能节省大量的原材料，广泛用于汽车、机器人以及纺织工业中；生产、分配以及使用能源的新策略，从结构上改变了电厂的需求。消费者从中获益良多，而这些只是众多科研成果的其中几例而已。

如果我们更近距离地观察工业世界，那么我们会看到各项新技术的诞生有着一个共同的基础：自动化技术。

每一台机器、每一个车间、每一座工厂都需要自动化技术赋予的灵活性和能量。工业生产中，每个开环、闭环控制任务都可由 PLC 系统加以实现。当代工业生产中，PLC 控制系统功能众多，尤其是在批次控制、统计数据和质量数据的拘束管理等方面，PLC 控制系统已经有了标准化的解决方案。PLC 系统支持使用各种型号的电动机，这大大提高了生产的效率及灵活性。我们在机器中发现了越来越多的 AI（人工智能）和 DL（深度学习）。基于 AI/DL 的传感器，例如视觉系统，为提高生产柔性和质量控制开启了新的策略。友善的人机界面使操作员可以按照产品需求来控制机器或工厂，使得生产效率达到最优化。如今，大多数机器都集成了安全技术，不仅如此，基于标准实时的网络技术，例如，Powerlink 也使得机电一体化的愿景变成了现实。以上所提到所有技术都是当今自动化技术的基本要素，然而最关键的要素还是自动化软件。自动化技术使机器、设备和工厂能实现"数字化转型"。

自动化工程师必须精通多个不同领域。在过去，生产流程和机器研发是用顺序步骤来实现的。而如今，并行研发阶段的项目组织变得越来越重要。随着项目数量的不断增加，不同专业领域的协调管理往往是由自动化工程师来完成的，而这也正是优化机械设计，使其满足工艺技术要求的一条有效途径。因此，自动化工程师面临着严峻挑战：必须广泛掌握多学科的技能。当然，首先他们必须是软件领域的专家；其次，也需要掌握许多其他技术领域的知识，例如，数学、物理、力学以及电气工程。没有这些技能，他们就无法研发机器人系统和流程工业的高性能闭环控制系统。

对于大学教育而言，教育学生掌握如此广泛的技能无疑是一个巨大的挑战。教师必须每年都要学习新的知识，并激励和鼓舞学生深入学习各种不同的课题。总而言之，学生和教师都应做出巨大的努力，这样才能保证将来的工程师们具有足够的知识去设计和开发富有创新的工业方案。

在这里，我要对齐蓉教授为这本好书给出的创意和贡献表示深深的感谢！

知识是愿景的种子！
愿景是创新的基础！
创新来自于工程师的开发！

弗朗茨·恩胡博
贝加莱自动化学院院长

前　言

工业自动化技术的发展是如此之快，智能化工厂、AI 技术、柔性制造、数字化转型、扁平化管理、管控一体化都已逐步成为现实。装备自动化系统变得越来越复杂，规模越来越大，性能要求也越来越高，需要具备更多先进的相关知识才能适应这个日新月异的世界。

自动化是大型装备的灵魂，工程化设计是实现的根本。我国在工业自动化制造领域对许多大型设备都有相当强的制造能力，但更需要的是在高端制造领域工程化设计能力的提高，使产品更具高可靠性、高稳定性、高环境适应性，向着数字化、精密化、智能化、集成化、网络化、柔性化等方面发展，使我国从制造大国迈向制造强国及设计强国。

现代制造业的发展促进了多学科的相互融合，各种工程技术飞速进步，自动化设备越来越复杂，设计者需要在不断变化的环境中应对越来越复杂的工程技术问题。如何创建高效而且富有竞争力的机械自动化设计方案，工程师们面临的挑战是要通过不断地再学习来扩充自己在各个领域的知识。在校的学生们也需要学习控制系统工程化设计的理论与实用方法，了解并掌握先进的设计理念、方法、技术、工具、手段，提高机电软一体化系统工程化设计素质。

本书在第 1 版的基础上，增加了面向未来的工业通信架构、项目管理关卡模型、mapp 组件技术、智能机器设计案例、柔性电驱输送系统设计等内容。力求将当今最先进的制造设计技术传递给读者，使读者能够全面、系统地掌握现代装备自动化工程设计的理论与方法，建立完整的知识体系，拥有现代化的设计理念，能够担当起系统开发、设计和项目管理任务。

作为高校与企业合作的结晶，本书由贝加莱公司的肖维荣博士和西北工业大学的齐蓉教授主持并撰写完成。参与本书写作的还有贝加莱公司的工程师团队，成员是宋华振、周靖、樊慧芳、陈志平、刘柏严、陈妮亚。他们多年工作在科研、教学、工业设计与产品销售的一线，了解工业界的实际需求和技术发展水平，积累了丰富的工程设计经验，为本书付出了智慧与辛劳。

书中相关内容处附有视频二维码，可扫码观看应用实例。为了便于教师教学，制作了 PPT 讲义，讲义可从机械工业出版社教育服务网 http：//www.cmpedu.com 下载使用。

本书的写作参考了大量的书籍、论文及文献资料，这使我们的视野更加开阔，避免观点的偏颇，在这里一并向这些作者们致谢。

作　者

目 录

第 1 章

装备制造与自动化集成导论

当今的世界正在发生日新月异的变化，它在悄悄改变着人们的生活方式和生活质量，制造业也与人们的生活一样正在从随意和粗放走向严谨和精细，这得益于装备制造业与自动化技术日益紧密的结合。

1.1 制造自动化面临的问题

1. 全球化

现代科技进步将距离感大为缩短，地球似乎也变小了，但人们的生活领域和商业疆界却变大了。其标志之一是制造业全球化分布式布局形成。例如，产品的研发、零部件制造、生产与采购、市场营销、公司总部都可以在不同的地点，然而公司的运营却具备协同效应。其标志之二是制造业出现了崭新的全局观。面对不同的民族，产品研发与销售要考虑对不同文化的容纳与适应；面对不同的地理位置，产品指标要有相应的调整。例如，不同海拔对电器产品的电磁兼容和温度适应范围就有不同的要求。在不同的地区，产品要适应不同的标准和规则，例如北美的 UL（保险商试验所）标准、欧洲的 CE（欧洲统一）标准以及中国的 CCC（强制性产品认证制度）标准等。公司全球沟通的语言要统一到一个标准语言上。其标志之三就是产品使用与服务的全时域覆盖，例如产品售后技术支持 24h 都会对客户的需求进行回应。

2. 数字化和信息化

数字化和信息化已经作为生活元素无孔不入地渗入人们的生活，以至于当今的人们如果缺少了它就寸步难行。微信、短信、电子邮件、网络交互作为沟通的工具，无论它们的形式如何改变，它们都以各种各样的方式陪伴着人们的生活。如果一个公司的运营离开了邮件系统、网络系统以及 ERP（Enterprise Resource Planning，企业资源规划）软件系统，会出现难以想象的管理混乱和效率低下。无纸化办公以及电子商务已经成为人们工作和生活的重要手段。这一切都在宣告，人类已经进入并处在了"e 时代"！

3. 越来越短的产品生命周期

科技的飞速发展、商业竞争的加剧、消费者拥有越来越多的选择权，这些都促使各个行业产品的生命周期越来越短。产品的生命周期如图 1.1 所示。

从一般的电子消费品到机械设备，制造业产品生命周期的缩短降低了用户购买成本，也提升了他们未来的预期支出，同时伴随的是由于产品兼容性问题而带来的烦恼。一个行业的产业链好像被捆绑到了一条流水线上，而这条流水线的运营速度越来越快，出现了挑战与风险并存。上游的厂商面临着越来越苛刻的客户需求的挑战，下游的用户也面临着更多的不可预知的未来风险。

4. 复杂的关联技术

学科之间的相互渗透是技术发展的必然，多学科技术体现在一个产品上已经是产品研发与制

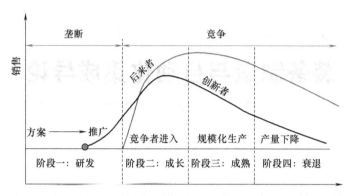

图 1.1 产品的生命周期

造的常态，风力发电设备就是一个典型的例子。风力发电系统单机模型如图 1.2 所示。在这个设备里，空气动力学、工程力学、电机学、自动控制理论、电力电子学以及安全技术相互交融，各种机械、电子机构相互配合，在控制流、信息流的指挥下将风能源源不断地转化为电能。

不可否认的是，产品的关联技术越复杂，为新进入者在技术上设置的门槛就会越高。企业的技术竞争力不仅取决于企业的技术文化，同时也取决于企业内部的多学科协同能力。

1-1. 风力发电控制系统

5. 有限的资源

四大有限资源如图 1.3 所示。四大有限资源指的是人力资源、能源、时间及原材料。

科技发展与经济发展的最佳出路就是尽可能少地利用资源来达到尽可能大的产出。低能耗、低污染、低成本和高效率是制造业追求的目标，甚至是发展愿景。企业管理、研发、生产的全过程都要进行全局化考量和精细化规划，这是优化资源的必由之路。那么，四大有限资源的优化对于制造业意味着什么？

（1）人力资源

首先，工程技术人员后备力量的匮乏已经成为一个全球性的问题。其次，越来

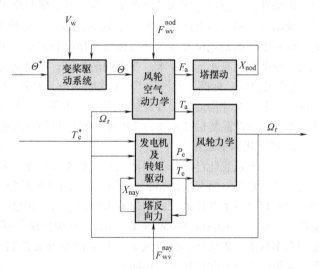

图 1.2 风力发电系统单机模型

越复杂的工艺和技术往往需要更多的人力投入，同时解决问题所花费的时间也越来越长。随着技术更新速度的加快，操纵机械设备对操作员的知识结构要求也越来越高，操作人员的实践和培训成为了一个很重要的课题。一个突出的问题是，在我国这样一个新兴经济区域，人力资源的成本，包括培训、薪酬以及人员流失所带来的产品成本在以比欧美更快的速度增长。这就为制造业提出了一个矛盾性课题：是招聘更多的低薪酬、低素质的员工，还是采用相反的策略，加强现有员工培训、提高工作效率？

（2）能源

纵观我国的装备制造业在过去 20 年的发展，基本上可以总结为高速发展的同时伴随着高能耗。设备生产的厂商只关注产品本身的成本，不太关注产品的能耗以及给下游供应链带来的未来

成本，然而这种发展模式却是不可持续的。装备制造业的战略转型势在必行。战略转型就是要摆脱传统的粗放式发展模式，摆脱仅仅靠价格取胜的竞争方式，因此，技术创新和节能才是战略转型的唯一出路。

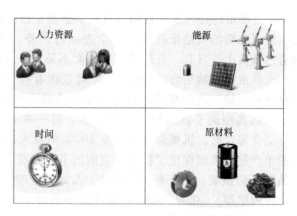

图 1.3　四大有限资源

节能首先要从能源的生产和输配做起。应提高能源的生产效率，更多地利用可再生能源。例如，太阳能、风能、生物质能以及潮汐能等。这些都是在能源的生产源头进行的开发和努力。在能源的输配方面，不仅要消除和避免能耗的峰值，同时还要进行有效的能源生产管理，电网负载的均匀分布也是能源输送与分配的重要课题。

高效低耗地使用能源是在用户端的追求。在生产流程中，设备保持热备状态而不是停机，整个生产线上尽量地减少电动机的制动和起动频度，以保持其迅速运转的能力，这是节省能源的基本规则。而为了实现这个目标，就要从设计和系统的软、硬件配置入手。另外，运动中电能的回馈电网以及智能的电动机运动仿型也都是使能耗最小化的精细化手段。

此外，节能还意味着尽量降低产品的能耗。在选配元器件中，使用能耗更低的产品，以降低系统的总能耗。电子产品设计中的减少能源足迹（Energy foot print）就是这个意思。不仅如此，一个有效的冷却系统也是至关重要的。在电气控制柜中，人们往往注意主动冷却系统，例如，愿意进行风冷系统或水冷系统的投入，但却不首先考虑如何有效针对导热问题进行研发与设计。因为如果一个系统的导热设计合理，则主动冷却系统就可以省却或减少投入。

（3）原材料

减少原材料在产品中的用量，尽量避免使用贵重金属是"轻装设计"理念的基本原则。一个典型的例子就是并联机器人的设计和构造方式。轻装设计的并联机器人如图 1.4 所示。减少了产品的原材料用量，随之就减少了物流中的运输重量，降低了原材料制造中的能耗分摊。

1-2. 机械手

轻装设计的理念是在保证性能的前提下，尽可能减少材料的用量，尽可能用便宜的材料，即"as good as needed"。然而如何减少材料的成本而不影响性能呢？这就需要一个理论基础和参照乃至试验手段。但是样机的试验如果过于频繁就又会造成大量的人力、物力甚至时间的浪费。要解决这些问题，同时又达到轻装设计的目的，主要有两个途径：①采用基于精确建模的现代仿真手段对产品进行设计并取代样机试验，在这里，机械和软件的紧密结合是至关重要的；②依据仿生学从自然界获得一些生物或自然

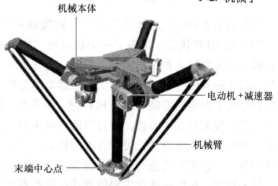

图 1.4　轻装设计的并联机器人

现象的经验借鉴，进行模仿和创新。当然，产品整个生命周期的管理也是延长产品的使用寿命、节省原材料并缩短设备停机时间的有效策略。

应当指出的是，原材料的节省在制造业中已经在走"精细化"的道路。所谓的精细化是指表现在三个方面的趋势：①"批量一"。即一个制造的批次上，只有一件产品下线，而不是成百上千件，这是定制化产品和大批量的极端结合。"批量一"就意味着每一件产品和下一件之间都存在着制造工艺的变换，且这个变换的基本要求是无废料产生。"批量一"的典型例子就是数字化胶印机，每一张的印刷都是不同的印刷

1-3. 轻质机械手

板。②准确及时。机械设备可以有100%的投入能力而无意外停机。连续的生产制造流程保证了能源和空间的节省，没有因停机造成的苛刻产品（如药品、化工产品等）的报废，这些都属于准确、及时的范畴。③减少到极致。包装材料的厚度（如矿泉水瓶的壁厚）、纸媒体的厚度在不影响其功能的前提下，尽可能减小到极致，以达到尽可能减少材料用量而降低成本的目的。

（4）时间

时间管理的第一要素就是规范和规划。生产流程和产品研发都需要规划每一个时间步骤。同时，避免意外停机、产品转换之间无延迟也是优化生产效率的重要指标。对于产品研发来讲，尽可能缩短开发周期是适应制造业高动态需求的必需之举。然而，开发周期的不断缩短，意味着对研发团队不断增强的压力。在全球化的今天，无论客户处在哪个地区，无论公司的研发和生产以及服务分布在何处，都不影响对客户的服务以及公司的运营，这也是全球化与全时域融合的概念。尤其是在产品的生命周期不断缩短、商业竞争不断加剧的当今世界，谁赢得时间，谁就赢得未来。

1.2 装备制造业与自动化技术的发展趋势

装备制造的核心是机械制造。机械制造业主要有塑料机械、纺织机械、包装机械、印刷机械、木材加工机械、CNC（计算机数字控制）机床/机器人以及工程机械等行业。由于提高机械性能和生产效率的需求日益迫切，工业自动化技术发挥着越来越重要的作用。工业自动化系统不仅是机械系统的一个组成部分，它已经成为机械设备的灵魂。

1.2.1 机电软一体化

传统意义上的机械设计是从机械结构规划入手，在制订机械加工工艺的同时，完成机械制图。20世纪80年代后，出现了一个新词叫"Mechatronics"，中文的含义是机电一体化。机电一体化概念的出现标志着在机械制造领域，电气系统重要性的加强，同时机械和电气在机械设计和运行过程中相互配合、相互补偿的关系越来越受到重视。从工业自动化的视角来看，我国的机械制造业经历了继电器控制、单板机控制、简单的PLC（可编程序逻辑控制器）逻辑控制、集成式复杂智能控制这几个阶段。就目前的发展来看，仅仅是机电一体化已经不能适应装备制造业的需求。软件成为工业自动化设计方案的核心，不仅承担机械的动作控制，而且还具有配方管理、智能测算、工艺库的实施与集成、设备生命周期的管理等功能。在机械设备上应该体现的是机、电、软一体化。机电一体化主要体现的是机电系统的相互配合、协调和互补，而软件却在机械设计、系统升级与优化、机械的生命周期管理中都起着核心的作用。机械的知识产权或技术核心越来越多地体现在软件设计之中。当今现代化的机械设备中，机、电、软这三元素融为一体，缺一不可。机械设备机电软一体化如图1.5所示。

1.2.2 个性化方案与大批量生产

以印刷机械为例，尤其是胶印机行业，进入21世纪以来，正在发生革命性的变革，这个变革主要是数字化和信息化主导的。数字化印刷技术的先驱——HP Indigo公司的创始人Benny Landa曾经这样描述这场革命：所有可以数字化的都将会数字化，印刷也不例外（Everything that can become digital will become digital，and printing is no exception.）。这场数字化技术的革命带来的是印刷产品的定制化和个性化。案例1：每一则广告在日报中会因地区不同而内容不同，比如针对当地的超市而定制。案例2：每一辆汽车都有专门的使用手册（燃油的种类、配置选项等都有区别）。案例3：每一本相册都是独特的。所有这些案例都体现了印刷行业的新特征，那就是系列化生产中的单件批量（Batch Size One）。

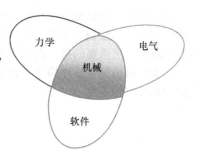

图1.5 机械设备机电软一体化

印刷行业的变革不是孤立的，其他行业也正在进行着同样的演化过程。塑料机械、包装机械、纺织机械以及CNC机床/机器人等行业都面临着一个同样的问题，即每一批订单，甚至每一台设备的订单，都要考虑客户不同的个性化需求。大批量、同质化的产品已经进入完全竞争的阶段，会逐渐失去竞争力。设备制造商面临着一个艰难的战略选择。大规模、同质化的制造模式只能靠价格取胜，属于利润空间狭窄的商业模式。个性化方案、系列化生产的模式所面临的压力是研发的投入、成本的控制以及灵活的反应能力，这会成为企业发展的瓶颈。个性化方案大批量生产面临的挑战因素如图1.6所示，它描述了这个战略选择将面对的挑战。

迎接这个挑战就要发挥自动化软件的效能，而最根本的设计理念就是"模块化设计"。在构建机械设计方案时，有三个要素最为重要：

1）模块化的系统构架。无论是机械部分、电气部分，还是自动化软件部分，有了模块化的构架，才能像搭积木那样组合成多种多样的设计方案。

2）软件工程。软件工程包括软件架构、软件设计、项目管理以及产品生命周期管理等内容，这是面向未来工程化的思想。只有在规范化和标准化基础上设计的软件才具备长久的生命力。

3）知识的重复利用。机械制造的关键技术和工艺将越来越多地沉淀到软件设计中，软件将成为机械制造知识产权的核心。将成熟的功能或技术标准化，避免重复的、无谓的开发，需要将测试的、验证过的、成熟的知识封装入功能库，以便重复、高效地利用。另外，从自动化技术的角度来看，建立一个自动化功能库，针对特定的机械制造业研发相应的行业模板，创造一个定制化应用的研发环境，是解决个性化需求、设计自动化构架方案的理想平台。个性化自动化方案构架如图1.7所示。

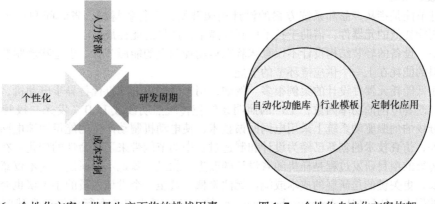

图1.6 个性化方案大批量生产面临的挑战因素   图1.7 个性化自动化方案构架

具体到某一个机械制造厂商，这意味着"多型号机器，一套软件"的系统构架。这样的一套软件架构，不仅创造了统一的操作习惯，而且大大缩短了新机型的研发周期，降低了研发和售后服务成本，更重要的是，它有力地保证了方案的可靠性和质量。

纺织机械的统一软件构建平台如图 1.8 所示，图中 DM 代表着数据模块，这是某纺织机械制造商的软件架构案例。

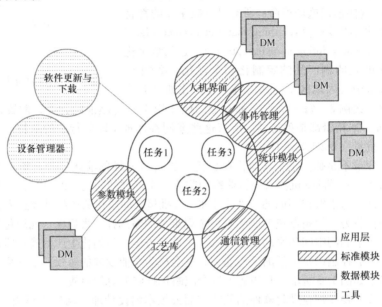

图 1.8　纺织机械的统一软件构建平台

1.2.3　能效的追求

能效是指机械设备的能耗和性能。我国装备制造业战略转型的标志之一是摆脱低价竞争的怪圈，从价格竞争走向价值竞争。而价值竞争就要同时关注成本和性能，即性能价格比。产品的性能指标涉及一系列综合的评价指标，它包含设备的性能参数、精度、生产效率、质量管理水平以及终端产品品质等。性能价格比与机械设备的售价是一个非线性正比关系。这里所关注的成本不仅仅是机械设备本身的售价，还有设备未来的运行成本。能耗就是未来成本的一部分。

能耗的最小化设计包括两个要点：设计节能和能源管理。

1. 设计节能

设计节能是指从产品和系统方案的设计构架开始，进行省材料、省时间和省人工的设计规划，选用能耗低的元器件，借助于技术创新保障单位产量的能耗最低。

其中，设备的轻装结构设计不仅意味着在运动控制上的能源节省，也意味着制造这些结构件的原材料的能耗在上一个供应链环节的节能。

采用低能耗元器件设计的案例很多。例如，用永磁同步电动机代替异步电动机，提高电动机的效率，改善电网的功率因数；工厂的照明系统把传统照明改成 LED（发光二极管）照明；在多轴共母线的伺服驱动系统上采用电网回馈技术，使电动机制动产生的能量回馈电网。

另外，仿真技术的创新已经为设计和制造过程中的节能带来了革命性的变化。在设计制造过程中，传统的项目研发过程是样机随着设计的改进一款又一款地不断研制。这不仅意味着设计时间的冗长，更关键的是研制的成本或能耗无法降低，甚至一个设计人员的小失误也会给生产厂带来巨大的损失。HiL（Hardware in the Loop，硬件在环）是来自汽车行业的仿真研制方法，即包含硬件或设备的仿真回路，它能够解决纯软件仿真的不足。这种仿真技术的投入，避免了每一个小小的改动都要做一个汽车样机的耗费。在机械系统自动控制方案研发过程中，MATLAB/Simulink 在研发系统中的集成也为设计节能、缩短研发周期带来了新的途径。系统仿真创造设计捷径如图 1.9 所示，它展示了这种仿真思路的优势。

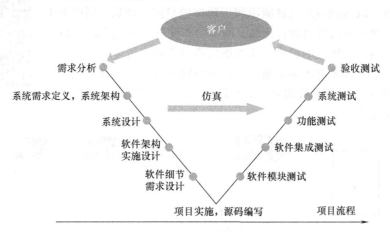

图 1.9　系统仿真创造设计捷径

2. 能源管理

ISO 50001 是由 ISO 的能源管理委员会 ISO/PC 242 组织制订的，目的是作为企业的能源管理标准，以提高能源使用效率、减少成本支出，降低对环境的影响。ISO 50001 能源管理标准提供了一种方法，结合能效与实际的工业或商业管理系统，实现持续的节能改善。

ISO 50001 标准所提倡的中心思想是将能源的消耗变得可测、可控，最终通过策略和规划的调整使能耗得到持续不断的优化。能源管理的中心思想如图 1.10 所示，能源管理系统模型 Plan-Do-Check-Act（PDCA，计划、实施、检查、行动）如图 1.11 所示，它们分别从不同的角度阐述了这个思想。

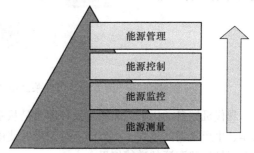

图 1.10　能源管理的中心思想

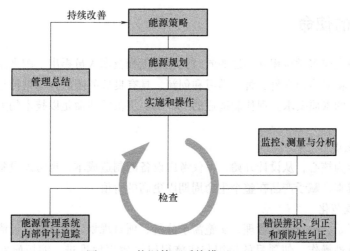

图 1.11　能源管理系统模型 PDCA

这里的能源所指的不仅是传统意义上的电能，它涉及工厂生产中各种类型的能源，如电能、水、压缩空气、热能、蒸汽、燃气、燃油以及其他能源介质。

能源管理就是要让能源可测、可控，并基于所测信息形成报表，制定下一步优化策略，以达到不断改进能源利用效率的目的。例如，同样的生产设备和任务，两个车间可以进行比较；同样的车间两个班次之间可以进行比较；针对用电或用燃气的波峰、波谷如何进行有效安排生产；怎样的顺序起动设备才能使能源需求量不超限，以避免额外支付惩罚性费用。贝加莱公司 APROL EnMon 的系统构架如图 1.12 所示，它是能源管理系统典型拓扑结构的一个案例。

1-4. 工业 PC 结构

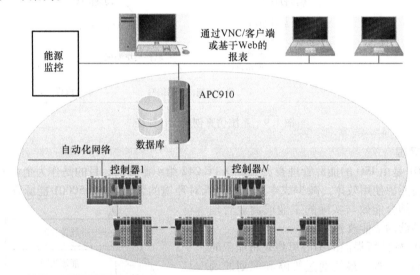

图 1.12　贝加莱公司 APROL EnMon 的系统构架

现代机械自动化系统的能效设计理念是从系统性能设计开始就融入节能的思想，并贯穿设备操作、生产规划的过程中。节能不仅是降低使用成本的手段，从低碳环保角度出发，体现了产品具有保护地球资源的道德境界。

1.3　工程师的使命

现代制造业在走向多学科相互渗透的同时，也对工程技术人员提出了越来越高的要求。面对快速变化的世界，精通多门学科、善于学习和创新、具有良好的团队合作精神与沟通能力，这些都是对工程师基本的素质要求。现代制造业的工程师所担负的使命是以技术的力量提高企业的价值竞争能力。

1. 价值竞争意识

以环保和节能为核心，从设计开始，不仅考虑设备的制造成本，也考虑设备的使用成本以及不可预计的未来成本，赋予产品在整个生命周期以更高的价值。

2. 标准化与规范化

从项目立项开始，进行项目管理，实施需求分析、项目规划、团队设立、流程控制以及项目验收等环节的规范性操作，使项目的组织与实施得以高效率地推进，缩短研发周期，降低 TCO（Total Cost of Ownership，总所有成本）。特别是对于自动化的软件方案设计，软件的框架、代码的重复利用率、方案的规范程度，这些都是决定一个方案价值的重要因素。

3. 创新与学习

企业只有通过不断的创新才能冲破价格战的困局，而企业的创新又依赖技术团队对新技术和新手段的掌握以及学习能力。

必须清楚的是，创新不是一个简单的口号，它需要前提条件和基础。企业或团队应该具备创新与学习的文化，拥有技术和工艺积累沉淀的平台和工具，企业或团队具有获取业界现有资源的能力。不是所有的技术都必须是原创的，如果是这样，企业就无从谈发展。合理合法地借用或获取现有资源，作为进一步发展的基础，才能使创新迈出第一步。因此，充分了解行业的标准和现状是非常重要的，标准化和规范是企业发展效率的保障。技术和工艺的积累沉淀，不仅需要一支具有创新与学习意识的团队，同时也需要时间的积淀。

1.4 机械自动化方案的工程化设计要点

机械自动化方案的工程化设计涉及的面很宽，要考虑的因素也很多。本书以提高工业自动化工程师工程化设计的能力为目标，针对现代机械制造业的实际需求，以机电软一体化为核心，阐述机械自动化方案设计的方法与步骤。对于如何创建高效而且富有竞争力的机械自动化设计方案，将结合工程实践案例，着重介绍四个方面的内容。

1. 基于精准测算的自动化硬件配置方案

机械自动化方案指由控制系统、人机界面以及运动系统所构成的方案。由于机电一体化硬件配置最核心的问题是运动系统与机械本体的融合与协调度，所以本书重点介绍伺服驱动控制、减速器以及电动机的硬件配置方法。

运动系统参数如何选定一直是困扰自动化工程师的问题。在实践中，人们往往类比同样或类似型号的机器上已经使用的运动系统，根据其额定数据进行模仿设定，却不知其所以然。这其实是很致命的设计习惯，是"差不多"文化的折射。如果运动系统选得过小，轻则机械装备达不到设定的性能指标，重则须更换系统，造成浪费；如果运动系统选得过大，也就是设计裕量过大，会导致机械造价过高，能耗过大。即使运动系统的大小合适，其中也有一个驱动控制、减速器以及电动机的相互配合问题。如果它们配合不当，就会影响机械的精度或动态性能指标。

在满足机械设备动态和静态性能指标的前提下，尽量压缩设计裕量，降低材料用量和成本，同时在精准计算仿真手段的支持下，使运动系统最佳地适配机械本体，从而获得一个优化的配置方案。

2. 方案模块化与标准化的规范

以典型的 PID（比例、积分、微分）调节器设计为例，如果 PID 调节器的算法在每一次应用中都要重新由项目工程师编写源代码，将造成工时的浪费和工作效率低下。如果将 PID 调节器的各种应用状态考虑周全，使其无论是对快速和大滞后的被控对象，还是对机械控制和过程自动化的回路调节都能适用，然后将各种算法及参数作为一个可以重复使用的模块进行封装，这样就可以显著地提高工程效率，避免无谓的人力资源的浪费。

现实情况常常是一个团队中有众多优秀的自动化工程师，他们有各自的风格和优势，但他们所创造的软件方案各有千秋，虽然在应用中没有问题，但不能相互兼容和借鉴。更有甚之，如果一个工程师离开公司，那么没有人能读得懂他的软件，这样，前期的投入将变得一文不值。

针对团队和个人，设计并执行自动化方案的标准化规范是非常重要的。从软件的架构，到模块的接口定义，甚至到变量名称的定义都应该有一套详细的执行标准，使得一个团队的优秀工程师们都遵循这些规范进行工作，那么，这个团队所产出的自动化方案将不仅具有长久的生命力，而且团队的工程效率将给企业带来强大的竞争力。

3. 基于数字化模型仿真的工程化设计手段

汽车制造业之所以能够不断地提高汽车的性能价格比，其主要原因之一在于设计手段的改革。如果对设计每做一项改动或实验都要新制作一个样车，不仅会造成研发成本的高企，而且研发周期也将成为不可承受之重。HiL可以完美解决这个瓶颈。机械自动化方案的工程化设计也是如此。将机电系统的部分作为数字化模型直接与自动化系统连接，可以直接测试和优化控制算法、验证设计改动是否合理，并无须为此生产样机，这种设计方法使得最终的样机一次性完成，并能够达到满意的设计效果。这种设计手段的采用就是工程化设计的一次革命。

作为自动化工程师，应该学会充分利用成熟的资源和先进的技术手段，以最短的时间、最低的成本设计出性能价格比最佳的产品，这不仅是企业的需求，也是时代的要求。基于数字化模型的仿真手段，就是这样的一个设计捷径。

4. 工程化项目管理

工程化项目管理的目的就是使得一个项目能够利用有限的人力资源，在最短的时间内，高质量地得以完成，并使其具有传承性和借鉴性，同时最大限度地规避未来可能的风险，使企业获得最大的收益。

项目管理对一个项目来说，要解决"做什么，谁来做，怎样做，什么时间完成，完成标准，完成后的文档总结"等问题。项目管理的步骤是：①需求分析；②项目规划；③项目团队的组建；④角色分配以及沟通；⑤监控机制的制定；⑥项目的验收标准与验收；⑦项目的文档总结。

工程化项目管理的核心是解决如何提高工程化效率，如何培养自动化工程师的行为规范与素质。

第 2 章
现代机电一体化系统技术构成

现代科学技术的发展加速了不同学科的交叉与渗透，引领了工程领域的技术进步与革新，机电软一体化技术的进步与广泛应用使得现代化的机械设备几乎都是机电一体化的产品，典型的应用有数控机床、计算机集成制造系统、柔性制造系统、工业机器人等。代表着未来制造业技术水平的"工业4.0"战略必然会进一步推动机电软一体化技术的快速发展。

机电一体化技术是将机械工程技术、可编程序控制器技术、自动控制技术、微电子技术、计算机与信息处理技术、传感器与检测技术、接口技术、信号变换技术、人工智能技术、伺服传动技术、现场总线技术、软件设计技术、可靠性技术等进行有机结合并综合应用到实际工程项目中去的复合技术。

2.1 传感器

传感器是现代信息技术（传感器技术→信息采集，通信技术→信息传输，计算机技术→信息处理）的三大支柱（传感器技术、通信技术、计算机技术）之一，传感器技术、通信技术、计算机技术在控制系统中起着"感官""神经"和"大脑"的作用。传感器是现代测量与自动控制系统的首要部件，是信息的源头，没有传感器对原始信息进行精确、可靠的捕获和转换，一切测量与控制就无从谈起，可以说，现代化的工程项目和控制系统离不开各式各样的传感器。

2.1.1 传感器的基本概念

1. 传感器的定义与结构组成

传感器是一种检测器件或装置，能够感受被测量量，并能将感受到的信息按一定规律转换成可用信号。

传感器的定义包含的意思：①传感器是测量装置，能完成检测任务；②传感器的输入是某一种可被测量的物理量、化学量、生物量等；③传感器的输出是某种物理信号，这种信号应便于传输、转换、处理、显示，多为电信号，也可能是气压、光强等物理信号；④传感器的输出与输入之间有确定的对应关系，且能达到一定的精度。

传感器通常由敏感元件和转换元件组成。传感器的敏感元件是指能直接感受和响应被测量量的单元，传感器的转换元件是指将敏感元件的感受或者响应转换成适于传输和测量的电信号的单元。信号调节与转换电路的作用是把转换元件输出的弱信号转换为便于显示、记录、处理和控制的电信号（通常为电压或电流）。由于不同种类的传感器的检测原理不同，因此，传感器输出的电信号也有多种形式。例如，连续信号与离散信号；周期性信号与非周期性信号；电压、电流、频率信号等。

传感器的结构组成如图 2.1 所示。

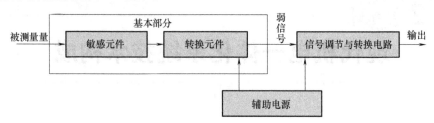

图 2.1　传感器的结构组成

2. 传感器的分类

传感器种类和规格繁多，功能各异，工作原理和使用条件各不相同，分类方法也多种多样。现将常采用的分类方法归纳如下：

（1）按传感器输入的物理量和测量对象的不同分类

分为位移、压力、速度、温度、称重、湿度、光线、流量、气体成分等传感器。

这种分类方法明确地说明了传感器的用途，使用者可以方便地根据测量对象选择所需要的传感器。但这种分类方法将原理不同的传感器归为一类，因此对掌握传感器的一些基本原理及分析方法是不利的。

（2）按传感器工作与检测原理分类

分为电阻式、电容式、电感式、压式、电磁式、磁阻式、光电式、压阻式、热电偶式、核辐射式、半导体式等传感器。进一步细分，例如，根据变电阻原理，有电位器式、应变片式、压阻式等传感器；根据电磁感应原理，有电感式、差压式、电涡流式、电磁式、磁阻式等传感器；根据半导体有关理论，有半导体力敏、热敏、光敏、气敏、磁敏等固态传感器。

传感器的工作与检测原理指传感器工作时所依据的物理效应、化学效应和生物效应等机理。

这种分类方法便于传感器专业工作者从原理与设计上作归纳性的分析研究，避免了传感器的名目过于繁多，故最常采用。

有时也把用途和原理结合起来命名，例如电感式位移传感器、压电式力传感器等。

（3）按传感器输出信号的性质分类

分为数字式式传感器和模拟式传感器。

数字式传感器是指能直接将非电量转换为数字量，可以直接用于数字显示和计算，可直接配合计算机，具有抗干扰能力强、传输距离远等优点。这类传感器可分为脉冲、频率和数码输出三类。例如光栅传感器等。

模拟式传感器是指将被测非电量转换成连续变化的电压或电流，如果要求配合数字显示器或数字计算机，需要配备 A-D 转换装置。

（4）按敏感元件与被测对象之间的能量关系分类

分为能量转换型传感器和能量控制型传感器。

能量转换型（又称有源式、自源式、发电式）传感器是指在进行信号转换时不需要另外提供能量，直接由被测对象输入能量，把输入信号能量变换为另一种形式的能量输出的传感器。有源式传感器类似一台微型发电机，它能将输入的非电能量转换成电能输出，传感器本身不需外加电源，信号能量直接从被测对象取得。因此只要配上必要的放大器就能驱动显示记录仪表。这种传感器有压电式、压磁式、电磁式、电动式、热电偶、光电池、霍尔元件、磁致伸缩式、电致伸缩式、静电式等传感器。这类传感器中，有一部分能量的转换是可逆的，也可以将电能转换为机械能或其他非电量，如压电式、压磁式、电动式等传感器。

能量控制型（又称无源式、他源式、参量式）传感器是指在进行信号转换时，需要先供给能量，即从外部供给辅助能源使传感器工作，且由被测量量来控制外部供给能量的变化的传感器。对于无源式传感器，被测非电量只是对传感器中的能量起控制或调制作用，需通过测量电路将它变为电压量或电流量，然后进行转换、放大，以驱动指示或记录仪表，配用的测量电路通常是电桥电路或谐振电路。这种传感器有电阻式、电容式、电感式、差动变压器式、涡流式、热敏电阻、光敏管、光敏电阻、湿敏电阻、磁敏电阻等传感器。

（5）按传感器的结构参数在信号变换过程中是否发生变化分类

分为物性型传感器和结构型传感器。

物性型传感器是指在实现信号的变换过程中结构参数基本不变，利用某些物质材料（敏感元件）本身的物理或化学性质的变化而实现信号变换的传感器。这种传感器一般没有可动结构部分，易小型化，故也被称作固态传感器，它是以半导体、电介质、铁电体等作为敏感材料的固态器件。例如热电偶，压电石英晶体，热电阻以及力敏、热敏、湿敏、气敏、光敏等半导体传感器。

结构型传感器是指依靠传感器机械结构的几何形状或尺寸（即结构参数）的变化而将外界被测参数转换成相应的电阻、电感、电容等物理量的变化，实现信号变换，从而检测出被测信号的传感器。例如电容式、电感式、应变片式、电位差计式等传感器。

（6）按传感器与被测对象的关联方式（是否接触）分类

分为接触式和非接触式传感器。

接触式传感器，例如电位差计式、应变式、电容式、电感式等传感器。接触式的优点是传感器与被测对象视为一体，传感器的标定无须在使用现场进行，缺点是传感器与被测对象接触会对被测对象的状态或特性产生或多或少的影响。

非接触式传感器可以消除由于传感器介入而带来的对被测量的影响，提高了测量的准确性，同时也使传感器的使用寿命增加。但是，非接触式传感器的输出会受到被测对象与传感器之间介质或环境的影响，因此，传感器的标定必须在使用现场进行。

（7）按作用形式分类

分为主动型和被动型传感器。

主动型传感器又分为作用型和反作用型传感器，此种传感器对被测对象能发出一定的探测信号，能检测探测信号在被测对象中所产生的变化，或由探测信号在被测对象中产生某种效应而形成检测信号。检测探测信号变化方式的称为作用型，检测产生响应而形成信号方式的称为反作用型。雷达与无线电频率范围探测器是作用型的实例，而光声效应分析装置与激光分析器是反作用型的实例。

被动型传感器只是接收被测对象本身产生的信号，例如红外辐射温度计、红外摄像装置等。

（8）按照制造工艺和制造材料分类

按照制造工艺分为集成、薄膜、厚膜等传感器；按照制造材料分为金属、聚合物、半导体、陶瓷、混合物等传感器。

（9）按应用领域分类

分为工业、民用、科研、医疗、农用、军用等传感器。

2.1.2　传感器的基本特性

传感器的输入-输出特性就是其基本特性。由于受传感器内部储能元件（电感、电容、质量块、弹簧等）的影响，传感器对快变信号与慢变信号的反应大不相同。对应快变信号，研究随时间变化的动态特性；对于慢变信号，研究不随时间变化的静态特性。因此，传感器的基本特性又分为静态特性和动态特性。

1. 静态特性

传感器的静态特性是指对于静态的输入信号，传感器的输出量与输入量之间的相互关系。表征传感器静态特性的主要参数有线性度、灵敏度、分辨率、迟滞、重复性、漂移和稳定性等。

（1）线性度

线性度是指传感器的输出和输入呈线性关系的程度。传感器的理想输入-输出特性应该是线性的，因为这有助于简化传感器的数据处理。但传感器的实际输入-输出特性大多有一定程度的非线性，如果传感器的非线性项的幂次不高，在输入量变化范围不大的条件下，可以用最小二乘法来求出拟合直线，用以代表实际特性曲线，该直线称为拟合直线，这就是传感器非线性特性的"线性化"。

（2）灵敏度

灵敏度是传感器在稳态下输出量变化对输入量变化的比值。对于线性传感器，它的灵敏度就是它的静态特性的斜率，非线性传感器的灵敏度为一个变化量。静态曲线越陡则灵敏度越高，静态曲线越平坦则灵敏度越小。灵敏度实际上是一个放大倍数，它体现了传感器将被测量的微小变化放大为显著变化的输出信号的能力，即传感器对输入变量微小变化的敏感程度。

（3）分辨率

分辨率是传感器能够感知或检测到的最小输入信号的增量。分辨率可以用增量的绝对值或增量与满量程的百分比来表示。通常，灵敏度越高，分辨率越高。另外，阈值是指传感器输入零点附近的分辨率。

（4）迟滞

迟滞现象与回程误差密切相关，回程误差是指在相同测量条件下，对应同一个大小的输入信号，传感器在正向行程（输入量增大）和反向行程（输入量减小）期间，输入-输出特性曲线不重合的现象。在整个测量范围内产生的最大滞环误差称为迟滞误差。

（5）重复性

重复性表示传感器在输入量按同一方向做全程多次测试时所得的输入-输出特性曲线一致的程度。多次测试曲线越重合，重复性越好，误差也越小。

（6）漂移

漂移是指传感器在外界的干扰下，输入量不变的情况下，输出量发生与输入量无关的、不需要的变化的现象。漂移包括时间漂移、温度漂移、灵敏度漂移和零点漂移。漂移将影响传感器的稳定性。产生漂移的原因主要有两个：一个是传感器自身结构参数发生老化，例如零点漂移，它是在规定条件下，一个恒定的输入在规定时间内的输出在标称范围最低值处（即零点）的变化；另一个是在测试过程中周围的环境（如温度、湿度、压力等）发生变化，这种情况最常见的是温度漂移，它是由周围环境温度变化引起的输出变化。温度漂移通常用传感器工作环境温度偏离标准环境温度时输出值的变化量与温度变化量之比来表示。

（7）稳定性

传感器的稳定性是指在室温条件下，经过相当长的时间间隔，传感器的输出与起始标定时的输出之间的差异。

2. 动态特性

动态特性是指传感器在输入变化时的输出响应特性。实际工程中，常用对某些标准输入信号的响应来表示传感器的动态特性。这是因为对标准输入信号的响应容易用实验方法求得，且传感器对标准输入信号的响应与它对任意输入信号的响应之间存在一定的关系，往往是知道了前者就能推定后者。最常用的标准输入信号为阶跃信号和正弦波信号，所以传感器的动态特性也常用阶跃响应和频率响应来表示。例如，阶跃输入时的时域动态特性常用指标为延迟时间、上升时间、响应时间、超调量等。

除理想状态外，多数传感器的输入信号是随时间变化的，由于传感器的敏感材料对不同的变化会表现出一定程度的惯性和迟滞，因此，输出信号不会与输入信号有相同的时间函数，这种输入与输出之间的差异就是动态误差。一个动态特性好的理想传感器，其输出随时间变化的规律能再现输入随时间变化的规律，即具有相同的时间函数。

2.1.3 传感器的选型准则

现代传感器的原理与结构千差万别，这使得它们的工作原理、结构形式、使用环境、应用条件、任务目的存在很大不同，如何根据具体的测量目的、测量对象以及测量环境合理地选用传感器，是在进行某个物理量测量时首先要解决的问题。当传感器确定之后，与之相配套的测量方法和测量设备才能够进一步确定。测量结果的成败，在很大程度上取决于传感器的选用是否合理。

1. 传感器的选用涉及的因素

无论选用何种传感器，都要考虑可靠性、静态精度、动态性能、灵敏度、分辨率、抗干扰能力、量程、能耗、成本、测量方式、安装方式等共性因素。

1）与测量条件有关的因素：测量的目的、被测试量的选择、测量范围、输入信号的幅值、频带宽度、精度要求、测量所需要的时间。

2）与传感器技术指标有关的因素：精度、稳定度、响应特性、模拟量与数字量、输出幅值、对被测物体产生的负载效应、校正周期、输入信号的保护。

3）与使用环境条件有关的因素：环境条件（湿度、温度、振动等）、安装现场条件及情况、信号传输距离、所需现场提供的功率容量。

4）与购买和维修有关的因素：价格、零配件的储备、服务与维修制度、保修时间、交货日期。

2. 传感器的选型准则

（1）传感器类型

工程设计时，应该根据测量对象与测量环境确定传感器的类型。这需要分析多种因素后确定采用何种工作原理的传感器。因为即使是测量同一物理量，也有多种工作原理的传感器可供选用，关于哪一种工作原理的传感器更为合适，这需要根据被测量量的特点和传感器的使用条件具体问题具体分析。考虑的因素主要有量程的大小、被测位置对传感器体积的要求、测量方式为接触式还是非接触式、信号的引出方式、传感器的来源、价格能否承受、购买还是自行研制。在权衡这些因素后，确定传感器的类型，下一步才是传感器具体性能指标的选型。

（2）精度

精度是传感器的一个重要的性能指标，它关系到整个测量系统的测量精度和控制设备的控制精度。传感器的精度越高，其价格也越昂贵。因此，传感器的精度选型是在成本与性能之间进行平衡与协调。

如果测量目的是定性分析，则选用重复精度高的传感器，不宜选用绝对量值精度高的传感器；如果测量目的是定量分析，必须获得精确的测量值，则需选用精度等级能满足要求的传感器。某些时候，要求传感器的精度越高越好。例如，现代超精密切削机床，测量其运动部件的定位精度、主轴的回转运动误差、振动及热形变等时，往往要求测量精度为 0.001 ~ 0.1mm。对某些特殊使用场合，无法选到合适的传感器，则需自行设计制造传感器，但自制传感器的性能必须经计量部门检测，并能够满足使用要求。

（3）灵敏度

设计者通常愿意在传感器的线性范围内，选择高灵敏度的传感器，这是因为灵敏度越高，就意味着传感器所能感知的变化量越小，即被测量量的微小变化就会使得传感器有较大的输出。但是，高灵敏度的传感器在使用时，与被测量量无关的外界噪声也容易混入，并被放大系统放大，这又会影响测量精度。传感器的灵敏度越高，干扰噪声就会越大。因此，应该选择有较高信噪比（SNR）的传感器以减少干扰。值得注意的是，传感器的灵敏度是有方向性的。当被测量量是一维矢量，且对其方向性要求较高时，则应选择传感器单向灵敏度高而其他方向灵敏度低的传感器；如果被测量量是多维矢量，则要求传感器的交叉灵敏度尽可能低。

（4）稳定性

稳定性是指使用一段时间后的传感器其性能保持不变的能力。除传感器本身结构外，使用环境是影响传感器稳定性的主要因素。因此，选择的传感器必须要有良好的环境适应能力。

在选择传感器之前，应对其使用环境进行评估，根据使用环境选择传感器，或采取补偿措施以减小环境对传感器性能的影响。例如，选择电阻应变式传感器时应考虑湿度的影响；选择变极距型电容式传感器和光电传感器时，应考虑环境灰尘、油剂浸入间隙时会改变电容器的介质和感光性质；选择磁电式传感器或霍尔效应元件时，应考虑周围电磁场带来的测量误差；选择滑线电阻式传感器时，应考虑表面的灰尘会引入噪声。实际的机械自动化系统或自动检测装置中，工作环境往往比较恶劣，其灰尘、油剂、温度、振动等干扰严重，这时传感器的选用必须优先考虑稳定性因素。

另外，传感器在超过使用期后，应重新进行标定和校准，以确保传感器的性能稳定。在某些要求传感器能长期使用而又不能轻易更换或标定的场合，对传感器稳定性要求更加严格，一方面要选择那些能够耐受长时间工作的传感器，另一方面要创造或保持良好的使用环境。

（5）频率响应特性

传感器的频率响应特性是指在所测频率范围内尽量保持不失真。但实际上传感器的响应总不可避免地有一定延迟，设计者和用户希望延迟时间越短越好。一般物性型传感器（例如利用光电效应、压电效应的传感器）响应时间短，工作频率宽；而结构型传感器（例如电感、电容、磁电等传感器）由于受到结构特性的影响、机械系统惯性质量的限制，其固有频率低、工作频率范围窄。

在动态测量中，传感器的响应特性对测试结果有直接影响，在选用时，应根据信号的特点（稳态、瞬态、随机等）选择响应特性，以免产生过大的误差。

（6）线性范围

传感器的线性范围是指输出与输入呈正比的范围，是和灵敏度紧密相关的一个参数，理论上在此范围内，灵敏度保持定值。传感器的线性范围越宽，则其量程越大，且能保证一定的测量精度。例如，机械式传感器的弹性元件，其材料的弹性极限是决定测量量程的基本因素。当超过弹性极限时，将产生非线性误差。因此，当输入量增大时，除非有专门的非线性校正措施，传感器不应在非线性区域工作，更不能在饱和区域内工作。有些需在较强的噪声干扰下进行的测试工作，被测信号叠加干扰信号后也不应进入非线性区。因此，过高的灵敏度会影响其适用的测量范围。选择传感器时，要考虑其量程是否满足工程实际要求。

实际上，任何传感器都不能保证绝对的线性，其线性度也是相对的。当所要求测量精度比较低时，在一定的范围内，可将非线性误差较小的传感器近似看作线性的，这会给测量带来极大的方便，但要注意其非线性误差在允许范围内。例如，变极距型电容、电感传感器，均采用在初始间隙附近的近似线性区内工作。

（7）测量方式

传感器在实际条件下的工作方式也是选择传感器时必须考虑的重要因素。例如，接触与非接触测量、破坏性与非破坏性测量、在线与非在线测量等。在机械系统中，往往采用非接触测量方式对运动部件的被测量量进行测量。例如，对于回转轴的误差、振动、转矩等被测量量，往往需要非接触式测量。这是因为对部件的接触式测量不仅造成对被测系统的影响，还存在许多实际困难。例如，测量头的磨损、接触状态的变动，信号采集也不易妥善解决，易造成测量误差。采用电容式、涡流式、光电式等非接触式传感器，会很方便。但若选用电阻应变片，则需配以遥测应变仪。又例如，对于生产过程监测或产品质量在线检测等，宜采用涡流探伤、超声波探伤、核辐射探伤及声发射检测等，尽可能选用非破坏性测量方式。

（8）在线测试

在线测试是与实际情况保持同步的测试方法。许多自动化过程检测与控制系统往往要求在线检测。例如，在加工过程中对工件表面粗糙度进行检测，以往的光切法、干涉法、触针法等都无法运用，取而代之的是激光、光纤或图像检测法。

（9）其他原则

选用传感器时还应尽可能兼顾结构简单、体积小、重量轻、价格便宜、易于维修、易于更换等因素。还要综合考虑环境噪声、传递距离、输出方式、安装限制等因素。

2.1.4 传感器的标定与校准

传感器的标定是指通过试验建立传感器输出与输入之间的特性，并确定不同使用条件下的误差。

传感器的校准是指传感器使用、存储一段时间后，需对其主要技术指标进行复测。校准和标定的本质是一样的，标定与校准的目的是确保测量的准确、统一和合法性。

对传感器进行标定与校准需以国家和地方计量部门的有关检定规程为依据，选择正确的标定条件和适当的仪器设备，按照规定的程序进行。

对传感器进行标定是根据试验数据确定传感器的各项性能指标，实际上也是确定传感器的测量精度。在标定传感器时，所用的测量仪器的精度至少要比被标定的传感器的精度高一个等级。这样，通过标定确定的传感器的性能指标才是可靠的，所确定的精度才是可信的。

1. 传感器标定的意义

传感器标定是系统设计、制造和使用传感器的一个重要环节。任何传感器在制造、装配完毕后都需对设计指标进行标定试验，以保证量值的准确传递。

对新研制的传感器也必须进行标定试验，这样才能用标定数据进行量值传递，而标定数据又可作为改进传感器设计的重要依据。

对出现故障的传感器，若经修理还可继续使用，修理后也必须再次进行标定，这是为防止它的某些指标发生变化而产生误差。

2. 传感器标定的分类

（1）根据被测量量分类

1）绝对标定法。被测量量是由高精度的设备产生并测量其大小，这种方法的特点是标定精度高，标定设备复杂。

2）相对标定法。又称比较标定法，被测量量是用根据绝对标定法标定好的标准传感器来测量的，这种方法的特点是简单易行，但标定精度较低。

（2）根据标定的内容分类

1）静态标定。传感器静态标定的目的是确定传感器静态特性指标，如线性度、灵敏度、滞后和重复性等。对传感器进行静态特性标定，首先是创造一个静态标准条件，其次是确定标定仪器设备（标准量具）精度等级，要求标准量具的精度等级比被标定传感器至少高一个等级，附加设备的精度又必须比标准量具精度至少高一个等级，然后才能开始对传感器进行静态特性标定。传感器的静态特性是在静态标准条件下进行标定的，静态标准是指没有加速度、振动、冲击（除非这些参数本身就是被测物理量）及环境温度为室温（20 ± 5）℃、相对湿度≤85%、大气压力为（760 ± 60）mmHg$^\ominus$的情况。

以静态标定的比较法为例，标定步骤是，传感器全量程（测量范围）等间隔分点标定→正、反行程往复循环一定次数（一般为3~10次）逐点标定（输入标准量，测试传感器相应的输出量）→列出传感器输出-输入数据表格或绘制输出-输入特性曲线→数据处理获取传感器的线性度、灵敏度、迟滞和重复性等静态指标。

2）动态标定。传感器动态标定的目的是确定传感器的动态特性参数，如频率响应、时间常数、固有频率和阻尼比等。有时，根据需要也要对温度响应、环境影响等进行标定。确定动态参数的方法很多，一般是通过实验确定，例如测量传感器的阶跃响应、正弦响应、线性输入响应、白噪声、机械振动法等。

动态标定信号多为阶跃信号或正弦信号，分为一阶传感器的动态标定和二阶传感器的动态标定。一阶传感器只有一个时间常数，二阶传感器则有固有频率和阻尼比两个参数。动态标定的过程：动态标定→研究动态响应→确定动态响应参数。以动态参数标定的正弦信号响应法为例，标定步骤是，测量传感器正弦稳态响应的幅值和相角→得到稳态正弦输出信号与输入信号的幅值比和相位差→逐渐改变输入正弦信号的频率→重复前述过程可得到幅频和相频特性曲线→由幅频和相频特性曲线确定传感器的动态特性参数。

值得注意的是，传感器制造出来之后，自身的测量精度就客观确定了。对传感器进行标定的结果可能因所用的标定装置或标定数据处理方法不同而出现差异。一个高精度的传感器，如果标定方法不当，则很可能在实测中产生较大的误差；反之，一个精度不太高的传感器，如果标定方法得当，反而可能在实测中产生较小的误差。显然，提高标定设备、指示仪器的精度有助于提高标定精度。按有关规定，标定设备、指示仪器的精度都有最低要求。在此规定上，标定设备和指示仪器的精度越高，标定的精度也越高。另外，数据处理的方法很多，不同的方法有不同的精度，因此，提高对标定数据处理的精度也很重要。还应注意的是，应该尽力减小环境变化引起的误差。传感器一般由制造厂在实验室内按规定条件进行标定，而设计人员和用户通常希望传感器的标定状态尽可能模拟实际测量状态，但在实验室内不可能模拟各种使用状态。使用状态改变引起测试数据变化时，将会给测量带来明显的误差。因此，过程设计与使用传感器时就应考虑这一因素的影响。为了获得较高的标定精度，应将传感器及其配用的电缆、放大器等测试系统一起标定。某些环境条件对传感器输出的影响不可消除时，可在特定条件下标定，并给出在不同条件下标定值的修正系数或修正公式。若能在测量现场进行标定，则实测效果会更好。

2.2　执行机构

执行机构是一种能提供直线或旋转运动的驱动装置，它利用某种驱动能源并在某种控制信号作用下工作。

越来越多的工厂采用了自动化控制，越来越多的人工操作被机械或自动化设备所替代。执行机构是控制系统中重要的组成部分。在控制系统中，执行机构接受控制器的指令信号，经执行机

$\ominus$　1mmHg = 133. 322Pa。

构转换为角位移或直线位移，从而操纵调节机构，改变被控对象进出的能量或物料，实现系统或设备的自动控制目的。

现代的执行机构包含了位置感应装置、转矩感应装置、保护装置、逻辑控制装置、数字通信模块及 PID 控制模块等，而这些装置或模块可以全部安装在一个紧凑的外壳内。

2.2.1 执行机构的分类与比较

执行机构的驱动方式主要分为电动、液动、气动三种，进一步细分还有电磁控制与液动控制组合为一体的电液执行机构、泵控和阀控相结合的电静液执行机构、气动与液动结合的气液联动执行机构等。

电动、液动、气动这三种驱动执行机构的特性不同，适用的工程应用领域也有差别。

1. 气动执行机构

在电动、液动、气动这三种执行机构中，应用广泛的是气动执行机构。气动执行机构的投资成本最低，结构简单，性价比较好，容易操作和维护，对操作人员的技术要求低。气动执行机构最大的特点是安全性高，在三种执行机构里，气动执行机构是最具防火、防爆优势的，适合应用于石化、石油、油品加工等行业。

气动执行机构的缺点在于它的控制精度低，这一点不能和电动执行机构、液动执行机构相比，这是由气动执行机构的压缩气体驱动方式所决定的。气体具有易压缩性，气动执行机构缺乏足够的抗偏移性能，因此在控制精度方面缺少竞争力。

气动执行机构多为一体化结构，气动执行机构的种类有薄膜式和活塞式两种。薄膜式气动执行机构的行程小，只能带动阀杆。活塞式气动执行机构的行程大，除了阀杆外还可以与蜗轮蜗杆配合使用。

气动执行机构的结构体积远小于液动执行机构，运行平稳度也较高，且具有安全防爆的优点，因此在发电、化工、石油等对安全性要求较高的生产行业有普遍的应用。

2. 电动执行机构

电动执行机构的使用率越来越高，它安装成本适中，输出推力大，运行稳定，造价低于液动执行机构，性价比高。与气动执行机构相比，电能获取容易。电动执行机构的参数控制非常精准。

电动执行机构的结构复杂，故障率要高于气动执行机构，容易发生故障，需要有较高技术水平的专业人员操作并维护。电动执行机构接收的是电信号，容易出现打火的问题，在这一点上，安全性就要逊色于其他两种执行机构。

电动执行机构多是分体式结构，执行机构和调节机构各自独立运行。电动执行机构有角度行程和直线行程两种，分别输出角位移和直线推力。电动执行机构的抗偏离能力好，控制精度比气动执行机构高，并能轻松实现信号保护，应用领域非常广泛。

3. 液动执行机构

液动执行机构使用液压油驱动，液体有不可压缩的特性，这赋予了液动执行机构很好的抗偏移能力，调节非常稳定。液动执行机构的输出推力大、抗偏移性好、控制精确、响应速度快、运行稳定。液动执行机构的输出推力要高于气动执行机构和电动执行机构。液动执行机构的输出转矩可以根据要求进行精确的调整，使得传动更为平稳、可靠，可以缓冲撞击，适用于对传动要求较高的工作环境。另外，液动执行机构本身配备有蓄能器，在发生动力故障时，可以进行一次以上的执行操作，减少紧急情况对生产系统造成的破坏和影响，特别适用于长输送管路的自动控制。液动执行机构使用液压方式驱动，操作过程中不会出现电动设备常见的打火现象，因此防爆性能要高于电动执行机构。

液动执行机构的驱动需要配备液压站和输油管路，液动执行机构相对电动执行机构和气动执行机构，一次性投资更大，安装工程量也更多。液动执行机构的缺点是造价高，体积也比较大、结构笨重，因此液动执行机构的使用范围较小，通常是大型的、特殊要求的工程设备需要使用液动执行机构。

2.2.2　电动执行机构

电动执行机构是以电能为驱动能源的执行机构，广泛应用于各种工业自动化过程控制系统，它由电动机、电磁执行机构、控制器、减速器、限位机构、转矩保护机构、位置反馈装置、丝杠、蜗轮蜗杆等构件组成。对于电动机，有异步电动机（可靠性高、成本低、成熟可控、效率较低）、永磁交流同步电动机（可靠性高、成本高、效率高）、直流电动机（体积小、成本高、可控性好）、步进电动机（可靠性高、开环控制结构简单且成本低、调速范围宽、没有积累误差、位置控制精度高、起停和反转响应快）、直线电动机（速度范围宽、加速度大、行程不受限制、结构简单、运动平稳）、伺服电动机（闭环控制精度高、高速性能好、抗过载能力强、稳定可靠）等。对于控制器，它接受和输出 4～20mA 模拟信号和数字信号，实现对于执行机构的自动控制。新近发展的智能化技术还可以实现对执行机构的功能设定、故障自诊断、状态报警和记录、显示和通信功能。对于减速机，有正齿轮传动、蜗轮蜗杆齿轮传动、行星齿轮传动、滚珠丝杠传动等方式。执行机构的辅助部件包含：手轮（断电和调试时操作执行机构）、阀位显示（现场显示执行机构阀位情况）、电气及机械限位装置（双重保护，智能型产品采用电流传感器技术来实现限位和转矩保护功能）、转矩保护开关（过转矩时对执行机构的减速机构进行保护）、加热电阻（保持电气盒空间一定的温度，在低温时不会结露，使电气部件受潮）、附加限位开关和转矩开关（提供一些附加的信号点）等。

电动机把电能转化为机械能，从而驱动执行机构动作；减速器是将电动机的高转速、小转矩的机械能输出转换为低转速、大转矩的机械能输出。电动执行机构连接上各种阀体，就形成了各种电动调节阀。随着集成电路和数字技术的发展，继电开关和模拟运算放大电路已开始被微型芯片取代，出现了智能型电动执行机构。新型的智能型电动执行机构电机普遍采用蜗杆蜗轮减速。

著名的电动执行机构品牌有英国 Rotork 电动执行机构、美国 JORDAN 电动执行机构、法国的伯纳德、ABB 的 ONTRAC 系列和德国 AUMA、SIEMENS、SIPOS5 电动执行机构等。英国Rotork公司电动执行机构结构如图 2.2 所示，德国 AUMA 公司电动执行机构结构如图 2.3 所示。

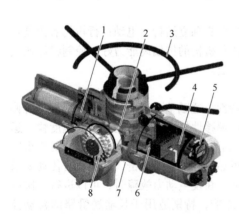

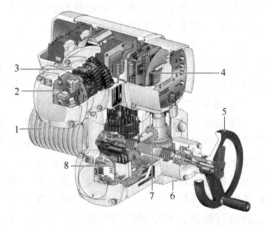

图 2.2　英国 Rotork 公司电动执行机构结构
1—电动机　2—减速装置　3—手动轮
4—现场总线板　5—执行器控制板
6—行程和转矩传感器　7—阀门附件
8—电气接线端

图 2.3　德国 AUMA 公司电动执行机构结构
1—电动机　2—现场总线板　3—电气接线端
4—执行器控制板　5—手动轮　6—阀门附件
7—减速装置　8—行程和转矩传感器

1. 电动执行机构按照位移分类

1）角行程电动执行机构：输出转矩和90°转角，用于控制蝶阀、球阀、百叶阀、风门、旋塞阀、挡板阀等。转矩不大于600N·m时，减速器高速级为两级行星齿轮传动，输出级为蜗杆传动。转矩不小于1000N·m时，减速器由多转执行机构减速器配蜗杆减速器组成。

2）直行程电动执行机构：输出推力和直线位移，用于单、双座调节阀、套筒阀、高温高压给水阀、减温水调节阀等。减速器由多转执行机构配接丝杠螺母传动装置组成。

3）多转式电动执行机构：输出转矩和超过360°的转动，用于控制各类闸板阀、截止阀、高温高压阀、减温水阀及需要多圈转动的其他调节阀。减速器高速级为行星齿轮传动，输出轴为交错轴斜齿轮传动。

2. 电动执行机构按照调节方式分类

1）开关型电动执行机构：执行机构接收开关信号控制输出，即使开关复位，输出件继续移动，直到极限位置停止。执行机构除非紧急按停，不能停在中间位置。原理与远控调节型相同，区别是能自动保持开关信号。

2）远控开关型（调节型）电动执行机构：执行机构接收开关（继电）信号控制输出位移，开关复位，输出件停止运动。这是一种开环的可间断调节的控制系统。

3）比例调节型电动执行机构：执行机构接收系统的控制信号自动实现工业过程调节控制，控制行程与输入信号成正比。这是一种带负反馈的偏差控制系统。

3. 电动执行机构按照结构分类

1）紧凑型：将电动机、减速器和控制器集成在一起，也称一体化结构，一般的轻载型执行机构都是这种结构。

2）重载型：由多转式执行机构配以不同的减速器构成。其电动机、减速器和控制器封装在不同的壳体内。

4. 电动执行机构选型的关键参数

1）输出转矩（角行程和旋转式）、输出推力（直行程）。输出力（转矩）应大于它所受到的负荷力（转矩），输出转速应满足调节机构的调节时间。

2）速度：角行程为多少（rad/s）；旋转式为多少（r/min）；直行程为多少（mm/s）。

3）行程：角行程为90rad/s、120rad/s，旋转式为多少（r/min），直行程为多少（mm/s）。

4）执行机构的运行模式：开关型还是调节型。

5）其他辅助功能：控制输入模式，附件开关输出，阀位反馈输出，通信功能，就地手动功能，信号隔离功能。

6）电源：单相AC 220V/230V；三相AC 380V/400V；DC 24V/48V；是否需要防爆。

7）连接方式及尺寸：直联式与连杆连接方式，传动轴的结构与尺寸。

2.2.3　液动执行机构

液动执行机构是指利用液压油或其他合成液体的特性，把油液的压力能转换为机械能，能够实现往复直线运动、旋转或摆动的执行机构。液压传动的特点是可实现无间隙传动，传动平稳，承载力大，容易实现无级调速，且调速范围宽，易于实现过载保护。另外，由于液体的压力、流量和方向容易控制，配合电气装置，便于实现自动工作循环和自动过载保护。由于一般采用液压油作为传动介质，因此液压元件有自我润滑作用，有较长的使用寿命。但液动执行机构也有不少缺点，例如，液压动力不像电力那样容易获得；油液的黏性受温度的影响大，影响其工作稳定性，不适应低温、高温或温度变化大的场合；液动执行机构组件加工和装配要求精度高，加工工艺困难，成本高；液压传动要求工作油要始终保持清洁，因而带来比较大的维护工作量，液压元件维修复杂；由于液压油泄漏和由此导致的液体的可压缩性使传动比无法严格保证，系统效率较低等。但是，由于液动执行机构具有输出转矩大，运动惯量小，动态性能好，加速能力强，具有优良的抗偏离能力，能高速起动、制动与反向等诸多优点，使得它在过程控制、工业自动化设备中有着广泛的应用。

液动执行机构按其运动形式分类有用于直线往复运动的液压缸、用于连续旋转运动的液压马达、用于摆动运动的摆动液压马达。

1. 液压缸

液压缸是将液压能转变为机械能、做直线往复运动（或摆动运动）的液动执行元件。它结构简单、工作可靠。用液压缸实现往复运动时，可免去减速装置，且没有传动间隙，运动平稳，因此，在各种机械的液压系统中得到广泛应用。

液压缸的结构基本上可以分为缸筒和缸盖、活塞和活塞杆、密封装置、缓冲装置和排气装置五个部分。

液压缸按结构形式分类有活塞缸（又分为单杆活塞缸及双杆活塞缸）、柱塞缸、摆动缸（又分为单叶片摆动缸及双叶片摆动缸）、伸缩套筒缸。

液压缸按供油方向分类有单作用缸、双作用缸、复合式缸。单作用缸只是往缸的一侧输入高压油，靠其他外力使活塞反向回程；双作用缸分别向缸的两侧输入压力油，活塞的正反向运动均靠液压力完成；复合式缸有多种组合方式，例如活塞缸与柱塞缸组合、活塞缸与机械构件组合等。

液压缸按用途分类有串联缸、增压缸、增速缸。

机器设备的往复直线运动可直接采用液压缸实现，这样的系统设计简单便捷。若要求往返运动速度一致，可采用双活塞杆式液压缸；若要求快速返回，则宜用单活塞杆式液压缸，并可考虑用差动连接；若要求行程较长，可采用柱塞缸，以减少加工的困难；若系统的压力比较低，局部需要较大的压力，可用增压缸；若要求往复摆动运动，则既可用直线式液压缸加连杆机构，也可用齿轮-齿条机构来实现，也可用摆动式液压缸。

液压缸的主要性能参数和结构参数为油缸直径、进出口直径及螺纹参数、活塞杆直径、油缸工作压力、行程要求、安装方式、是否有缓冲要求、速度及速比、空载起动压力等。

液压缸选型前需确定系统参数，这包括需要明确负载重量和所需要的推力、工作压力和压力范围、油缸负载、完成行程距离的时间、运行速度、安装要求、工作环境、使用频度等。选型步骤为：初选液压缸内径→初选活塞杆直径→确定系统压力→选定行程→确定安装方式→酌情选择缓冲→选择油口类型和通径，例如由系统中连接管路的接管方式确定油口类型为内螺纹式、法兰式及其他特殊型式，在系统与液压缸的连接管路中介质流量已知条件下，通过油口的介质流速及速比确定油口通径→密封件品质选择，例如能够随着压力提高、自动提高密封性能、摩擦系数稳定、低速下无爬行现象、抗腐蚀、耐磨、不易老化、互换性好、易采购→满足工况要求的选择，例如工作介质，环境或介质温度，精度要求，工作的压力与往返速度配合关系，保压要求时的零泄漏，高频振动对各部件材料特性、连接结构的影响，高粉尘、水淋、酸雾或盐雾等环境对密封系统、各部件材料特性、活塞杆的表面处理及产品防护的影响→其他特性选择，例如排气阀、泄漏油口。

2. 液压马达

液压马达是将油液的压力能转换为输出轴转动机械能的能量转换装置。通过控制进入液压马达的油液压力控制其输出转矩，通过控制进入液压马达的油液流量控制其的转速。对于变量液压马达，通过调节其排量控制输出轴的转矩和转速。液压马达除了进出油口外，还有泄油口，使泄漏的油返回油箱。泄漏口可以防止在轴的密封处产生高压，避免产生额外的轴向力。

液压马达外形尺寸小、重量轻、输出转矩和功率比较大，有较好的动态响应特性。此外，调速范围宽，可实现正、反向旋转运动。因此，控制性能好。液压马达的缺点是功率传递效率比齿轮传动低、噪声大，在起动时和低速时往往不能平稳地工作。

液压马达按其排量可否调节分为定量液压马达和变量液压马达；按其结构形式分为齿轮式、叶片式、柱塞式等。此外，还有低速大转矩液压马达。

液压马达的主要性能参数为排量、流量、容积效率、输出转矩、机械效率、起动机械效率、转速、转速范围等。

液压马达选型应该考虑的因素有负载与工作制、油液类型、最小流量和最大流量、压力范围、系统类型（开式系统或闭式系统）、环境温度、系统工作温度、冷却系统、油泵类型（齿轮泵、柱塞泵或叶片泵）、过载保护、过速保护、径向载荷和轴向载荷等。

负载与工作制是系统选型时的重要因素，如果要求液压马达长时间满负荷工作，且使用寿命长，需选择转矩和转速指标高出一档的产品。同样，如果液压马达工作频繁程度很低，且每一次工作持续时间又很短，则选择转矩和转速指标偏低的产品以减小购置成本。液压马达选型除应考虑到必须满足最大转矩外，还必须满足相应的转速。同时应考虑到使用的环境条件、机构的连接方式及连接尺寸。

3. 摆动液压马达

摆动液压马达又称摆动液压缸，是能够实现输出轴做往复摆动的液动执行机构。

摆动液压马达通常分为叶片式和活塞式两大类。工作时，叶片式摆动液压马达的压力油驱动叶片带动输出轴及工作机构往复摆动，活塞式摆动液压马达的压力油驱动活塞直线运动带动输出轴及工作机构摆动。叶片式摆动液压马达又分为单叶片式和双叶片式；活塞式摆动液压马达又分为齿条齿轮式、螺旋活塞式、链式、曲柄连杆式、来复式。

摆动液压马达的优点是输出轴直接驱动负载回转摆动，其间不需任何变速机构，它体积小、转矩高、可以精确控制，广泛用于要求有限旋转运动且要大转矩的领域和设备。随着技术的进步，结构、材料和密封的改进，摆动液压马达泄漏减小，效率性能和可靠性提高，使用压力提高，输出转矩可达数万牛·米，低速稳定性比较好。

摆动液压马达选型时应该考虑的主要参数有摆角、工作压力、输出转矩、起动转矩和内泄漏、缓冲与制动。

摆动液压马达的摆角一般不能调整，当它的输出轴直接和负载紧固时，最大摆角应大于或等于负载所需的摆角。当选择摆角大的摆动液压马达时，借助于行程开关或限位块控制负载摆角。

当摆动液压马达的结构尺寸确定后，输出转矩只取决于工作压力和机械效率，液压马达输出转矩应该大于负载所需的转矩。负载所需转矩包括负载摩擦转矩、负载重量引起的转矩和使负载获得必要的角加速度所需的转矩。

一般情况下，摆动液压马达起动转矩与输出转矩相比较小，这时的内泄漏造成的系统流量损失与整个系统的流量相比也很小，不会对动态品质造成过大影响。但摆动液压马达若应用在动态品质要求高的电液伺服系统或对负载有较高的低速平稳性要求的系统中时，就必须重视内泄漏问题。内泄漏是影响负载低速平稳的决定性因素，尤其对大负载，甚至会使摆动液压马达产生爬行。

负载摆动速度低、负载小时，摆动液压马达自身能承受转到极限位置所产生的冲击力，无须另设缓冲和制动装置。但当负载大、摆动速度高时，为避免惯性力损坏制动档，就必须考虑缓冲和制动措施。当高压、高速造成的冲击力很大时，采用减速回路、装设流量阀或在进出油口处设置小型溢流阀或顺序阀、管路中安装蓄能器等多种办法来消除。

2.2.4 气动执行机构

气动执行机构是指用气压力驱动起闭或调节阀门的执行装置。气动执行机构由执行机构和调节机构两个部分组成，但其执行机构和调节机构是统一的整体。

气动执行机构分类为薄膜式、活塞式、拨叉式和齿轮齿条式。

薄膜式气动执行机构行程较小，只能直接带动阀杆，主要用于直通调节阀，所需的气源压力较低，控制性能较好；活塞式气动执行机构行程长，所需气源压力较大，适用于要求有较大推力的场合，主要用于球阀、蝶阀等；拨叉式气动执行机构具有起动转矩大、占用空间小、转矩曲线与阀门的转矩曲线匹配，常用于大转矩的蝶阀、球阀、旋塞阀的控制；齿轮齿条气动执行机构结构简单、运行平稳、可靠、安全、防爆、耐恶劣环境、使用寿命长，在对安全要求较高的设备中有广泛应用。

气动执行机构存在一些缺点，例如，因为气体的压缩性导致速度不易均匀，控制精度较低，双作用的气动执行机构断气源后不能回到预设位置，气缸的动作速度易随负载的变化而变化，低速稳定性不佳，寿命受气源洁净度和使用频率限制，与液动执行机构相比体积较大，不适于大口径、高压力的阀门。

气动执行机构选型时应该考虑的因素有执行机构的规格与结构类型、阀门的形式、阀门的起闭转矩、旋转方向、恢复至初始位置要求、工作环境、温度范围、气源条件、气源压力、最低供气压力、角（直）行程误差、流量特性、输出转矩、死区、时间常数、精度、漂移、操作频率、管道和压差、安全系数、电磁阀供电电压、连接方式、安装限制、防爆要求、特殊要求等。

气动执行机构选型步骤：确认直行程或角行程→确认单作用和双作用（单作用气动执行机构带有弹簧单元，仅仅一个方向使用气源，另一个方向使用弹簧推力驱动。在失去气源时，阀门处于全开或全关状态；双作用气动执行机构多见于活塞式气缸，两个方向都需要气源，在失去气源时，阀门可处于保位状态）→确认转矩→确认阀门动作方式→确认控制信号→确认反馈信号→确认气源附件及定位器→确认环境温度。

2.3 PLC 技术

可编程序控制器（Programmable Logic Controller，PLC）以其结构紧凑、灵活、可靠性高、功能强、体积小巧、价格合理等优点早已经成为工业控制的主流技术，当今 PLC 在微型化、网络化、集成化和开放化方面已经取得了很大进步。

当今的 PLC 早已不再是早期那种只能进行开关量逻辑控制的产品，其功能越来越强大，而体积却越来越小。其不仅具有高速计数、斜坡、浮点数运算等能力，还具有 PID 调节、温度控制、精确定位、步进驱动、报表统计、网络通信等功能。PLC 技术与 DCS（集散控制系统）技术相互渗透、相互融合、相互竞争，差别正逐步缩小，在过程控制领域中发挥着越来越大的作用。

PLC 的网络化技术发展迅速。PLC 网络系统已不再是自成体系的封闭系统，它的开放性趋势不可阻挡。PLC 与上位计算机管理系统联网，实现信息交互，成为整个信息管理系统的一部分。另外，随着现场总线技术的发展与广泛应用，PLC 能够与安装在现场的智能化设备（例如智能化仪表、智能传感器、智能型电磁阀、智能型驱动执行机构等）通过传输介质连接在一起来构成工业控制网络，这种网络与单纯的 PLC 远程网络相比，配置更灵活，扩容更便捷，造价更低，性价比更好，也更具开放性。

2.3.1　PLC 简介

PLC 是一种以微处理器为核心的，集计算机技术、自动化技术、通信技术于一体的通用工业控制装置。其定义为 PLC 是一种数字运算操作的电子系统，专为工业环境下应用而设计。它采用可编程序的存储器，用来在其内部存储执行逻辑运算、顺序控制、定时、计数和算术运算等操作的指令，并通过数字式、模拟式的输入和输出，控制各种机械或生产过程。PLC 及其有关外部设备，都按易于与工业系统连成一个整体、易于扩充其功能的原则设计。

2-1. PLC 在工业控制中的应用

技术的发展和功能的拓展使得当今的 PLC 用 PCC（Programmable Computer Controller，可编程序计算机控制器）来表述更为贴切，但由于人们多年来的称呼习惯，在术语中仍沿用 PLC 这一缩写。

1. PLC 模块

模块化的 PLC 是最常见的，是当今工业应用的主流，它由电源模块、CPU 模块、I/O 模块、内存、底板或机架等组成，它属于总线式开放型结构，其 I/O 能力可按用户需要进行扩展与组合。

（1）电源模块

PLC 中的电源模块通常是与 CPU 模块合二为一的，其主要用途是为 PLC 的各种模块提供工作电源，有的还为输入电路提供 24V 的工作电源。电源模块的供电电源为 AC 220V 或 DC 24V。

2-2. X20PLC 模块生产线

（2）CPU 模块

CPU 模块是 PLC 的核心，它按 PLC 的系统程序赋予的功能接收并存储用户程序和数据，用扫描的方式采集现场输入信号并存入暂存器中。同时，它诊断电源和 PLC 内部电路的工作状态、编程中的语法错误、检测 PLC 的工作状态等。PLC 运行时，CPU 逐条读取用户程序指令，按指令规定的任务产生控制和输出信号。

（3）存储器

存储器用于存储程序及运行数据，通常采用 RAM（随机存取存储器）、EEPROM（电可擦可编程只读存储器）、CF（便携式闪存）卡或 SD（安全数字存储器）卡。存放系统软件的存储器称为系统程序存储器，存放应用软件的存储器称为用户程序存储器。

（4）输入/输出（I/O）模块

PLC 的 I/O 模块分为开关量 I/O 模块和模拟量 I/O 模块。单台 PLC 携带 I/O 模块的最大数受电源模块的供电能力和 CPU 模块管理能力限制，也受最大底板或机架槽数限制。输入模块直接接收现场信号，输出模块可驱动外部负载，例如指示灯、接触器、继电器、电磁阀、电动机等。

（5）通信模块

现代 PLC 大多具有网络通信功能，能够实现 PLC 与 PLC 之间、PLC 与上位机之间、其他智能仪表和智能传感器之间的信息交互，组成 DCS。另外，远程 I/O 系统也需配备相应的通信接口模块。不同的通信模块配备有各种通信接口，例如 CAN（控制器局域网总线）、RS232、RS485、RS422、以太网口、USB（通用串行总线）、本地扩展接口、远程扩展接口等。

（6）专家/智能模块

当今的 PLC 还有一些专用的专家/智能模块，例如 PID 模块、高速计数模块、温度模块、鼓序列发生器、总线模块、称重控制器模块等。

2. PLC 的编程语言

PLC 的用户程序是设计人员根据控制系统的控制要求，通过 PLC 编程语言的编制设计完成的。国际电工委员会制定的标准 IEC 61131-3 规范了 PLC 的五种编程语言：梯形图（LD）、语句表（IL）、功能块图（FBD）、顺序功能图（SFC）、结构化文本（ST）。

梯形图编程语言是在电气控制系统中常用的接触器、继电器控制原理图的基础上发展演变而来的，由于它与电气操作控制电路图十分相似，具有直观性和对应性，易学易懂易掌握，早期为广大电气工程师所熟悉和喜爱，是 PLC 发展初期的主要编程语言，至今仍然广泛使用。

语句表编程语言是一种用与汇编语言类似的助记符号进行编程的编程语言，由操作码和操作数组成，它用一系列操作指令组成的助记符号来描述控制系统的控制顺序和逻辑关系，具有容易记忆、便于掌握和操作的特点，适合在无计算机的场合下采用手持式编程器对用户程序进行编制。通常情况下，语句表编程语言与梯形图编程语言一一对应，在 PLC 编程软件下可以相互转换。

功能块图编程语言以功能块为单位，用图形的形式表达功能，是近年来多用于 DCS 等控制系统组态的编程语言。由于它采用图形化方式表示功能块之间的连接关系，分析理解控制方案简单容易，具有直观清晰、易于操作和更改等特点，对规模大、控制逻辑关系复杂的控制系统，由于功能块图能够清楚表达功能关系，使编程调试时间大大减少，而且具有数字逻辑电路知识的设计人员很容易掌握这种编程语言，因而受到过程控制工程界的重视，成为 PLC 一种重要的编程语言。

结构化文本编程语言是用结构化的描述文本来描述程序的一种编程语言，它采用高级语言编制应用程序，特别适用于对复杂控制系统的描述，主要用于采用其他编程语言较难实现的用户程序编制。在大中型 PLC 控制系统中，常采用这种结构化文本编程语言来描述控制系统中各个变量的关系，但直观性和操作性较差，需要有一定的计算机高级语言的知识和编程技巧，对编程人员的技能要求较高。大多数 PLC 采用的结构化文本编程语言与 BASIC 语言、Pascal 语言或 C 语言等高级语言相类似，但为了应用方便，在语句的表达方法及语句的种类等方面都进行了简化。

顺序功能图编程语言是近 20 年多来才开发的编程语言，是为了满足顺序逻辑控制而设计的，编程时它将顺序流程动作的过程分成步和转换条件，根据转移条件对控制系统的功能流程顺序进行分配，即采用步描述控制系统的各个操作状态，一步一步地按照顺序进行控制动作。每个活动步对应于一个控制功能任务，每执行一步，相连接的命令或动作被执行。这种编程语言以功能为主线，按照功能流程的顺序分配，条理清楚，便于对用户程序理解，避免了用梯形图语言对顺序动作编程时，由于机械互锁造成用户程序结构复杂、难以理解的缺陷，对于复杂控制系统的结构有清晰的描述，易于阅读及维护，可大大减轻编程的工作量，用户程序执行时间短，适用于系统的规模较大、程序关系较复杂的场合，受到用户的欢迎。

当今的 PLC 普遍还具有与个人计算机相容的高级语言，例如 C 语言、BASIC 语言、C ++ 语言等。各个品牌的 PLC 有各自的软件编程工具，例如贝加莱公司的 Automation Studio，罗克韦尔公司的 RSLogic 等。

PLC 编程语言具有如下特点：

1）多样性：PLC 编程语言有文本编程语言、图形编程语言，以及可用于文本编程，也可用于图形编程的顺序功能图编程语言。语言的多样性是 PLC 软件发展的产物，它为 PLC 的应用提供了良好的操作环境。

2）易操作性：编程人员根据对编程语言的熟悉程度可柔性选择编程语言，从而缩短程序设计时间和调试时间。

3）灵活性：不同编程语言具有不同特点，不同的工程应用，都有最佳的编程方式。

4）兼容性：PLC 标准编程语言不仅能够用于不同制造商生产的 PLC，也能够用标准编程语言进行控制系统的组态。标准编程语言不仅能够适用于 PLC，还能够适用于 DCS、现场总线控制系统（FCS）、数据采集和监视（SCADA）系统、运动控制系统等。PLC 标准编程语言的软件模型适应各种工业控制系统，它使用户对硬件的依赖性变得越来越小。

5）开放性：PLC 编程语言的标准化使开放性得以实现。标准化 PLC 编程语言中所使用的变量、数据类型、程序、功能和功能块等都有统一表达方式和性能，这使 PLC 系统成为开放系统。任何一个制造商的产品，只要符合标准编程语言，就能够使用该编程语言进行编程，并能够获得同样的执行结果。开放性系统能够与其他符合开放系统互联通信模型的其他任何一个系统进行信息交换，系统中开发的软件可方便地移植到任何一个符合标准编程语言的其他系统中。

6）可读性：PLC 编程语言与常用编程语言的表达方式类似，特别是高级语言的使用，方便用户对其用法的理解，提高了程序的可读性。

7）安全性：PLC 编程语言是常用计算机编程语言的沿用、改进和扩展，又由于这些编程语言是标准的，因此，出错的可能性被控制到最小，保证了编程系统的安全性。另外一方面，PLC 编程系统还可以提供出错原因列表，不仅使编程操作变得方便，也使应用程序的安全性大大提高；另一方面，标准的系统函数库在被调用时，只需要设置它的外部接口，而不需要改动其内部的代码，因此，PLC 编程系统能够安全正确地被使用。

8）非依赖性：PLC 编程语言对硬件的非依赖性体现在编程语言基本级测试可以离线进行，测试程序可以检查编程系统语法。

3. PLC 的硬件配置

以 PLC 为核心的控制系统的硬件配置设计涉及如下九个方面：①PLC 机型选择；②估算 I/O 点数；③I/O 模块选用；④估算用户程序存储容量；⑤专用功能模块选用；⑥ I/O 分配；⑦编程功能；⑧诊断功能；⑨控制功能。

2-3. 工作中的 PLC 模块

2.3.2　人机界面

人机界面（Human Machine Interface，HMI）是人与机器进行交互的操作方式，是人与计算机之间信息传递的媒介，是人与机器间沟通、传达及接收信息的接口，人与硬件和软件结合构成了人机界面，它包括嵌入式硬件平台、操作系统和组态软件，其核心功能是显示信息。目前，人机界面在软件、数据可视化、集成和连接等技术方面的进步与发展，使得人机界面的功能已从最初的参数显示发展成为人机交互、实时传输、过程分析、系统控制等，它面向不同等级的人员以不同的方式显示信息，并一直延伸

2-4. 人机界面硬件

到企业决策层。人机界面可以帮助用户提高产生效率、降低成本、改进质量且增强盈利能力，这导致了人机界面在工业自动化领域得到了空前的普及。

人机界面系统与工业控制设备（例如 PLC、变频器、直流调速器、工业仪表等工业控制设备）相连，利用显示屏显示，通过输入单元（例如触摸屏、鼠标或键盘）写入工作参数或输入操作指令，实现人与机器的信息交互。

人机界面产品由硬件和软件两部分组成。硬件部分包括处理器、显示单元、输入单元、通信接口、数据存储单元等，其中处理器的性能决定了人机界面产品的性能高低，是人机界面的核心单元。根据人机界面的产品等级不同，处理器可分别选用 8 位、16 位、32 位处理器。人机界面软件一般分为两部分，即运行于人机界面硬件中的系统软件和运行于 PC 的 Windows 操作系统下的画面组态软件。使用者都必须先使用人机界面的画面组态软件制作"工程文件"，再通过 PC 和人机界面产品的串行通信口，把编制好的"工程文件"下载到人机界面的处理器中运行。

好的人机界面操作简单、美观易懂，且具有引导功能，使用户感觉愉悦、兴趣浓厚，从而提高使用效率。不同品牌的人机界面系统都具有多种规格可供选择，有多种网络连接能力，支持多种 PLC 驱动，面板具有防尘防水设计，支持复杂应用程序的动态数据显示，适应于各种工业环境。一些人机界面集成了 PLC 的所有功能，除了人机界面的显示和操作功能外，还具有 I/O 扩展、集成运动控制、开放的总线接口等功能。借助集成的软件平台可以同时对控制、显示、运动伺服、通信、安全等编程，使整个控制系统的结构更加紧凑。

工业人机界面一般会配套组态软件，以方便客户的图形化编程。组态软件是一种可视化的图形界面编程工具，一般与厂商的硬件配套使用，不同的工业人机界面硬件一般搭配自己的组态软件，当然，人机界面组态软件也开始向开放式的方向发展。工业人机界面系统软件一般分为人机界面中运行的软件和 PC 上的画面组态软件，设计人员使用 PC 上的组态软件制作画面项目下载到人机界面中运行。

人机界面选型的主要指标：①显示屏尺寸、色彩、分辨率；②处理器速度性能；③输入方式：触摸屏或薄膜键盘；④画面存储容量；⑤通信口种类及数量；⑥是否支持打印功能。

2.3.3 分时多任务操作系统与 I/O 处理

现代工业控制任务需求的日益提高要求 PLC 通常用于完成比较复杂的项目，例如，PLC 用于 DCS，不同的 PLC 模块分别完成管理、控制、现场的数据采集与处理，多个 PLC 控制从站之间的通信等；另一方面，一个系统在完成之后，常常需要扩容，在不改动原有硬件的基础上，系统硬件以模块方式添加进行扩展，同时，系统的原有软件也不改动，新的软件也以模块方式添入；一个复杂项目下的多个任务同时执行。这些都需要分时多任务操作系统的支持。

控制任务对于操作系统的要求是，模块化结构，在一个精确的时间段内迅速、反复地执行应用程序。

在 PLC 发展初期和中期，常规的 PLC 大多依赖于单任务的时钟扫描或监控程序来处理程序本身的逻辑运算指令以及外部 I/O 通道的状态采集与刷新，整个应用程序采用一个循环周期。但事实上，在一个较复杂的控制系统中，虽然往往有一些数据变量的实时性要求很高，但也有很多大惯性的模拟量对实时的要求并不是太高，如果所有的变量都采用同样的刷新速度，这实质上是对资源的浪费。循环顺序扫描的运行机制直接导致了系统的控制速度严重依赖于应用程序的大小，应用程序一旦复杂庞大，控制速度就必然降低，这无疑是与 I/O 通道高实时性处理的要求相违背。

PLC 引入大型计算机的分时多任务操作系统理念，采用分时多任务的运行机制，使得应用任务的循环周期与程序长短并不是那么紧密相关，设计人员可根据工艺需要自由设定应用程序的优先执行顺序，在 CPU 运算能力允许的前提下，控制周期按照用户的实际要求设定，从而将应用程序的扫描周期与真正外部的控制周期区别开来，满足了实时控制的要求。

分时多任务操作系统可以分为多个任务层，具有以下优点：

1) 模块化、结构化的应用软件：在编制用户程序时，一个完整的复杂项目可以分成多个独立的任务来完成。每个任务都是独立的程序部分，它可以完成许多不同的功能（数字量和模拟量的相互关联、控制、定位等)。合理地分配一个项目,可以使应用项目结构化、模块化。

2)用最适合的编程语言创建任务:结构化的优点是每个任务可以用最合适的编程语言来建立,单个的功能容易编写,并且使功能模块化,单个任务的故障处理也变得简单。

3)用户可以按需要设定每个应用任务的循环时间。

4)对于特殊任务的响应时间不受完整程序循环时间的限制。

5)任务维护非常简单。

当使用分时多任务操作系统时,处理器的能力分在多个任务中,可能导致同时处理多个任务数据,因此分时多任务操作系统必须具有如下性能:

1)并行处理几个控制任务。

2)确定多个任务的处理时间。

3)监控任务时灵活设定循环时间。

4)每个任务级别分配一致的 I/O 映像。

基于分时多任务操作系统平台,PLC 的应用程序可分为多个独立的任务模块,用户可以方便地根据控制项目中各子任务的不同功能要求,如数据采集、报警、PID 调节运算、通信控制、数据打印等,开发相应的控制任务模块,在分别编制和调试之后,可一同下载至 PLC 的用户程序存储器中。控制项目中的各子任务在分时多任务操作系统的调度管理下,并行协同运行。

分时处理各个控制任务给控制项目执行带来的好处是设计人员可以根据不同任务对实时性能的不同需求,指定不同的优先等级,确定不同的循环周期,使得这些任务模块既相互独立运行,数据又保持一定的相互关联,从而实现确定的分时多任务控制,即使是某个任务处于等待状态,其他任务也可继续执行。

分时多任务操作系统的运行机制是源于大型应用软件模块化的设计思想。第一,它带来了项目开发效率上的提高,有着常规 PLC 无法比拟的灵活性。多任务的设计使得各个任务模块的功能描述更趋清晰简洁。第二,用户可以自行开发自己独有的而又同时具有通用性的独立功能模块,将其封装以便于日后在其他应用项目中重新使用。第三,各个不同的任务还可以由开发小组的不同成员分别编制。不同的开发人员基于共同的约定,可以灵活选用符合 IEC 1131-3 规范的不同编程语言进行任务编程设计,有利于软件设计可靠性的提高,也有益于开发人员短时间内编制出结构清晰、功能明确的控制程序。

2.3.4　系统维护与管理

设备交付客户使用后,经常会遇到排除故障或技术支持需求。例如,参数或工艺的微调需修改程序,设备的扩展升级,排除出现的各种故障等。为了高效解决问题,减小用户损失,PLC 控制系统除提高设备及软件的可靠性和稳定性外,借助于现代多种网络通信技术,系统的远程诊断、维护与管理技术应运而生。

1. 公共交换电话网络

借助于公共交换电话网络(PSTN),维护人员与远程设备建立电话线连接完成设备监控维护工作。PSTN 远程维护如图 2.4 所示。

在设备端的硬件上只需一台接入电话网络的调制解调器(Modem)即可与设备控制器的 RS232接口连接(有些控制器还自带有可选的 Modem 模块)。远程维护人员需要一台带有 Modem 的计算机,建立点对点的电话链路,使用维护软件完成包括控制器内变量监视和故障记录的读取维护服务。

值得注意的是,这种连接的通信质量、通信速率取决于电话距离的长短,只有少量的数据交换需求才可以考虑这种方式。

图 2.4   PSTN 远程维护

2. 移动通信网络

借助于全球移动通信系统（GSM）与远程设备建立连接。GSM 远程维护如图 2.5 所示。

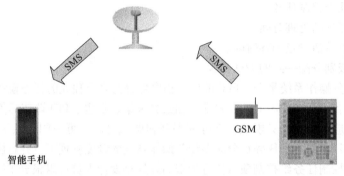

图 2.5   GSM 远程维护

一台 GPRS Modem 与设备连接，还需要当地移动通信供应商提供的 SIM 卡，远端的维护人员拨号接入。这种方式带来的最大好处是远程的维护调试人员无论身处何地，都能通过移动电话实时了解设备的情况。当然，长距离的连接可能会导致通信质量下降，故这种方式只能进行简单的数据交换。另外，目前 3G 或 4G 网络的应用大大提高了移动通信的带宽和通信速率，使移动网络能像有线网络那样支持各种互联网通信服务。

3. 因特网

随着因特网（Internet）技术在工业自动化领域的深入发展，越来越多的新型控制系统配备了因特网接口。基于因特网的设备连接能够大大提高通信数据传输率。因特网远程维护如图 2.6 所示。

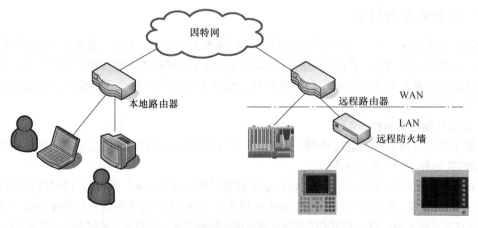

图 2.6   因特网远程维护

因特网大大扩展了远程维护手段和服务内容，除了传统的监控、跟踪、轴测试和故障记录等，还支持 VNC（Virtual Network Computing，虚拟网络计算）、OPC（OLE for Process control，用于过程控制的对象连接与嵌入）服务器、FTP（File Transfer Protocol，文件传输协议）、SMTP（Simple Mail Transfer Protocal，简单邮件传输协议）、Web Server（Web 服务器）。

1）VNC：采用 TCP/IP 通信协议，VNC 不依赖于特定的操作系统，可以跨平台使用，允许系统用台式机或便携式计算机进行远程控制。那些功能较强的 PLC 可以在其内部实现 VNC 服务器功能，远程操作人员利用互联网 VNC 客户端登录后，显示事先在控制系统内设定好的操作界面并直接操作设备，完成远程控制和维护。

2）OPC 服务器：OPC 是一种用于过程控制的工业标准，由 OPC 基金会管理，会员包括世界上所有主要的从事自动化控制、仪器仪表及过程控制的公司。OPC 是包括一整套接口、属性和方法的标准集，用于过程控制和制造业自动化系统，供过程控制和制造自动化的客户端使用，使维护人员能够使用组态软件或者基于 Windows 的应用程序，远程连接到设备控制器中读取过程变量。OPC 访问如图 2.7 所示。

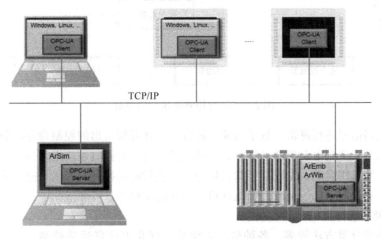

图 2.7　OPC 访问

3）FTP：FTP 用于因特网上的控制文件的双向传输，这样远程维护人员就能够在计算机和设备控制器之间传输文件，即从远程主机"下载"文件至自己的计算机上，"上传"文件至远程控制器上。

4）SMTP：远程维护人员可以利用控制器通过 SMTP 直接发送 E-mail。

5）Web Server：使维护人员能通过 HTML 网页方式访问控制器中的变量或数据。

2.4　运动控制系统

运动控制是指在复杂条件下，将预定的控制方案、规划指令转变成期望的机械运动。由于运动控制的动力源多数来自于电动机，因此，运动控制指通过对电动机电压、电流、频率等输入量的控制，实现机械运动精确的位置控制、速度控制、加速度控制、转矩或力的控制，使机械机构按照预期的运动轨迹和规定的运动参数进行运动。

现代运动控制技术是机电一体化的核心技术，其涉及电机学、电力电子技术、微电子技术、计算机控制技术、控制理论、信号检测与处理技术等多门学科。现代工业生产对运动控制系统提出了日益复杂的要求，科学

2-5. 运动控制伺服
系统 ACOPOS

技术的快速发展为研制和生产各类新型运动控制装置提供了支撑与保障。现代运动控制系统广泛存在于机床、汽车、仪表、家用电器、轻工机械、纺织机械、包装机械、印刷机械、冶金机械、化工机械以及工业机器人、智能机器人等领域。

2.4.1 基于 PLC 的运动控制系统结构组成与分类

1. 运动控制系统结构组成

运动控制系统种类多样。典型的现代运动控制系统的硬件由上位计算机、运动控制器、功率驱动装置、电动机、执行机构、传感器反馈检测装置等部分组成。运行控制系统结构组成如图 2.8 所示。

2-6. 运动控制
系统硬件

图 2.8 中，运动控制器通常由具有运动控制功能的 PLC 担任，其主要任务是根据上位控制系统的决策命令、预先设定的控制策略、运动控制要

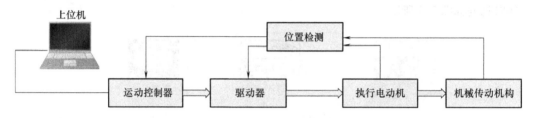

图 2.8 运行控制系统结构组成

求和传感器的反馈信号进行逻辑、数学运算，将分析、计算所得出的控制命令以数字脉冲信号或模拟电压信号的形式送到电动机驱动器中，驱动器进行功率变换后驱动电动机运转，电动机通过传动机构带动机械机构运动，完成期望的机械运动。执行电动机种类和规格型号繁多，常见类型有步进电动机、直流电动机、交流伺服电动机、直线电动机等。

2. 运动控制系统分类

运动控制系统分类方法较多，各种分类方法从不同角度诠释运动控制系统。

（1）按照控制形式分类

运动控制系统按照控制形式分类为开环控制和闭环控制。其中，闭环控制又分为单闭环控制和多闭环控制。

（2）按照执行电动机的类型分类

用直流电动机驱动机械机构的系统为直流传动系统，用交流电动机驱动机械机构的系统为交流传动系统。

2-7. 工业中的
运动控制

（3）按照被控物理量分类

以转速为被控量的系统为调速系统，以角位移或直线位移为被控量的系统为随动系统。

（4）按照驱动方式分类

运动控制系统按照驱动方式分为电气控制、液压控制和气动控制。

随着工业生产中机电一体化设备的复杂化和控制性能要求的提高，现代运动系统正朝着高性能、智能化、柔性化、网络化和数字化的方向发展。提高运动控制系统的性能主要从提高电动机制造工艺、优化逆变器硬件组成、选择高精度的检测元件和改进驱动控制策略等几个方面进行，这使运动控制系统具有了高精度、高速度、高效率、高可靠性等能力。

2.4.2 交流伺服驱动器

在机电一体化的运动控制系统中，输出量能够以一定准确度跟随输入量的变化而变化的系统称为伺服系统。伺服系统通常由伺服驱动器和执行电动机构成。当伺服电动机接入电源起动运行，伺服驱动器就对伺服电动机进行精确的位置控制、速度控制、转矩控制以及故障保护。

2-8. 运动控制——
激光切割

根据伺服电动机的类型，伺服驱动器分为直流伺服驱动器和交流伺服驱动器。直流伺服控制简单、调速范围宽、稳定性高，但由于电刷、换向器和换向火花的存在，使得系统结构复杂，转动惯量大，易于产生电磁干扰，需要经常维护，难以适应恶劣的工作环境。随着永磁材料、电力电子、微处理器以及交流伺服驱动技术的进步，交流伺服技术得到飞速发展，由于没有了电刷和换向器，可靠性得到提高，对维护和保养要求降低，惯量小，响应速度快。另外，交流伺服具有高速大转矩、伺服精度高、效率高、调速平滑、低噪声等优点，虽然控制复杂，但现代控制技术和控制器件、功率器件的发展解决了各种交流伺服控制困难，交流伺服系统的性能逐渐提高，功能日臻完善，成本不断降低，因此，使得在要求高精度、高性能控制的工业应用场合，交流伺服系统显示出明显的优越性，交流伺服的需求量将会越来越大，应用将更加广泛，并将逐步取代直流伺服系统。

交流伺服驱动器作用于交流伺服电动机的原理类似于普通变频器作用于普通交流电动机。早期的变频器主要采用转速开环、恒压频比控制，现代的高性能变频器已经能够根据交流电动机的动态数学模型，进行电流、速度、位置的闭环控制。交流伺服驱动器继承和发展了变频器的技术，在驱动器内部的电流环、速度环、位置环都采用了比变频器更为先进的控制技术和控制算法，功能也比普通变频器强大许多，不仅可以实现多种控制模式，还能有效地对交流伺服电动机进行过载、短路、欠电压等故障保护。

目前的主流伺服驱动器以中央处理器（Central Processing Unit，CPU）或数字信号处理器（Digital Signal Processor，DSP）为控制核心，可以实现比较复杂的控制算法，也便于实现交流伺服驱动器的数字化、网络化和智能化。DSP 的主要工作是完成与上位机通信、输出脉宽调制（Pulse Width Modulation，PWM）信号、处理与电动机控制相关的核心算法等。另外，伺服驱动器以智能功率模块（Intelligent Power Module，IPM）为主要驱动模块，实现电源逆变，接收 PWM 信号，输出三相交流电压指令信号完成对伺服电动机的驱动控制。此外，IPM 具有过电压、过电流、过热、欠电压等故障检测保护电路，在主回路中还加入软起动电路，以减小起动过程对驱动器的冲击，进一步提高了伺服驱动器的可靠性和稳定性。

交流伺服驱动器的控制算法是交流伺服驱动技术的核心，控制算法的优劣直接关系到交流伺服驱动器性能的优劣。现代交流伺服驱动器的控制算法通常包括电动机控制策略，位置、速度和电流调节器算法，PWM 算法。

交流伺服驱动器的性能指标分为稳态性能指标、动态性能指标和抗扰动性能指标。稳态性能指标指系统的静态误差和稳定后响应曲线的平稳性；动态性能指标指系统的超调量、调节时间、响应速度；抗扰动性能指标指系统在遇到干扰（如负载扰动、参数扰动）时重新恢复到稳定状态的恢复时间。

交流伺服驱动器选型时的主要性能参数有功率等级（能够控制的电流、电压范围）；转速、频率范围；电流、转速、位置控制精度；响应时间，保护功能。

现代交流伺服技术的功能特点如下：

（1）数字化

伺服控制器采用新型高速微处理器和专用数字信号处理器作为控制核心，在电流环、速度环、位置环采用数字控制方法，将原来通过模拟电子器件等硬件实现的功能变为通过数字控制算法用软件来实现，实现了交流伺服系统的数字化。

（2）集成化

集成化包括硬件电路的集成、功能的集成和通信的集成等。集成化使得伺服系统在保持原有功能的基础上具有较小的体积和重量，丰富的接口设置便于安装和调试。

（3）智能化

伺服系统的智能化主要表现在具有参数自整定功能、参数记忆功能、故障诊断和分析功能等方面。伺服控制器参数整定是为了满足性能指标要求所必须的关键环节，通常需要反复调整，占用较多的时间和资源。带有参数自整定功能的伺服驱动器，可以通过几次试运行，自动地获得系统特征参数，控制器参数的整定实现了参数的优化匹配。此外，伺服驱动器具有参数记忆功能，能够将整定好的控制器参数及系统运行参数进行存储，并可以通过伺服控制软件进行监视、设定或修改，调整后的参数可以保存，方便日后调用和修改。当系统运行出现故障时，通过故障诊断和分析功能，保存故障记录，并将故障类型和故障的可能原因报告给用户。

（4）网络化

随着工业局域网技术的迅速发展，与之相适应，伺服系统配备了标准的串行通信接口和专用的局域网接口，增强了与其他控制设备间的互连与通信能力。

（5）模块化

高端伺服产品将控制单元、整流单元、电动机模块、编码器都进行了模块化设计，模块之间采用网络通信进行数据交换，这样使系统的配置变得更加灵活便捷。一个控制单元可以同时驱动多个电动机模块，这样多个轴之间可以共享一个控制单元或者整流单元，节省了资源配置。

2.4.3 位置检测系统

高精度高响应能力的伺服控制系统需要高性能的位置传感器，位置检测的目的是实时提供电动机转子位置信息。转子的位置检测分为位置传感器检测及无位置传感器检测。但是，无位置传感器技术虽然系统得到简化，成本降低，但控制算法复杂，精度难以保证，具有起动困难、动态性能不理想、转速范围小等缺点。因此，采用位置传感器检测转子位置的做法更为实用。

交流伺服系统常用的位置传感器有光电式、光栅式、电磁感应式、磁阻式、磁栅式、霍尔式、旋转变压器等。

1. 光电式位置传感器

光电编码器是集光、机、电技术为一体的数字化传感器，可以高精度测量被测物的转角或直线位移量。光电式和光栅式位置传感器都是利用光电效应制成的，传感器一般由光源、光电码盘和光电元件三部分组成。传感器的基本原理是随着电动机转子的转动，码盘不断地遮挡或通过光源发出的光线至光电传感器件，使其输出高、低电平，从而将转子的机械位置信号转化为电信号。

光电编码器按测量方式分类为旋转编码器和直尺编码器；按编码方式分类为绝对式编码器、增量式编码器。

旋转编码器是通过测量被测物体的旋转角度并将测量到的旋转角度转化为脉冲电信号输出。直尺编码器是通过测量被测物体的直线行程长度并将测量到的行程长度转化为脉冲电信号输出。

绝对式旋转编码器是用光信号扫描分度盘（分度盘与传动轴相连）上的格雷码刻度盘，从而确定被测物的绝对位置值，将检测到的格雷码数据转换为电信号，并以脉冲的形式输出测量的位移量。绝对式旋转编码器的特点为：①在一个检测周期内对应不同的角度有不同的格雷码编码，因此编码器输出的位置数据是唯一的；②因使用机械连接的方式，在掉电时编码器的位置不会改变，上电后立即可以取得当前位置数据；③检测到的数据为格雷码，因此不存在模拟量信号的检测误差。

另外，可以根据绝对式旋转编码器输出的脉冲信号转化为电动机速度信号，其主要优点是位置绝对唯一、抗干扰、无须掉电记忆，应用于需要位置控制的场合。缺点是价格比较高，编码解码复杂。绝对式旋转编码器的主要选型参数是位数、精度、分辨率、最大旋转速度、接口方式、安装方式、尺寸、波特率等。

增量式旋转编码器用光信号扫描分度盘，通过检测、统计信号的通断数量来计算电动机旋转角度。增量式旋转编码器的特点为：①编码器每转动一个预先设定的角度将输出一个脉冲信号，通过统计脉冲信号的数量来计算旋转的角度，因此编码器输出的位置数据是相对的；②由于采用固定脉冲信号，因此旋转角度的起始位可以任意设定；③由于采用相对编码，因此掉电后旋转角度数据会丢失，需要重新复位。

增量式旋转编码器的优点是分辨能力强，测量范围大，在不需要位置闭环控制的场合使用，价格低，其缺点是断电时丢失原有位置信号。增量式旋转编码器的主要选型参数是转速范围、最大转速、精度、分辨率、电气接口、连接方式、机械安装尺寸、最大输出频率等。

2. 电磁感应式传感器

霍尔传感器和旋转变压器都属于电磁感应式传感器。

霍尔传感器的工作原理基于霍尔效应。霍尔传感器由霍尔片、引线和壳体组成，它具有结构简单、体积小、动态特性好和寿命长的优点。霍尔传感器常安装于电动机本体内部，用于检测电动机转速。霍尔传感器的主要选型参数是工作电压、测量范围、感应距离、工作温度、输出信号形式等。

旋转变压器是用于测量电动机的角度、位置、速度的电磁感应式传感器。其输出电压随转子旋转变压器位置角变化而变化，与光电编码器不同的是，其输出的是模拟信号而非数字信号。旋转变压器具有结构坚固、抗干扰能力强、抗恶劣环境、响应速度快等优点，缺点是输出信号需要专用电路进行处理解算，主要应用于高温、高速、高振动、高可靠性要求的领域。旋转变压器的主要选型参数是额定电压、额定频率、变比、最大输出电压、零位电压、输出相位移、基准电气零位、精度等。

3. 磁栅传感器

磁栅传感器是利用磁栅与磁头的磁作用进行直线位移和角位移测量的数字式传感器，它由磁栅（磁尺）、磁头、检测电路组成。磁栅上刻有等节距的磁信号，它是利用磁带录音的原理将等节距周期变化的信号（正弦波或者矩形波）用录磁的方法记录在磁性尺或圆盘上而制成的。磁栅传感器工作时，磁头相对磁栅有一定的相对位置，通过读取磁栅的输入输出感应电动势相位差即可把磁栅上的磁信号读出来，并把被测位移转换成电信号。磁栅的类型分为测量直线位移的长磁栅和测量角位移的圆磁栅。磁栅优点在于价格低于光栅，测量范围宽，易安装和调整，抗干扰能力强，对工作环境要求低，维护方便，寿命长，制造工艺简单。磁栅传感器的主要选型参数是结构型式、精度、分辨率、测量范围、外形尺寸、响应速度等。

4. 磁电式传感器

测速发电机是把机械转速变换为与转速成正比的电压信号的微型电机。测速发电机分为直流测速发电机、交流测速发电机、霍尔效应测速发电机，适用于运行环境比较恶劣的场合。由于光栅、旋转变压器等传感器件的可靠性和性能逐步提高，测速发电机的市场份额逐步减少。

综合来讲，位置传感器选型的根本准则是价格便宜，工作可靠，满足全系统性能要求。例如，光栅传感器的精度高，但其抗冲击的能力不强；旋转变压器抗冲击、振动能力很强，若要求旋转变压器精度很高，则其价格也就必然高上去，但其能够耐受 – 55℃的环境，故在军用设备中得到广泛应用；磁栅抗冲击、振动的能力比较强，有时体积、重量可以做到比较小，但由于本身带有磁性，会对周边磁敏感器件造成影响。

2.4.4 电动机

电动机是指把电能转换成机械能的装置，在运动控制系统中提供驱动力。电动机的工作原理是通电线圈在磁场中受力的作用而运动。

电动机分类方法繁多。按照工作电源分为直流电动机和交流电动机，其中直流电动机又分为永磁直流电动机和电励磁直流电动机，交流电动机又分为单相交流电动机和三相交流电动机；按照工作原理与结构分为直流电动机、同步电动机和异步电动机；按照用途分为起动电动机、驱动电动机和控制电动机；按照速度分为低速电动机、高速电动机、恒速电动机和调速电动机。每种分类下还细分若干种。

在运动控制系统中常用的电动机有有刷直流电动机、永磁无刷直流电动机、永磁同步电动机、异步电动机、步进电动机、直线电动机等。

1. 有刷直流电动机

有刷直流电动机的工作原理是基于电磁感应定律和电磁力定律，其结构主要由定子、转子、换向器、电刷、轴等组成。直流电动机结构如图2.9所示。

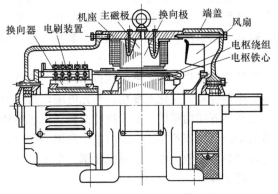

直流调速系统的主要优点在于调速性能好、调速范围广、平滑调速、起动/制动转矩大、驱动控制电路简单等。由于电刷和换向器的存在，直流调速系统运行时会产生换向火花，换向时产生谐波，污染电网，低速起动时无功分量较大，虽然其驱动控制电路简单，但与同容量、转速的交流电动机相比，直流电动机本体复杂、体积大、造价高，此外，日常维护量大，须定期检查、更换电刷，对于大容量、高电压及高转速的调速系统，

图2.9 有刷直流电动机结构

直流电动机难以胜任。目前，随着交流调速技术、微控制器和功率电子器件的发展，交流调速系统的性能已经不逊于甚至超过了直流调速系统，交流调速已经逐步取代直流调速。

2. 永磁无刷直流电动机

永磁无刷直流电动机属于自同步电动机，其电动机本体和驱动器组成一体，以电子换向器代替机械电刷和换向器实现有刷直流电动机的换向，克服了有刷直流电动机换向器和电刷带来的缺点。永磁无刷直流电动机原理结构如图2.10所示，永磁无刷直流电动机工作原理如图2.11所示。

永磁无刷直流电动机调速系统借助于高频率、大容量、智能化开关器件的涌现，借助于智能功率模块和大功率集成电路的发展，借助于控制技术的进步，借助于传感器性能的提高，使之能够继承直流调速系统优点的同时克服了直流调速系统的不足，得到了更为广泛的应用。

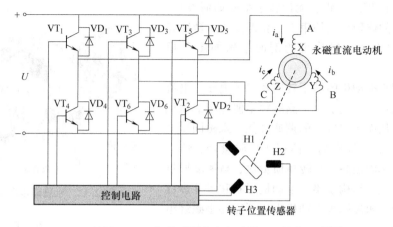

图 2.10 永磁无刷直流电动机原理结构

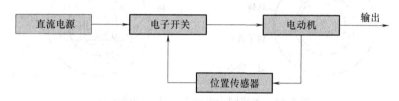

图 2.11 永磁无刷直流电动机工作原理

永磁无刷直流电动机调速系统调速性能优越，体积小，重量轻，转动惯量小，动态响应快，功率密度高，输出转矩大，没有换向火花，没有电磁干扰，维修简便。由于不存在励磁损耗，发热的电枢绕组安装在定子上，散热容易，进一步提高了效率和可靠性。技术进步推动当今的永磁无刷直流电动机向着超高速、高转矩、高功能化、微型化方向发展。当然，永磁无刷直流电动机也存在不足，受到永磁材料性能的限制，超大功率电动机的研制受限；永磁材料在受到振动、高温和过电流时，磁性能可能下降或发生退磁现象，这将降低永磁电动机的性能。

3. 永磁同步电动机

同步电动机属于交流电动机，其转子转速 n、磁极对数 p、电源频率 f 之间满足 $n = \dfrac{60f}{p}$。同步电动机分为电励磁同步电动机和永磁同步电动机，前者由单独的励磁电路提供励磁，后者由永磁体提供励磁，相比于前者，永磁同步电动机省去了励磁电路，结构更加简单。永磁同步电动机按照转子上有无起动绕组分为无起动绕组永磁同步电动机和有起动绕组永磁同步电动机；按照电枢绕组位置分为内转子和外转子永磁同步电动机；按照永磁体磁链在电枢绕组中感应出的反电动势的波形分为正弦波永磁同步电动机、方波或梯形波永磁同步电动机。正弦波永磁同步电动机的电枢绕组一般采用分布短距绕组，为实现输出稳定的电磁转矩，需要采用三相对称正弦波电流供电；反电动势为方波或梯形波的永磁同步电动机，电枢绕组采用集中整距绕组，为保证输出转矩的平稳性，一般采用三相对称的方波电流供电。永磁同步电动机如图 2.12 所示。

永磁同步电动机的工作原理是三相定子绕组通入三相交流电后，产生同步旋转磁场，在磁力作用下，使转子跟随旋转磁场同步转动。永磁同步电动机中永磁体的性能对整个电动机性能的影响较大，随着永磁材料，特别是稀土永磁材料制造技术和加工工艺的不断进步，钐钴、钕铁硼等磁性能较高的稀土永磁材料的相继问世，使得永磁同步电动机的性能达到新的高度。永磁同步电动机转子结构种类繁多，按照磁场方向可分为径向磁钢和轴向磁钢；按照永磁材料安装位置可分为表贴式磁钢和内埋式磁钢。无论转子结构如何设计，其目的是在有限的体积重量约束下，获得高功率密度和高效率。永磁同步电动机典型的剖面结构如图 2.13 所示。

图 2.12　永磁同步电动机

由于永磁同步电动机的转子转速和定子电压、电流频率保持严格同步，控制了定子侧的频率便能精准地控制电动机转速，从而实现较高的调速性能。永磁同步电动机具有运行可靠、效率高、体积小、质量轻、惯性小、温升低、功率因数高、高转矩惯量比、高速度质量比、高功率质量比、结构紧凑、电动机形状和尺寸多样灵活等显著优点，永磁同步电动机由于不需要励磁绕组

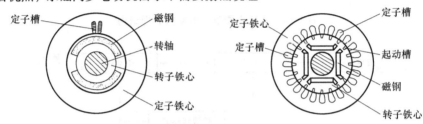

图 2.13　永磁同步电动机典型的剖面结构

和励磁电源，省去了需要经常维护的电刷和集电环，非常适合应用于航空航天应用领域。永磁同步电动机调速系统控制技术成熟，节能效果显著，性能优越，虽然电动机本体制造工艺复杂，成本比较高，但仍然广泛应用于航空、航天、数控机床、加工中心、机器人等高性能伺服领域，且这种需求还在进一步增长。

典型的交流伺服系统三环控制系统如图 2.14 所示。交流伺服系统是由电动机、电力电子变换器和控制系统组成，恰当的电动机控制方法有助于充分发挥同步电动机的优势，是电动机性能的倍增器，有助于整个系统最优性能的实现。永磁同步电动机调速系统属于多变量、强电磁耦合、高度非线性的系统，常用的控制方法有恒定压频比、直接转矩控制（Direct Torque Control，DTC）和磁场矢量控制。其中，DTC 是直接以转矩为控制目标，通过采用转矩和磁链双闭环的结构获得快速的转矩响应。由于 DTC 方法不需要复杂的旋转坐标变换，对电动机参数依赖性低，鲁棒性好而被广泛采用。

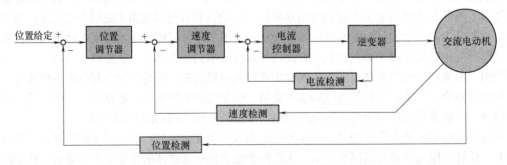

图 2.14　典型的交流伺服系统三环控制系统

永磁同步电动机与直流电动机比较，无机械换向器和电刷，结构简单，体积小，运行可靠，

易实现高速运行，调速范围宽，环境适应能力强，易实现正反转切换，定子绕组散热容易，传动精度高，快速响应性能好，工作电压只受功率开关器件的耐压限制，可以采用较高的电压，易实现大容量伺服驱动。

永磁同步电动机与异步电动机相比较，不需要励磁电流，稳定运行时没有转子电阻损耗，运行效率高，功率因数高，电动机体积小，在同样输出功率下，所需整流器和逆变器容量较小，转动惯量小，响应快速，性价比高，低速性能好。永磁同步电动机的定子结构与普通的异步电动机相同，最主要的区别在于转子磁路结构。

对于交流调速系统，无论执行元件是永磁同步电动机还是异步电动机，对它们基本的要求是①体积小，重量轻，输出转矩大；②惯性小，以保证响应速度；③良好的控制性能及制动性能；④宽广的调速范围；⑤转矩脉动小。

4. 异步电动机

异步电动机的工作原理是气隙旋转磁场与转子绕组感应电流相互作用产生电磁转矩，从而实现机电能量的转换。异步电动机的转子转速 n 小于气隙旋转磁场 n_0，其转差率为 $s = \dfrac{n_0 - n}{n_0}$。

异步电动机按照转子结构分为笼型异步电动机和绕线转子异步电动机。笼型异步电动机结构简单，价格低廉，工作可靠，不能人为改变电动机的机械特性，另一方面，笼型异步电动机起动转矩小，起动电流大，低速运行时发热比较严重，虽然有办法解决这些问题，但会增加成本或损失性能。异步电动机结构图如图 2.15 所示，三相笼型异步电动机拆分图如图 2.16 所示。

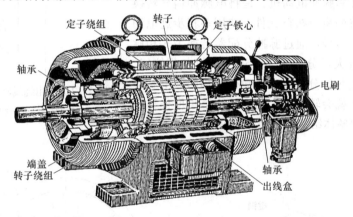

图 2.15　异步电动机结构图

绕线转子异步电动机结构相对复杂，价格相对较贵，效率较低，需要维护的工作量也较大，转子外加电阻可以人为改变电动机的机械特性。由于集电环和电刷的存在，不仅增加了成本，也降低了起动和运行可靠性，且集电环和电刷之间的火花使得绕线转子异步电动机不适合有防爆要求的场合。虽然三相绕线转子异步电动机比笼型异步电动机的起动转矩大，但有些场合也不能满足满载起动要求，需要增加容量，因而形成大马拉小车现象，当电动机容量较大时，转子电流很大，起动设备将变得很庞大。三相绕线转子异步电动机转子回路接线图如图 2.17 所示。

异步电动机适用于驱动无特殊要求的机械设备，如机床、泵、风机、压缩机、搅拌机、运输机械、农业机械、食品机械等。异步电动机选型需要考虑的因素为电动机的机械特性、温升、起动性能、冷却方式、安装方式、防护方式等，主要性能参数有额定功率、额定电流、额定电压和频率、转速、效率、功率因数、堵转转矩、堵转电流、最大转矩、绝缘耐热等级、温升、噪声和振动等。电动机选型时还需要综合考虑其他方面的影响因素，例如，海拔、环境温度、潮湿或干

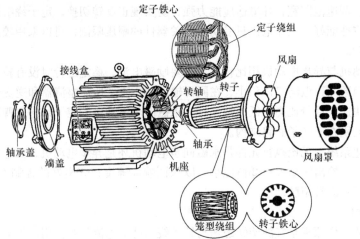

图 2.16　三相笼型异步电动机拆分图

热度、工作环境中的腐蚀物质、防爆要求等，针对这些条件对电动机选型进行调整，以求达到选型的先进性、合理性及经济性。

5. 步进电动机

步进电动机又称脉冲电动机，是将电脉冲信号转换成角位移或线位移的机电执行元件。使用多相步进电动机时，单路电脉冲信号可通过脉冲分配器转换为多相脉冲信号，经功率放大后分别送入步进电动机各相绕组。每输入一个脉冲到脉冲分配器，电动机各相的通电状态就发生变化，转子就会转过一个角度，这个角度称为步距角。步进电动机整体结构示例如图 2.18 所示，原理结构如图 2.19 所示。

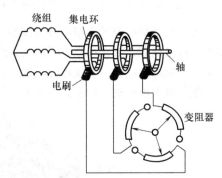

图 2.17　三相绕线转子异步电动机转子回路接线图

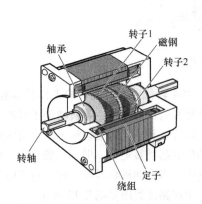

图 2.18　步进电动机整体结构示例

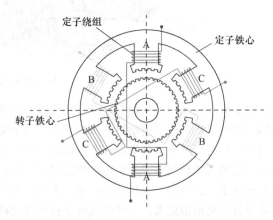

图 2.19　步进电动机原理结构

步进电动机的分类为：①按照转矩产生原理分类：反应式、永磁式、混合式；②按照定子数目分类：单定子、双定子、多定子；③按照定子励磁相数分类：三相、四相、五相、六相；④按照各相绕组的分布规律分类：垂轴式、顺轴式。

常用的步进电动机中比较如下：①反应式步进电动机采用高导磁材料构成齿状转子和定子，

定子上嵌有线圈，其结构简单，生产成本低，步距角可以做得相当小，但动态性能相对较差。由于定子与转子均不含永久磁铁，故无励磁时没有保持力。②永磁式步进电动机转子采用永久磁铁，定子采用软磁钢制成，绕组轮流通电，建立的磁场与永久磁铁的恒定磁场相互吸引与排斥产生转矩，它的出力大，动态性能好。由于转子磁铁的磁化间距受到限制，难于制造，故步距角较大。由于采用了永久磁铁，即使定子绕组断电也能保持一定转矩。永磁式步进电动机励磁功率小、效率高、造价低、需要量大。③混合式步进电动机是永磁式步进电动机和反应式步进电动机的复合体，其转子采用齿状的稀土永磁材料，定子为齿状的突起结构，其综合了反应式和永磁式两者的优点，步距角小，出力大，效率高，动态性能好，是性能较好的步进电动机。

对于步进电动机，转子的角位移及转速分别与输入脉冲数及频率成正比，并在时间上与输入脉冲同步。因此，控制输入脉冲数可以控制机械位移，控制输入脉冲的频率就可以控制电动机转速，另外，控制定子绕组的通电顺序可以控制电动机的转动方向，这些都易于用微机实现数字控制。

步进电动机的特点是可以用数字信号直接进行开环控制，使得整个运动控制系统简单、廉价。由于位移与输入脉冲数相对应，步距误差不长期积累，可以组成结构较为简单又具有一定精度的开环控制系统，在要求高精度的时候，也可以组成闭环控制系统。此外，由于无刷结构，电动机本体部件少，不需要保养，可靠性高；易于起动、停止，正反转及速度响应性好；停止时可保持转矩，有自锁能力；步距角可在大范围内选择，在小步距情况下，通常可以在超低转速下高转矩稳定运行，通常也可以不经减速器直接驱动负载；速度可在相当宽的范围内平滑调节，同时用一台控制器控制几台步进电动机，并使它们完全同步运行。但是，步进电动机带惯性负载能力较差，由于存在失步和共振，步进电动机的加减速方法根据利用状态的不同而复杂化，超载时会破坏同步，高速工作时会发出振动和噪声。

步进电动机选型时主要参考的性能指标为①最大静转矩：它表示了步进电动机承受负载的能力。最大静转矩越大，其带负载能力越强，运行的快速性及稳定性也越好；②空载起动频率：是衡量步进电动机快速性能的重要技术数据，如果脉冲频率高于该值，电动机不能正常起动；③起动矩频特性：起动频率随负载转矩下降的关系曲线称为起动矩频特性；④空载运行频率；⑤矩频特性：是衡量步进电动机运转时承载能力的动态性能指标；⑥静态步距误差：空载时，以单脉冲输入，步进电动机的实际步距角与理论步距角之差，称为静态步距误差。

6. 直线电动机

直线电动机是直接产生直线运动的电动机。可以设想把旋转电动机沿径向剖开，并将圆周展开成直线，就得到了直线电动机。直线电动机可分为直线异步电动机、直线同步电动机、直线直流电动机、直线步进电动机等。

直线电动机按结构分为平板型、圆筒型、弧型和盘型，平板结构是最基本的结构，应用也最广泛。平板型直线电动机结构如图 2.20 所示，圆筒型直线电动机原理结构如图 2.21 所示。

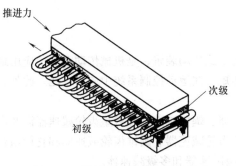

图 2.20　平板型直线电动机结构

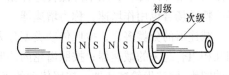

图 2.21　圆筒型直线电动机原理结构

直线电动机主要特点如下：

1）由于不需要把旋转运动变成直线运动的附加装置，因而使得系统本身的结构大为简化，重量和体积大为下降。

2）定位精度高，在需要直线运动的地方，直线电动机可以实现直接传动，因而可以消除中间环节所带来的各种定位误差，故定位精度高，如采用微机控制，还可以进一步提高整个系统的定位精度。

3）反应速度快、灵敏度高、随动性好。直线电动机容易做到其动子用磁悬浮支撑，因而使得动子和定子之间始终保持一定的空气隙而不接触，这就消除了定、动子间的接触摩擦阻力，因而大大地提高了系统的灵敏度、快速性和随动性。

4）工作安全可靠、寿命长。直线电动机可以实现无接触传递力，机械摩擦损耗几乎为零，所以故障少、免维修，因而工作安全可靠、寿命长。

5）容易密封，各部件用尼龙浸渍后采用环氧树脂涂封，使得其耐环境能力强，不惧有毒气体和化学药品的侵蚀，在核辐射和液态物质中也能正常运行。

6）直线电动机的冷却条件好，特别是长次级接近常温状态，因此线负荷和电流密度可以取得很高。

7）工作电源可以采用交流电源、直流电源或脉冲电源。

8）不同种类的直线电动机具有截然不同的工作特点，可以根据需要选择。既有能满足高速、大推力驱动要求的直线电动机，也有能满足低速、精细要求的直线电动机。

9）由于直线电动机无离心力作用，故直线移动速度可以不受限制，其加速度可以非常大，能实现起动时瞬间达到高速，高速运行时又能瞬间准停。

直线电动机传动与旋转电动机传动比较，其主要优点如下：

1）旋转电动机是通过曲柄连杆或蜗轮蜗杆等传动机构进行直线型驱动的，这种传动形式往往会带来结构复杂，重量大，体积大，啮合精度差，且工作不可靠等缺点。直线电动机没有中间转换环节，传动机构简单，精度高，振动和噪声小。

2）直线电动机没有传动机构惯量和阻力矩的影响，因而加速和减速时间短，可实现快速起动和正反向运行。

3）仪表用的直线电动机，可以省去电刷和换向器等易损零件，提高可靠性，延长使用寿命。

4）直线电动机由于散热面积较大，容易冷却，因而允许较高的电磁负荷。

5）直线电动机装配灵活性好，可将电动机与其他机构合为一体。

直线电动机的主要选型参数为最大电压、峰值推力、峰值电流、连续功率、最大速度、最大连续消耗功率、磁极节距等。

2.4.5 减速器

减速器是原动机与工作机或执行机构之间独立的闭式传动装置，是机械传动系统中应用最为广泛的传动部件之一，用来降低转速并相应地增大转矩，在运动控制系统中应用广泛。此外，在某些特殊场合也用作增速，称为增速器。

减速器的分类多样，按照传动类型分为齿轮减速器、蜗杆减速器和行星齿轮减速器以及由它们互相组合起来的减速器；按照齿轮的外形分为圆柱齿轮减速器、圆锥齿轮减速器和它们组合起来的圆锥-圆柱齿轮减速器；按照传动的级数分为单级减速器和多级减速器。

工程中常用的、已经标准化系列化的减速器有：齿轮减速器、蜗杆减速器、蜗杆-齿轮减速器、行星齿轮减速器、摆线针轮减速器、谐波齿轮减速器，只有在选不到合适的产品时，才自行设计制造减速器。

各类减速器的优点和特点是

1）齿轮减速器：轮齿型式有直齿、斜齿及人字齿，其应用广泛，结构简单，精度容易保证。

2）蜗杆减速器：结构紧凑，传动比大，工作平稳，噪声小，配电动机功率范围广，传动比分级精细，承载能力高，使用寿命长。

3）蜗杆-齿轮减速器：分为齿轮传动在高速级和蜗杆传动在高速级两种型式，前者结构紧凑，而后者传动效率高。

4）行星齿轮减速器：重量轻、体积小、传动比大、承载能力大、传动平稳、传动效率高、转矩体积比高，行星齿轮减速器多数是安装在步进电动机和伺服电动机上，用来降低转速，提升转矩，匹配惯量，精密行星齿轮减速器与伺服电动机配合时背隙等级很重要，不同背隙等级价格差异较大。

5）摆线针轮减速器：传动比大，传动效率高，体积小，重量轻，故障少，寿命长，运转平稳可靠，噪声小，拆装方便，容易维修，结构简单，过载能力强，耐冲击，惯性转矩小。

6）谐波齿轮减速器：结构简单，体积小，重量轻，与传动比相当的普通减速器比较，其零件减少 50%，体积和重量均减少 1/3 左右或更多；传动比范围大，单级谐波减速器传动比可在 50～300 之间，优选在 75～250 之间；双级谐波减速器传动比可在 3000～60000 之间；复波谐波减速器传动比可在 200～140000 之间；同时啮合的齿数多，谐波传动精度高，齿的承载能力大，能够实现大传动比、小体积；运动平稳，无冲击、噪声小；谐波齿轮在传动在啮合中，柔轮齿和刚轮齿之间的齿侧间隙主要取决于波发生器外形的最大尺寸及两齿轮的齿形尺寸，因此可以使传动的回差很小，齿侧间隙可以调整，某些情况甚至可以是零侧间隙；谐波齿轮减速器的高速轴、低速轴位于同一轴线上，同轴性好。

齿轮减速器原理结构如图 2.22 所示，蜗轮蜗杆减速器原理结构如图 2.23 所示，蜗杆-齿轮减速器原理结构如图 2.24 所示，行星齿轮减速器原理结构如图 2.25 所示，摆线针轮减速器原理结构如图 2.26 所示，谐波齿轮减速器原理结构如图 2.27 所示。

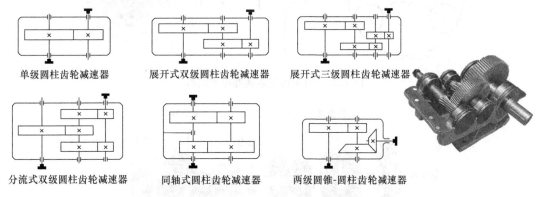

单级圆柱齿轮减速器　　展开式双级圆柱齿轮减速器　　展开式三级圆柱齿轮减速器

分流式双级圆柱齿轮减速器　　同轴式圆柱齿轮减速器　　两级圆锥-圆柱齿轮减速器

图 2.22　齿轮减速器原理结构

减速器选型通常是根据产品样本来进行的。选用减速器时应从工作机的选用条件、动力机的性能、技术参数以及经济性因素等方面考虑，比较不同类型、品种的减速器外形尺寸、承载能力、传动比、传动效率、价格等，进而选择较为合适的减速器型号。选型步骤：首先按照工作条件计算出减速器的标称输入功率、传动比、输入转速、输出转矩等参数，再依据这些确定的参数尽量选用接近理想标称输入功率、传动比等参数的减速器，通过查询机械设计手册进行初选，然

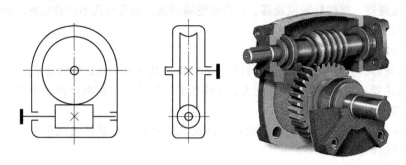

图 2.23　蜗轮蜗杆减速器原理结构

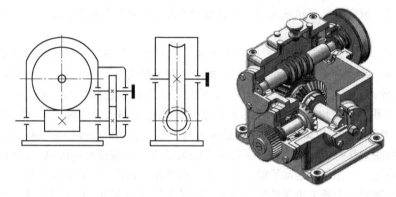

图 2.24　蜗杆-齿轮减速器原理结构

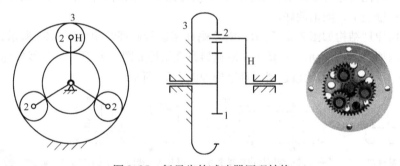

图 2.25　行星齿轮减速器原理结构

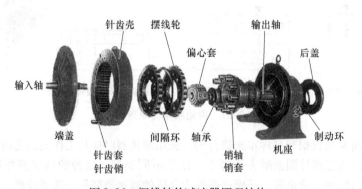

图 2.26　摆线针轮减速器原理结构

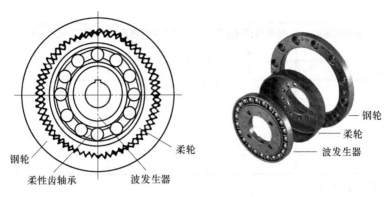

钢轮
柔轮
波发生器

钢轮
柔性齿轴承
波发生器

图 2.27 谐波齿轮减速器原理结构

后验算选取的减速器的型号是不是符合初选要求。另外，还考虑多种减速器进行对比选择。随着计算机的应用和发展，一些欧美大型公司针对自己产品的特点开发了产品电子样本和选型软件，这些选型软件要求建立在完整减速器参数数据库基础之上。但由于产品众多，数据库建立不够完善，没有通用的减速机选型软件，更没有与产品设计系统友好集成，还需要设计人员进行分析与比较，以便从不同规格、型号、厂商的产品中选出适合用户使用的、整体效能最佳的减速器型号。减速器的主要选型参数见表 2.1。

表 2.1 减速器的主要选型参数

	齿轮减速器	蜗轮蜗杆减速器	行星齿轮减速器	摆线针轮减速器	谐波齿轮减速器
型号	★	★	★	★	★
标称输入功率	★	★	★	★	★
传动比	★	★	★	★	★
输出转速	★		★	★	
标称输出转矩	★	★			
实际选用系数	★				
最大径向载荷	★				
装配形式	★				
外形尺寸	★	★	★	★	★
冷却方式	★		★		
安装图	★	★		★	
产生厂商	★	★	★	★	★
价格	★	★	★	★	★
输入转速	★		★	★	
负载功率	★			★	★
原动机性能	★				
环境条件	★		★		
冷却条件	★		★		
安全条件			★		
每天工作小时	★		★		
安全系数	★				
负荷率系数	★		★		
箱体类型		★			

(续)

	齿轮减速器	蜗轮蜗杆减速器	行星齿轮减速器	摆线针轮减速器	谐波齿轮减速器
输入转矩		★			★
输入输出轴类型	★	★			
原动机类型			★	★	
载荷种类			★		
结构形式				★	
精度等级	★	★	★	★	★
空回精度等级					★

注：★表示需要选择的选型参数。

减速器选型时除考虑类型及性能参数外，还要注意输出结构、轴伸结构形式、防护等级、背隙、电动机与减速器接口的匹配等。例如，对于行星齿轮减速器，有同轴、直角及法兰输出形式，同轴减速器的价格相对便宜，可扩展性好，有更多的传动比可选，相对直角减速器其转速更高；直角减速器用于在轴向空间狭小的设计中；法兰输出减速器的结构长度较短，连接刚性高。减速器轴伸结构形式有光轴、键轴、花键及法兰，光轴与负载或联轴器依靠摩擦力连接，在交变负载下作动态定位应用时寿命较长；键轴与负载依赖键和键槽配合连接，比光轴摩擦紧固型连接结构简单、价格便宜，但在交变的负载下容易磨损；花键轴上有多个轴向的键槽，增大的表面积使其能传递更大的转矩，对中性好，但加工成本高；法兰能够做到最短的连接尺寸，连接刚性最高。

另外，传动系统设计时要注意减速器中的背隙。减速器的背隙也称回程间隙，主要由齿轮间隙引起，它影响减速器的定位精度。减小背隙意味提高减速器齿轮的加工精度及减速器价格提高，或者进行背隙补偿控制增加控制复杂度，且不是所有应用场合都可以进行背隙补偿的。对于恒转向、恒定或只有正向动态变化的负载可以不考虑背隙的影响，选择合适的背隙对于控制项目成本和系统精度具有重要意义。

2.5 现场总线与工业以太网

微电子技术、计算机技术及通信技术的发展使工业自动化领域的控制模式发生了根本性的改变，从基于模拟信号传输的集散控制系统（DCS），到数字化、智能化、全分散的现场总线，再到近年来出现并得到迅速发展的工业以太网，信息交换覆盖已能够从工厂的现场设备层到控制、管理的各个层次，形成了现代工业控制网络，现场总线和工业以太网正是工业控制网络发展过程中的两个典型代表。

工业控制网络有别于商业信息网络，具有如下特点：

1）实时性好。这表示在工业控制中不仅要求信息传输速度快，而且还要求响应速度快。

2）可靠性高。由于直接面向生产过程，在传输检测与控制信息、产生或引发机构运动和能量转换的同时，能够耐受恶劣的工业现场环境，在出现故障的情况下，具有保证整个系统安全的能力。

3）简洁。降低设备成本，提高系统的健壮性。

4）开放性好。各厂商之间的产品可以相互兼容。

5）增加用户层。信息网络通常采用国际标准化组织的开放系统互连参考模型（ISO/OSI）的七层结构，工业控制网络需要在第七层之上增加用户层。

2.5.1　现场总线

现场总线概念起源于欧洲，随后发展至北美，自诞生至今发展迅速，被誉为自动化领域的现场局域网。

进入20世纪80年代，企业综合自动化的需求（开放性、通用性、可靠性）日益急迫，人们对传统的模拟仪表和控制系统要求变革的呼声也越来越高，随着微处理器与计算机功能的增强和价格的降低，计算机网络系统得到迅速发展，而处于生产过程底层的自动化测控系统仍选用一对一连线，用电压、电流的模拟信号进行测量和控制，难以实现设备与设备之间以及系统与外界之间的信息交换，使自动化系统成为"信息孤岛"。要实现整个企业的信息集成和综合自动化，就必须设计出一种能在工业现场环境运行的、性能可靠的、造价低廉的通信系统，形成现场的底层网络，完成现场自动化设备之间的多点数字通信，实现底层设备之间以及生产现场与外界之间的信息交换。现场总线就是在这种实际需要的驱动下应运而生的，智能仪表也为现场总线的出现奠定了基础。

现场总线是应用在工业控制领域的一系列实时通信标准规约。国际电工委员会（International Electrotechnical Commission，IEC）对现场总线的定义为现场总线是一种应用于生产现场，在现场设备之间、现场设备与控制装置之间实行双向、串行、多节点数字通信的技术。它的关键标志是能支持双向、多节点、总线式的全数字通信。

现场总线的诞生与发展可视为自动控制领域的一次革命，这是因为现场总线不仅是一种通信技术，更重要的是现场总线控制系统（Fieldbus Control System，FCS）的出现引发了传统的PLC控制系统和集散控制系统（Distributed Control System，DCS）基本结构的根本性变化。现场总线系统技术极大地简化了传统控制系统繁琐且技术含量较低的布线工作量，使其系统检测和控制单元的分布更趋合理，使得从原来的面向设备选择控制和通信设备转变成为基于网络选择设备。尤其是20世纪90年代现场总线控制系统技术逐渐进入中国以来，结合因特网和内联网的迅猛发展，现场总线控制系统技术越来越显示出其传统控制系统无可替代的优越性。可以说，现场总线作为工业数据通信网络的基础，是IT技术在自动控制领域的延伸，是自动化仪表发展的必然趋势，同时也将企业内部信息网络延伸至生产现场与控制网络相连，适应了企业信息集成系统、管理控制一体化系统的发展趋势与需要，并且能够与互联网相连形成新的企业管控一体化系统的网络结构。

现场总线与一般通信技术的区别在于，一般通信技术只能实现信息的传输，而现场总线是一种控制系统框架，现场总线内的所有设备能够进行信息互访与互换，现场总线上的设备之间能够进行互操作和系统集成。

1. 现场总线控制系统与传统控制系统的比较

现场总线是用在现场的总线技术，是用于现场智能传感器、现场仪表及现场设备与控制主机系统之间的一种开放的、全数字化、双向、多站的通信系统。现场总线使数字通信总线一直延伸到现场仪表，使许多现场仪表可通过一条总线进行双向多信息数字通信，取代目前使用的4～20mA模拟传输方式。它是用于过程自动化和制造自动化最底层的现场设备或现场仪表互连的通信网络，是现场通信网络与控制系统的集成。现场总线控制系统的总线标准规定了控制系统中一定数量的现场设备之间如何交换数据，这些数据的传输介质可以是电线电缆、光缆、电话线、无线电等。

传统控制系统的接线方式是一种并联接线方式，采用一对一的设备连线，按控制回路分别进行连接。以PLC控制系统为例，如果现场有100个I/O点，则需从PLC引超过100根的电线到现场，如果系统有成百上千的 I/O 点，则整个系统的接线就将十分庞大复杂，易出错，施工和维护都困难。能不能把所有的 I/O 点用一根电缆都连接起来，让所有的数据和信号都在这根电缆线上流通，同时设备之间的控制和通信可任意设置呢？现场总线就能够实现这种功能，而且是采用数字化传输，它不仅极大地方便了布线，还把原先 PLC 要实现的功能分散到了现场设备和仪表。现场总线采用串行数据传输和连接方式代替传统的并联信号传输和连接方式，实现了控制层和现场总线设备层之间的数据传输。传统 PLC 控制系统接线与现场总线控制系统接线比较如图 2.28 所示。

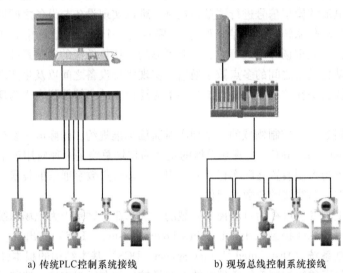

a) 传统PLC控制系统接线   b) 现场总线控制系统接线

图 2.28　传统 PLC 控制系统接线与现场总线控制系统接线比较

另外，传统的 DCS 经过几十年的发展，现在已经达到了一个相当完善的程度，但是它仍存在着几个弱点：一是控制现场的仪表与 DCS 的控制站之间仍然采用模拟信号传送传感器的测量值，容易受到干扰；二是各种 DCS 基本上都是封闭的体系，每一个生产厂商都有自己的一套体系结构，尽管这些系统都很类似，但它们之间无法互换部件，控制软件也不可通用；三是它的所有控制功能都集中于控制站，未实现彻底的分散化。FCS 与 DCS 比较见表 2.2。

表 2.2　FCS 与 DCS 比较

比较内容	FCS	DCS
结构	一对多：一对传输线接多台仪表，双向传输多个信号	一对一：一对传输线接一台仪表，单向传输一个信号
可靠性	可靠性好：数字信号传输，抗干扰能力强，精度高	可靠性差：模拟信号传输，抗干扰能力弱，精度低
失控状态	操作员在控制室既可以了解现场设备或现场仪表的工作状况，也能对设备进行参数调整，还可以预测或寻找故障，使设备始终处于操作员的远程监控与可控状态中	操作员在控制室既不了解现场设备或现场仪表的工作状况，也不能远程对设备进行参数调整，更不能预测故障，使操作员对仪表处于"失控"状态
仪表	智能仪表除了具有模拟仪表的检测、变换、补偿等功能外，还具有数字通信能力，并且具有控制和运算的能力	模拟仪表只具有检测、变换、补偿等功能
控制	控制功能分散在各个智能仪表中	所有的控制功能集中在控制站中

2. 现场总线的特点

现场总线是过程控制技术、智能仪表技术和计算机网络技术相结合的产物，因此具有传统控制系统不可比拟的特点和优越性。现场总线具有的特点如下：

1）结构简单：最小化的布线方式和最大化的网络拓扑使系统的接线成本和维护成本大为降低，又由于采用数字信号替代模拟信号，因而可实现一条电缆传输多个信号，例如，运行参数值、多个设备状态、故障信息等，同时又可为多个设备提供电源，现场设备以外不再需要 A-D、D-A 转换，使得采用现场总线的控制系统结构简单。

2）开放性：开放性指应用的开放和通信规约的开放。一方面能与不同的控制系统相连接，多个不同厂商的设备之间可以进行互联并实现信息交换，另一方面系统的开发是开放的，开放的系统把系统集成的权利交给了用户，用户可按自己的需要和对象，把来自不同供应商的产品组成按需构建的系统。开放性使现场总线控制系统不仅具有传统总线的低成本，而且能适应先进控制网络化和系统化的要求。现场总线开放式数字通信网络突破了传统 DCS 中的专用通信网络结构，以现场总线为纽带，将单个分散的测量控制设备变成网络节点，构成共同完成任务的网络系统与控制系统，实现现场测量控制设备之间的信息共享。

3）实时性：工业过程中信息多样，现场总线的通信活动可分为周期通信和非周期通信两类，周期通信和非周期通信具有不同的实时性要求。前者主要用于传感器、变送器等现场设备周期性地上传测量值，如压力、流量、温度等，后者主要用于现场设备的报警、控制参数调整、远程诊断等信息。实时性是总线最重要的性能参数之一。在保证数据传输的可靠性和完整性的条件下，总线的传输速度越快，系统的响应时间就越短。总线实时性需要传输速率和传输效率保证，传输效率是指有效用户数据在传输帧中的比率及成功传输帧在所有传输帧的比率。现场总线可进行多参数传输，消除了模拟信号的传输瓶颈。

4）可靠性及对现场环境的高度适应性：现场总线是专为在现场环境工作而设计的，因此各种总线都具备一定的抗干扰能力和故障诊断能力，能够较快速查找和更换故障节点以保护网络，可支持多种传输介质，例如，双绞线、同轴电缆、光缆、射频、红外线、电力线等，可两线制供电，并满足安全防爆要求，传输精度也得到显著提高，信号的检错、纠错机制得以实现。总线的故障诊断能力是由总线所采用的传输的物理媒介和传输的软件协议决定的，不同的总线具有不同的诊断能力和处理能力。

5）现场设备的智能化与功能自治性：现场总线把通用或专用的微处理器，嵌入传统的测量控制仪表，使之具有数字计算和数字通信能力。现场总线将传感测量、补偿计算、工程量处理等控制功能分散到现场设备中完成，一些现场设备已经可以完成控制的基本功能，并可随时诊断设备的运行状态。

6）系统结构的高度分散性：现场总线系统采用全分散控制，现场设备既有检测、变换和补偿功能，也有运算和控制功能。通过现场总线，将传统 DCS、PLC 等控制系统复杂的控制任务进行分解，分散于现场设备中，由现场变送器或执行机构构成控制回路，并实现各部分的控制，使得现场总线可以构成一种新的全分布式控制系统的体系结构，从根本上改变了现有 DCS 集中与分散相结合的集散控制系统体系结构，这样既简化了系统结构，又提高了可靠性、自治性和灵活性。

7）设备状态可控：操作员在控制室即可了解现场设备或现场仪表的工作状况，可对现场设备进行工艺参数调整、零点量程调校、组态信息调整，通过对现场设备状态趋势分析预测故障，发生故障时能及时找到故障点，及时替换新的设备，现场设备始终处于操作员的远程监视与可控状态，进一步提高了系统的可靠性和可维护性。

8）系统扩展性：现场总线系统具有很强的系统扩展能力，主机能自动识别设备的增加或删减，扩展或删减时，无须架设新的线缆，无须系统停机。

9）互换性：现场总线是开放的协议，不同厂商生产的符合同一现场总线协议的设备可以连接在一起，统一组态和协同工作。来自不同厂商的相同类型的设备还可以互换，而无须专用的驱动程序，彻底改变了传统控制系统的封闭性和专用性，用户可以自由选择不同制造商所提供的性能价格比最优的现场设备或现场仪表。

10）多分支结构：有别于传统控制系统中设备连接的一对一结构，现场总线结构是多分支的，其网络拓扑可为总线型、星形、树形等多种形式。

3. 现场总线的种类

现场总线的种类繁多，目前号称为开放标准的有 40 多种现场总线。多种现场总线并存的原因在于刚开始没有一个统一的国际标准，各企业相继开发自己的总线产品并制定现场总线标准，工业技术的迅猛发展使得现场总线技术在各种技术背景下得以快速发展并得到迅速普及，但是普及的层面和程度受到不同领域技术发展的牵制，另一方面是工业控制领域"高度分散、难以垄断"及要求多样，但用户对现场总线通信协议标准化的要求非常强烈，因此，才有了一些组织制定标准。

现场总线国家标准有：德国的 Profibus，法国的 FIP，英国的 ERA，挪威的 FINT，丹麦的 PNET，中国的 DeviceNet 和 ASi。现场总线企业标准有：Echelon 公司的 Lonworks，Phenix Contact 公司的 Interbus，Rober Bosch 公司的 CAN，Rosemount 公司的 HART，Carlo Garazzi 公司的 Dupline，Process Date 公司的 P-net，Peter Hans 公司的 F-Mux。

IEC 61158 第四版标准包括 20 种现场总线，多种多样的现场总线近期内难以统一，多种现场总线并存的局面将继续存在，但会由市场决定哪种总线领导市场，那些技术先进、支持厂商多而强、开放度高的现场总线更具有生存和发展的空间，例如，FF（包括 H1、HSE）和 Profibus（包括 Profibus-DP、ProfiNet 等）在过程控制领域的市场越来越大，工业以太网将成为工业控制的新宠。

4. 几个常见的现场总线的特点及比较

当前应用比较广泛的现场总线有：Profibus、FF、CAN、Interbus、ControlNet、DeviceNet、Lonworks 等。

（1）Profibus

Profibus 是一种用于工厂自动化车间级监控和现场设备层数据通信与控制的现场总线技术，可实现现场设备层到车间级监控的分散式数字控制和现场通信，在欧洲市场的占有率首屈一指，它广泛应用于加工自动化、楼宇自动化、过程自动化、发电与输配电等领域。Profibus 主要使用主-从方式，通常周期性地与传动装置进行数据交换，与其他现场总线系统相比，其优点在于它的普遍性，可同时实现集中控制、分散控制和混合控制三种方式。

Profibus 家族有 Profibus-DP、Profibus-PA 和 Profibus-FMS。这三种模块在自动控制系统中的应用和作用不同，但它们可以在同一条总线上混合操作，与工业网络结合构成典型的具有三级结构的自动化系统，即现场设备级、车间控制级、管理级。

Profibus-DP 是一种高速低成本通信网络，用于设备级控制系统与分散式 I/O 的通信，以取代 24V 或 4～20mA 的串联式信号传输，直接数据链路映像提供的用户接口使得数据链路层的存取变得简单方便；Profibus-PA 专为过程自动化设计，可使传感器和执行机构连在一根总线上，并有本质安全规范，使用电缆耦合器，Profibus-PA 装置能很方便地连接到 Profibus-DP 网络；Profibus-FMS 用于车间级监控网络，是一个令牌结构、实时多主网络。

（2）FF

FF 是现场总线基金会推出的现场总线标准，在过程自动化领域得到了广泛的应用。基金会现场总线采用国际标准化组织（ISO）的开放化系统互联（OSI）简化模型（1、2、7 层），即物理层、数据链路层、应用层，另外增加了用户层。FF 分低速 H1 和高速 H2 两种通信速率，可支持总线供电和本质安全防爆环境。

作为两种互相竞争的现场总线标准，Profibus-PA 与 FF 比较如下：在传输媒介上，FF 支持双绞线、光缆和无线发射，协议符合 IEC 61158-2 标准，Profibus-PA 仅支持双绞线直流载波。在通信方式上，同步通信用于实时控制，异步通信用于传递诊断、报告、维护、故障定位，FF 支持同步和异步通信，采用了多段网络支持扩展地址，采用网桥连接用于安全传送数据，Profibus-PA 的逻辑连接仅分为循环和非循环两种。分布式应用需要精确的时钟同步，FF 能够保证多个网段情况下的时钟同步，Profibus 不能满足这个需求。FF 具有在线设备探测的功能，可以进行在线的设备组态，支持在线的链路活动调度表的构造和修改。FF 的优点是功能强大，但缺点是非常复杂。Profibus 协议比 FF 来得简单，开发基于 Porfibus 的设备比基于 FF 的设备容易。从市场应用来看，Profibus 的推出比 FF 早，基于 Profibus-PA 设备的市场份额目前比基于 FF 设备的要多。Profibus-DP 在制造业自动化领域得到了成功的运用，PA 从 DP 发展而来，有利于工厂不同自动控制系统的互连。从支持面来看，美国和日本的主要控制设备制造商，例如，Honeywell、Rosemount、Foxboro、ABB、恒河、山武、富士电气等都支持 FF 并推出了基于 FF 的产品。而西门子公司支持 Profibus，FF 的支持面比 Porfibus 更广。另外，FF 推出了基于快速以太网的 HSE 标准，已成为国际标准 IEC 61158 的一部分，在工厂自动化方面，基于 HSE 的设备造价低廉，基于以太网技术的 HSE 会有更大的发展空间。

（3）CAN

CAN 最早是用于汽车内部测量与执行部件之间的数据通信。CAN 总线是基于 OSI 模型并进行了优化。采用了其中的物理层、数据链路层、应用层，提高了实时性。CAN 总线节点有优先级设定，支持点对点、一点对多点、广播模式通信，各节点可随时发送消息。传输介质为双绞线，通信速率与总线长度有关。CAN 总线采用短消息报文，抗干扰能力强，可靠性高，适用于开关量控制。

（4）Interbus

工业自动化的发展要求总线系统适应两种要求：一是总线系统必须提供自动化目标的综合解决方案；二是对大多数 PLC 供应商来说必须是独立并中立的，但目前许多解决方案都没有达到这两点，例如，西门子公司支持的 Profibus，Allen-Bradley 支持的 DeviceNet，Telemecanique 支持的 FIP。Interbus 不是由哪一个较大的 PLC 供应商独有，而是由独立的网络供应商支持，它提供中立和独立的解决方案以适应开放的系统。Interbus 网络连接独立的设备，如传感器、执行器、驱动器。物理层传送数据，同时给最多 64 个现场设备提供 24V 电源，数据作为独立的电流信号传送。Interbus 的物理层采用环路连接，自动配置，无须设定网络地址，分布式配置，系统安装费用低；其数据链路层采用全双工的帧传送，所有网络 I/O 可以同时得到数据更新。无仲裁，数据可无中断地连续传送。另外，数据吞吐量大，每次网络连接都进行 CRC 校验，传送数据准确；其应用层可进行故障诊断，支持数字量、模拟量和主从信息，以完成更大规模的控制。Interbus 采用集总帧型的数据环通信，具有低速度、高效率的特点，并严格保证了数据传输的同步性和周期性，该总线的实时性、抗干扰性和可维护性都非常出色。Interbus 广泛地应用到汽车、烟草、仓储、造纸、包装、食品等工业领域。

（5）ControlNet

ControlNet 是由 Rockwell 公司开发，在单根电缆上支持两种类型的数据传输。一是对时间有苛求的控制信息和 I/O 数据，ControlNet 授予这些数据最高的优先权，保证其不受其他信息干扰，具有确定性和可重复性；二是无时间苛求的信息发送和程序上传/下载，它们被赋予较低的优先权，在保证第一种类型信息传输的条件下进行传递。ControlNet 不仅支持传统的点对点通信，也允许同时向多个设备传递信息，使用时间片算法保证各节点实现同步，提高带宽利用率。ControlNet 支持总线、树形和星形等结构及其组合，用户可以根据需要扩展物理长度，增加节点数量。

（6）DeviceNet

DeviceNet 是一种基于 CAN 技术的开放型通信网络，主要用于构建底层控制网络，其网络节点由嵌入了 CAN 通信控制器芯片的设备组成。DeviceNet 的网络参考模型分为应用层、数据链路层和物理层，DeviceNet 定义了应用层规范、物理层连接单元接口规范、传输介质及其连接规范，在数据链路层的媒体访问控制层和物理层的信令服务规范直接采用了 CAN 规范。在 CAN 总线的基础上，DeviceNet 采用了对象模型来对总线上的节点进行管理。DeviceNet 有两种连接方式，即输入输出连接和显式连接。输入输出连接主要用于对实时性要求较高的数据传输，这种连接方法可以进行一对一和一对多的数据传送，它不要求数据接收方对所接收到的报文做出应答；显式连接主要用于发送设备间多用途报文，例如，组态数据、控制命令等，要求报文接收方必须对接收到的报文做出成功或错误的响应。

（7）Lonworks

Lonworks 采用了 ISO/OSI 模型的全部七层通信协议，采用了面向对象的设计方法通过网络变量把网络通信设计简化为参数设置。它支持双绞线、同轴电缆、光纤、射频、红外线、电力线等多种通信介质，Lonworks 的特点是开放性，控制网络的核心 Lonwork 协议固化在 Neuron 芯片中，为控制网络提供全面的管理和服务。Lonworks 控制网络又可通过各种连接设备接入 IP 数据网，与信息技术应用实现无缝结合。由于用户可进行所需要的二次开发，从而使 Lonworks 具有较高的使用价值。

5. 现场总线发展现状

随着现场总线技术的开放和标准化，智能仪表和设备共同组成新型结构的 FCS 出现，标志着现场总线技术的发展和应用达到了新的历史阶段。由于以 PLC、PC 为主控设备的控制系统广泛采用了现场总线技术，以至几乎找不到不采用现场总线技术的网络化 PLC 和 PC 控制系统。

随着硬件技术的成熟，软件在控制系统中发挥着越来越重要的作用。通信协议栈、分布控制功能块都是以软件为核心的技术。基于通用工业 PC 的软 PLC 和软 DCS 也同样表明了软件的重要性。控制和优化算法的性能也都体现为软件能力。工业 PC 采用硬件平台，接口标准统一，开发工具更为完善。由它们构成的系统，更容易扩充，运行于其上的软 PLC 和软 DCS，具有成本低廉、性能可靠、易于扩充等特点，已经取得越来越广泛的应用。

尽管多种总线在市场上取得了很大的成功，但 FF 和 Profibus-PA 是公认的过程控制总线的代表和技术领先者。过程控制级绝大部分采用 FF 或 Profibus-PA 总线标准，因此，基金会现场总线 FF 和 Profibus-PA 是过程控制总线的主流。现在我国的许多工业部门已先后引进了多种现场总线控制系统和智能仪表，其中 FF 和 Profibus 占主流，传统 DCS 和 PLC 系统将自然发展为 FCS。

6. 现场总线对现代控制系统的影响

1）节省硬件数量与成本：由于现场总线系统中分散在设备前端的智能单元能直接执行多种传感、控制、报警和计算任务，因而可以减少变送器数量，不再需要单独的控制器、计算单元等，也不再需要 DCS 中的信号调整、转换、隔离等功能单元及其复杂接线，还可以用工控 PC 作为操作站，从而节省硬件成本。

2）节省安装费用：由于一条双绞线或电缆上可以挂接多个设备，因而电缆、端子、槽盒、桥架的用量大为减少，连线设计与接头校对的工作量也大大降低。当需要增加现场控制设备时，无须增设新的电缆，可就近连接在原有的电缆上，既节省了投资，也减少了设计、安装的工作量。

3）节约维护开销：由于现场控制设备具有自诊断与简单故障处理能力，并通过数字通信将相关的诊断维护信息送往控制室，用户可以查询所有设备的运行和诊断维护信息，能够及时分析故障原因并快速排除，缩短了维护停工时间。另外，由于系统结构简化、连线简单，也减少了维护工作量。

4）用户具有高度的系统集成主动权：由于通信协议完全公开，任何人、任何单位均可采用，不同厂商的设备遵守相同的技术规范，用户可以自由选择不同厂商提供的设备进行系统集成，从而避免因前期选择了某一品牌的产品而被限制了后续设备的选择范围，不会为系统集成中不兼容的协议、接口而一筹莫展，可统一组态，无须专用的驱动程序，为系统集成的自主性提供了保障，使系统集成过程中的主动权完全掌握在用户手中。

5）提高了系统的可靠性与自动化水平：由于现场总线设备实现了高度智能化和数字化，与模拟信号相比，现场总线降低了传输过程中的噪声干扰，从根本上提高了测量与控制的准确度，减少了传送误差。同时，由于简洁的系统结构，设备与连线的减少，现场仪表内部功能的加强，减少了信号的往返传输，提高了系统的工作可靠性。另外，现场总线仪表可以实现远程在线组态、运行时的故障自诊断和预测性维护。由于通过现场总线可以从现场仪表获得更多的非控制信息，如现场仪表的位号、诊断状态、资源状况等，可以构建全程质量跟踪体系，一旦故障发生，能够快速定位并能缩短排除故障的停车时间，同时通过跟踪维护记录，也有利于明确操作人员的责任，使用户能通过设备管理维护系统实现对全厂设备的在线管理、预测性维护等功能，提高了工厂自动化水平。

6）系统设计的改变：由于已实现了设备标准化和功能模块化，现场总线控制系统还具有设计简单、易于重构的优点。可以利用现场仪表的处理能力，将底层控制、累计、报警监视等功能转移到现场仪表中实现，简化控制室仪表的设计。由于现场仪表的智能化和底层控制功能（如PID）下放到现场级去实现，分布式的高级算法将发挥作用。现场仪表由于防爆、功耗限制等原因，处理信息的能力有限，而通过现场仪表组成自治的回路，可以进一步分散控制，采用分布式的控制算法，实现在上位机平台上执行集中式的寻优和高级控制运算，现场仪表组合执行底层控制运算。

7）通信线供电：通信线供电是指允许现场仪表直接从通信线上摄取能量，对于要求本质安全的低功耗现场仪表，可采用这种供电方式。例如，化工、炼油等企业的生产现场有可燃性物质，所有现场设备都必须严格遵循安全防爆标准，现场总线设备也不例外。

8）双向通信：相对于 4～20mA 模拟信号通信的单向传输，现场总线可以进行双向的信息传输。

9）现场控制：传统控制系统采用 4～20mA 模拟信号进行传输，只能进行控制室和现场仪表之间的点对点通信，而采用现场总线通信，现场仪表、控制室仪表采用总线式连接，现场仪表相互之间直接联系组成就地控制回路，建立真正的现场控制。控制站硬件将重新设计，不再需要A-D 与 D-A 转换接口，控制站只需执行高级控制功能，调度通信已不是控制站必须完成的工作。

10）软件功能增强：对于控制软件来说，现场总线能提供更多的信息。例如，现场仪表不仅能提供过程变量的测量值，还能够提供对该测量值真实性的评价及仪表工作状态的信息。控制软件需要组织这些信息，以适当的形式向用户提供，使用户对生产过程有更全面的了解。连接在现场总线上的仪表还提供各类报警，监控软件须考虑如何最优地处理这些信息。总线与智能仪表的结合，也给用户控制自动控制系统的运行提供了更多、更灵活的选择，例如，在远程监控和PID控制算法之间的切换等。

7. 现场总线的选择条件

设计控制系统选择现场总线时，首先要考虑是否需要使用现场总线，应该从如下几个方面思考。

1）现场设备是否分散。现场设备是否分散是决定是否使用现场总线技术的关键。现场总线技术适合于分散的、具有通信接口的现场被控设备的系统。现场总线的优势是节省了大量现场布线成本，使系统故障易于诊断与维护。对于具有集中I/O的单机控制系统，现场总线技术没有明显优势。然而对于某些单机控制，若在设备中很难留出空间布置大量的I/O接线时，可考虑使用现场总线。

2）系统对底层设备是否有信息集成要求。现场总线技术适合对数据集成有较高要求的系统，例如，需要建立车间监控系统，建立全厂的CIMS（计算机/现代集成制造系统），在底层使用现场总线技术可将大量的设备及生产数据集成到管理层，为实现全厂的信息系统提供重要的底层数据。

3）系统对底层设备是否有较高的远程诊断、故障报警及参数化要求。现场总线技术适合要求有远程操作及监控的系统。

4）有无应用先例。有无应用先例也是决定是否采用现场总线的一个关键因素。因为对于一个实际应用项目，技术问题复杂，很难用精确的数学分析或仿真方法给出技术可行性论证。对重大项目的决策，应用先例或应用业绩是简单而又具说服力的证明。一般来说，现场总线如在相同行业有类似应用，就可以说明一些关键技术已经成熟，这样就在一定程度上降低了风险。

在决定了采用现场总线设计后，具体采用何种总线结构，应该考虑如下因素：

（1）系统的实时性要求

影响系统实时性的因素有很多，例如，数据的传输速率、数据传输量的大小，从站数目的多少、主站应用程度的大小、计算的复杂程度等。决定现场总线实时性能更重要的是现场总线采用的介质访问控制机制，不同介质访问控制机制是为了满足工业现场传输不同类型数据的要求。

现场总线是一种通信网络，所传送的数据为现场数据。工业现场环境错综复杂，仪表种类繁多，各种生产过程所产生的数据在数据类型、运算复杂程度及响应紧迫性要求等方面相差甚远，与商业网中所传送的大批量相同的数据不同。

从对时间要求的苛刻程度可以将数据分为实时数据和非实时数据。实时数据，例如，各种检测器和控制器的I/O信号、控制器之间的互锁信号、部分系统状态监视数据等。实时数据对时间要求苛刻，一般不允许有秒级的延迟，在某些特殊情况下甚至不允许有毫秒级延迟。对大多数实时数据而言，最新数据是有意义的，如果在某一时间段内，某一数据由于某种原因未起作用，而此时下一个数据已经产生，则该数据将被丢弃，将启用最新数据。因此，实时数据一般不要求重发。实时数据的数据量相对较少，对带宽的占用率较低。非实时数据，例如，用户编程数据、组态数据、部分系统状态监视数据等。非实时数据对时间要求不很苛刻，允许有相对较长的延迟，但这种数据的数据量相对较大，对带宽的占用率较高，对绝大多数非实时数据而言，传送的数据都是有意义的，一般不允许丢失。

从数据产生的机制来看可以将数据分为周期性数据、突发性数据和随机性数据，突发性数据和随机性数据也称为非周期性数据。周期性数据在一般的工业过程中大量存在。例如，传感器采集的现场数据,控制器传送的控制信号、控制指令等。这类数据的特点是通信周期性地发生,一般为相对固定的点到点的信息传递,发生的时刻一般是可以预测的,传送的数据一般为实时数据,优先级较高,数据通信量较少,占用固定的带宽。突发性数据,例如,报警信息、事件通知等,这类数据的特点是通信是突发的,发生的时刻一般是不可预测的,传送的数据一般为实时数据,优先级最高,数据通信量小。随机性数据,例如,数据库管理、程序的下载、上传,客户端向服务器端请求服务等,这类数据的特点是通信是随机性的,发生的时刻一般是不可预测的,传送的数据一般为非实时数据,优先级最低,数据通信量较大。

因此,选择的现场总线控制系统必须对上述不同种类、具有不同实时性要求的数据进行处理,并正确地、及时地完成所需的信息交换。对于周期性数据,应确保周期性发生的事件在系统所需的周期内处理完毕,预先对周期性变量的采样、处理、发送周期进行安排与设定,以保证该变量的时序特性得以满足。对于非周期性或随机过程数据,应尽量缩短数据传送的等待时间。那些对时间紧迫性要求不高的数据可以等待在通道空闲时发送,对于某些实时性要求较高的过程数据,对通信通道进行分配,以使这些数据能及时地发送,对周期性数据,比较适合采用令牌环、令牌总线法,对非周期性数据中实时性要求高的数据,MAC 层的控制机制采用 CSMA/CD 法。

设计选择现场总线时,可以对介质访问控制机制进行适当混合与改进,提出自己特有的介质访问控制机制,由于各种现场总线介质访问控制方法各不相同,不存在适用于所有控制领域的现场总线,这也是每种现场总线都有其各自的应用领域,不存在由一种现场总线替代所有现场总线的本质原因。因此,用户在选择现场总线时,应首先了解实际应用的系统中,传输数据的类型以哪些为主,哪些为辅,然后再根据传输的主要数据类型的要求选择合适的现场总线。

(2)传输速率与传输效率

数据在现场总线上的传输分为两个阶段,第一个阶段是从 PC 传送到通信口外,数据在这个阶段的传输速率称为 DTE (Data Terminal Equipment,数据终端设备)速率,第二个阶段是数据在通信口与通信口之间的传递,其传输速率称为 DCE (Data Circuit Terminal Equipment,数据电路端接设备)速率。有 Modem 情况下,DTE 速率指 PC 到 Modem 之间的速率,DCE 速率指的是 Modem 到 Modem 之间的传输速率。DTE 速率与 DCE 速率共同决定了现场总线的传输速率。

现场总线的数据传输速率的高低直接影响了现场总线的实时性,通常传输速率越高的系统实时性越好,现场总线实际的传输速率主要由 DCE 速率决定。

实际的工业现场环境一般都比较恶劣,因此大多数现场总线介质都采用双绞线或同轴电缆,这样由 PC 高速传出的数据在通过通信口与通信口之间的传输介质时速率会下降很多,受到具体传输介质的影响,DTE 速率很高时,DCE 速率有可能很低。因此,现场总线的速率不是某种芯片或某种通信卡或设备所具有的速率(即 DTE 速率),而应为其形成现场总线后的 DCE 速率。当然,高的 DTE 速率是较高的现场总线速率的基础,只有当这两种速率都比较高时才可以获得比较高的现场总线速率。

现场总线的传输效率反映了单位时间内总线上所传送的有效数据的多少。一个数据包中有效数据占总数据量的比率越大,总线的传输速率越快,现场总线的传输效率就越高。

8. 现场总线的应用领域

由于历史发展原因,每种现场总线都已形成了特定的应用领域。通常,每种现场总线在自己特定的领域内最能够充分发挥出其优势与特点。因此,用户应尽量选用在本行业应用较广的现场总线类型。当然,现场总线主要适用领域的划分并不是绝对的,它们相互渗透,用户应根据自己的实际需求结合现场总线的适用领域选择合适的总线类型。

几种比较流行的现场总线的主要应用领域如下:

1）FF 现场总线：主要应用在过程自动化领域。例如，化工、电力系统、污水处理、油田等行业。

2）Profibus 总线：主要应用在制造业自动化、过程控制自动化及电力领域。例如，汽车制造（机器人、装配线、冲压线等）、造纸、纺织、石化、制药、水泥、食品、啤酒、发电、输配电等行业。另外，也应用于智能楼宇的空调、风机、照明控制，铁路交通的信号系统。

3）ControlNet 总线：主要应用在交通运输、汽车制造、冶金、矿山、电力、食品、造纸、石油化工等行业。

4）LonWorks 总线：主要应用在工业控制、楼宇自动化、数据采集、SCADA 系统等行业。目前国内主要应用于楼宇自动化方面。

5）DeviceNet 总线：主要应用在加工制造、交通运输、农业、楼宇自动化等行业。

6）P-NET：主要应用在石油化工、能源、交通、轻工、建材、食品、饲养、农业、环保工程和制造业等行业。

7）Interbus：主要应用在制造业和机器加工行业。

8）CAN 总线：主要应用在汽车制造、公共交通车辆、机器人、液压系统、分散型 I/O、电梯、医疗机械、工具机床、楼宇自动化等行业。

9）HART：主要应用在智能仪表和过程控制领域。

10）WorldFIP：主要应用在过程自动化、制造业自动化、电力及楼宇自动化等领域。

2.5.2 工业以太网

在工业控制领域中，集散控制系统和现场总线控制系统在一定程度上解决了现场设备实现分散化的问题，对于实现面向设备的自动化系统起到了巨大的推动作用，但由于现场总线标准过多，缺乏唯一性，因此，现场总线工业网络的进一步发展受到了极大的限制。另外，各大自动化设备供应商各自为营，不同总线产品大多不能共存于同一网络。这种多总线共存的现状与"建立统一开放的工业现场网络"渐行渐远，底层的现场总线与上层自动化网络之间不能兼容。

早期的以太网无法推广到工业控制系统中的主要原因是物理层和介质层无法耐受恶劣工业环境，例如，高温、高压、高辐射、高干扰等。另一方面，标准以太网协议 IEEE 802.3 的通信机制使得数据的传输时间可以被任意延迟，所以不满足工业控制对数据传输实时性的要求。对于工业控制系统来说，数据传输的实时性、数据通信时间的确定性是比数据传输速度更为重要的指标。标准以太网的这种不确定性和非实时性对于工业现场设备级的测控装置是致命的，若某个节点发生故障，往往有大量的故障信息向主控节点发送，此时网络上发生冲突是不可避免的，而冲突引起的报文重发必然会导致网络瘫痪，因此，只有解决了以太网的不确定性和实时性问题，才能将以太网应用到工业现场设备级。随着计算机技术和网络技术的迅速发展和广泛应用，硬件成本不断降低，计算机的运行速度和通信速率不断提高，工业以太网技术结合了标准以太网和现场总线的优势，在与其他局域网技术的竞争中脱颖而出，成为事实上的局域网标准。工业以太网产品具有安装方便、价格低廉等显著优势，其不断扩展的带宽也保证了未来系统升级的可能性。以太网技术在工业自动化的上层企业信息网络中已经得到广泛的应用，企业迫切希望将以太网技术应用于现场控制系统中，从而实现企业管理层、过程监控层和现场控制层一网到底的无缝集成。

1. 以太网用于工业控制领域带来的技术优势

1）高度开放性：使得不同厂商的设备按照网络协议实现互连。

2）易于信息集成：由于具有统一的通信协议，能将工业控制网络的信息无缝集成，实现对生产过程的远程监控、设备管理、软件维护和故障诊断。

3）软硬件资源丰富：有很多种软件开发环境和硬件设备供用户选择，随着技术的发展，其价格还有下降的趋势。

4）通信速率高：以太网的通信速率比常用的现场总线通信速率快得多。

5）可持续发展潜力大：信息技术与通信技术的发展迅速，保证了以太网技术不断的持续向前发展。

2. 工业以太网与现场总线

工业以太网在遵循 IEEE 802.3 以太网标准的基础上，对现有以太网技术进行改进和加强，将其应用于工业环境中的自动化控制或过程控制。工业以太网与传统现场总线比较，其优势为

1）高速化：以太网具有超高的数据传输速率。

2）兼容性：以太网具有开放性的协议，提供了对大多数物理介质的支持，在通信过程中运用了交互式的数据存取技术，可以适用于不同的网络环境。

3）易用性：以太网经过多年的推广和应用，技术手段已经逐渐成熟，价格低廉，便于维护。

工业以太网与现场总线相结合的好处在于：

1）以太网可以为不同标准的现场总线互连建立桥梁，解决现场总线间不能相互兼容的问题。

2）为现场设备连接到因特网创造条件，使设备的通信范围及控制方式得到扩展。

3）在实现现场控制层到管理层的信息集成方面，以太网的开放性具有明显优势，能够成为网络协议转换的纽带，从而解决"自动化孤岛"问题。

3. 工业以太网面对的问题

工业以太网若要在工业领域进一步发展，需要解决如下问题：

1）实时性问题：以太网采用载波监听多路访问/冲突检测（CSMA/CD）的介质访问控制方式，其本质上是非实时的，这成为以太网技术进入工业领域的技术瓶颈。

2）工业环境下的适应性与可靠性问题：以太网是按照办公环境设计的，进入工业领域要求抗干扰能力、耐受工业现场环境。

3）适用于工业自动化控制的应用层协议：目前，信息网络中应用层协议所定义的数据结构等特性，不适合应用于工业控制领域现场设备之间的实时通信。因此，要定义统一的应用层规范。

4）本质安全和网络安全：工业以太网如果用在易燃易爆的危险工作场所，必须要考虑本质安全问题。另外，工业以太网由于使用了 TCP/IP 协议，因此可能会受到包括病毒、黑客的非法入侵与非法操作等网络安全威胁。

5）性能提升：随着技术进步，工厂控制底层的信号已不局限在单纯的数字量和模拟量上，还可能包括视频和音频，网络应能根据不同的用户需求及不同的内容适度地保证实时性的要求。

4. 几种工业以太网的比较

尽管工业自动化的用户希望只有一种工业以太网标准，事实上是工业现场网络标准的争夺从现场总线标准转移到工业以太网标准，IEC 61158 和 IEC 61784-2 已经包含了至少十种工业以太网协议，且大多数协议之间互不兼容，因此，只能由用户和市场选择决定哪些以太网协议会最终在实际应用中胜出。

（1）Powerlink

Powerlink 是由奥地利的贝加莱（B&R）公司在 2001 年研发且投入使用的实时以太网技术，它采用基于 IEEE 802.3 的标准以太网 PHY 层和 MAC 层设计，在数据链路层加载了一个 Powerlink 软协议栈，并通过此协议栈管理网络的任务调度。

优点：完全兼容标准快速以太网；不需要特殊的 ASIC 支持，Ethernet Powerlink 只是软件，只要刷新软件系统就可以运行 Ethernet Powerlink；网络拓扑结构灵活，支持任意类型及其组合；网络开放，可以与多种类型的网络实现互连，包括：Profibus、DeviceNet、Ethernet/IP、CANopen 等；配置简单，一个工具 Automation Studio 就可以实现完整的连接。

缺点：当 I/O 数量很少时，Powerlink 的网络速度与 EtherCAT 相比不一定有优势。然而随着网络节点的增多，所传输数据量的增大，Powerlink 方显其速度优势。这种工厂互连涉及的大的数据传输以及网络的全厂拓展也符合工业 4.0 的趋势。

（2）ProfiNet

ProfiNct 是 Profibus 组织开发的开放工业以太网标准，主要成员有西门子公司和 Phoenix Contact。ProfiNet 的设计目标是满足所有自动化控制系统的需要，主要由三部分组成：ProfiNet NRT（Non Real Time，非实时），ProfiNet RT（Real Time，实时）和 ProfiNet IRT（Isochronous Real Time，同步实时）。

优点：独特的集成概念；支持透明的网络接口，如通过 Proxy 连接其他网络；有庞大的客户群；良好的公司信誉（西门子公司）。

缺点：生产商的市场垄断；解决方案非常复杂；ProfiNet IRT 需要特殊的西门子 ASIC 芯片支持；配置非常复杂；很小的改动也需要西门子工程师的帮助。

（3）Ethernet/IP

Ethernet/IP 由 ODVA 于 2001 首次提出，主要成员有 Rockwell、OMRON。

优点：与 DeviceNet 和 ControlNet 一样，它们都是基于 CIP 协议的网络；完全标准化，不需要特殊的 ASIC 芯片支持，有标准的测试和测试系统。

缺点：组件需要 IEEE 1588 的支持（高精度时钟），系统的性能由网络的负载来决定，优先级需要网络进行配置，高精度时钟组件非常的昂贵。

（4）SERCOS Ⅲ（SErial Realtime COmmunication System，串行实时通信系统）

SERCOS 是一种专门用于在工业机械电气设备的控制单元与数字伺服装置及 PLC 之间，实现串行实时通信的国际标准（IEC 61491）。

20 世纪 80 年代，德国电气电子协会（ZVEI）和德国机床协会（VDW）成立协会制定控制器和驱动器之间开放的下一代标准，于 1989 年诞生 SERCOS 标准接口。第一代 SERCOS 接口支持 2~4Mbit/s 的传输率，SERCOS 于 1995 年成为国际标准 IEC 61491，第二代 SERCOS 始于 1999 年，传输率提高到 8~16Mbit/s，并且非同步通信得到扩展，2001 年开始向下兼容。2004 年发布第三代 SERCOS Ⅲ，集成快速以太网技术，传输率提高到 100Mbit/s。

优点：网线物理冗余，提高了系统的可靠性；循环时间小。

缺点：网络封闭，不能与其他网络连接；需要特定的 ASIC 芯片支持；网络拓扑只适合总线型和令牌；关注点只局限于驱动系统。

（5）EtherCAT（Ethernet Control Automation Technology，以太网控制自动化技术）

EtherCAT 由 Beckhoff 公司于 2003 年推出，并成立 ETG 标准组织，推行网络的标准化，已经有了大量的实践应用。

优点：通信协议非常有效，可以实现理论上的传输时间，可以兼容标准以太网卡，在工业 PC 内减少插卡，节约空间。

缺点：控制理念是集中控制，需要 Beckhoff 公司专有的 ASIC 芯片支持；有两个物理层（E-bus 和标准以太网），不能直接连接到非 EtherCAT 的网络，没有开放的标准支持通信和设备模型，只有 Beckhoff 公司可以提供硬件，没有标准的测试。

目前，以太网技术已经被工业自动化行业广泛接受。为了满足高实时性能应用的需要，各大公司和标准组织纷纷提出了各种提升工业以太网实时性的解决方案，从而产生了实时工业以太网。

2.5.3 实时以太网 Powerlink

随着工业自动化对信息传输速度和数据量、系统控制精度、分布式控制要求的不断提高，尤其是对实时性提出了很高的要求，传统现场总线系统的一些不足制约了工业控制网络的技术发展，因此诞生一些基于以太网技术的现场总线，例如，Powerlink、EtherNet/IP、ModBusTCP、ProfiNetRT、EtherCat、Mechatrolink 等这些工业实时以太网的技术。

2-9. 运动控制 – 切片香肠

其中，Powerlink 由奥地利贝加莱（B&R）公司推出后，贝加莱、ABB、Hirschmann、Kuka、Lenze 等数十家企业和研发机构联合成立了 EPSG（Ethernet Powerlink Standardization Group，以太网 Powerlink 标准化组织）。Powerlink 是一个易于实现的、高性能的、开放的、没有垄断的、真正的互连互通的工业实时以太网。2012 年 3 月，Powerlink 协议被国家标准化管理委员会批准为首个中国国家推荐性工业以太网标准，标准号为 GB/T 27960—2011，这意味着 Powerlink 这一全球范围广泛使用的实时通信技术得到了中国官方的认同和支持。

2-10. POWELINK

1. 工业控制系统的实时性

实时性是指能够在限定时间内执行完规定的功能并对外部的异步事件做出响应的能力。

工业控制要求控制系统对所监控的输入在一定时间内做出响应，对数据传输的实时性要求很大程度上依赖于特定的应用，不同应用的实时性要求可以划分为四个级别。实时性能的四个级别如图 2.29 所示。

对于工业控制网络，实时性要求网络通信必须在规定的时间内完成，

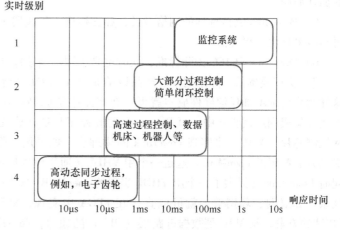

2-11. 快速响应

且在时间上可以预测。为了满足工业控制对时限的要求，通常采用具有确定性的、有限排队延迟的专用实时通信网络。在实际工程应用领域，为了满足高实时性应用的要求，各大公司和标准组织纷纷提出各种提升工业以太网实时性的技术解决方案，将以太网的实时响应时间提高到低于 1ms，从而诞生了实时以太网。

实时级别

				监控系统	
1					
2			大部分过程控制 简单闭环控制		
3		高速过程控制、数据 机床、机器人等			
4	高动态同步过程 例如，电子齿轮				

10μs　10μs　1ms　10ms　100ms　1s　10s　响应时间

图 2.29　实时性能的四个级别

2. 工业实时现场总线的分类与比较

工业实时现场总线从性能上分为高实时总线和低实时总线两类。

高实时性的总线：Powerlink，EtherCat，Mechatrolink，其中 Powerlink 实际的实时性能最高为 100μs 的循环周期，EtherCat 实际的实时性能最高为 250μs 的循环周期。在这三种总线中 EtherCat

和 Mechatrolink 需要用专用的 ASIC 才能实现,之所以采用 ASIC 芯片来实现是为了能够控制市场。另外,由于 EtherCat 和 Mechatrolink 只解决了数据链路层和物理层,用户需要自己实现应用层。又由于不同用户实现的应用层可能不同,就会造成同样基于 EtherCat 的设备不能相互通信。Powerlink是在普通以太网上实现的方案,无须 ASIC 芯片,用户可以在各种平台上实现 Powerlink,例如,FPGA、ARM、x86CPU 等,可以说,只要有以太网的地方,就可以实现 Powerlink。Powerlink公开了所有的源码,任何人都可以免费下载和使用(就像 Linux)。Powerlink 的源码里包含了物理层(标准以太网)、数据链路层(DLL)、应用层(CANopen)三层完整的代码,用户只需将 Powerlink 的程序在已有的硬件平台上编译运行即可。

低实时性的总线:EtherNet/IP, ModBusTCP, ProfiNetRT。这三种总线可以用普通的以太网实现,但是它们基本上是对 TCP/IP 协议的修改或补充,没有从根本上解决实时的需求。

3. 工业实时以太网 Powerlink 的优点

Ethernet Powerlink 通过修改网络协议栈取代传统的 TCP/IP 协议栈,并使用时间片轮询过程取代 CSMA/CD 机制,从根本上解决了传统以太网数据传输时间不确定的问题。正是由于 Powerlink完全丢掉了 TCP/IP,定义了一个精简的、实时性极高的数据链路层协议,同时定义了 CANopen 为应用层协议,这样用户在实现了 Powerlink 的同时,也实现了 CANopen(CANopen 是一个应用层协议,为应用程序提供了一个统一的接口,使得不同的设备与应用程序之间有统一的访问方式)。

Powerlink 具有的优点如下:

1)Powerlink 协议栈全部开源,因此又称为 open Powerlink,开放性好,无须授权,无须购买。

2)Powerlink 基于标准的以太网,无须专用的 ASIC 芯片,有以太网的地方,就可以实现 Powerlink,硬件平台可以多种多样(ARM,FPGA,DSP,X86 等),不依赖于某一个公司。

3)Powerlink 速度快,支持 10Mbit/s /100Mbit/s /1000Mbit/s 的以太网。因为 Powerlink 是基于标准以太网的,所以,以太网技术进步,Powerlink 的技术就会同步进步。

4)Powerlink 性能卓越,使用价格低廉的 FPGA 来实现 Powerlink,性能也能达到 $100 \sim 200 \mu s$ 的循环周期。

5)Powerlink 支持标准的网络设备,如交换机、集线器等。支持所有以太网的拓扑结构,使得布线更自由、更灵活。

6)Powerlink 是 IEC 国际标准,同时也是中国的国家标准。

7)实现成本低。如果用户的产品以前是基于 ARM 平台,一般 ARM 芯片都会带有以太网,这样用户无须增加任何硬件成本就可以在产品中集成 Powerlink,用户所付出的只是把 Powerlink 的程序集成到应用程序中,而 Powerlink 的源程序又是开放且免费的。用户可以购买普通的以太网控制芯片(MAC)来实现 Powerlink 的物理层,如果用户想采用 FPGA 的解决方案,Powerlink 提供开放源码的 openMAC。这是一个用 VHDL(通用硬件描述语言)实现的基于 FPGA 的 MAC,同时 Powerlink 又提供了一个用 VHDL 实现的 openHUB,支持 16 个端口。如果用户的网络需要做冗余,如双网、环网等,就可以直接在 FPGA 中实现,易于实现且成本很低。此外由于基于 FPGA的方案,从 MAC 到数据链路层(DLL)的通信,Powerlink 采用了 DMA(直接内存访问),因此速度更快。

8)支持热插拔:热插拔意味着从正在运行的网络上拔除或插入设备,系统会自动意识到网络的变化。在某些应用场合,系统不能断电,如果不支持热插拔,即使小机器一部分被替换,都会不可避免地导致高成本的空转和过多的启停次数。支持热插拔带给用户两个重要的好处是当模块增加或替换时，无须重新配置，在运行的网络中替换或激活一个新模块不会导致网络瘫痪，系统会继续工作。配置管理是 Powerlink 系统最重要的一部分，它能本地保存自己和系统中所有其他设备的配置数据，并在系统启动时加载它们。这个特性可以帮助实现即插即用，这使得初始安装和设备替换非常简单。另一方面，Powerlink 允许无限制的即插即用，正是因为该系统集成了 CANopen 机制，新设备只需插入，就可立即工作。

9）组网灵活：由于 Powerlink 的物理层采用标准的以太网，因此以太网支持的所有拓扑结构它都支持，而且可以使用集线器和交换机等标准的网络设备，这使得用户组网非常灵活，例如，菊花链形、树形、星形、环形等。

4. Powerlink 的性能

Powerlink 的性能参数如下：

1）循环周期：指网络上所有的设备都通信一次所花费的时间。循环周期的长短取决于节点数、每个节点传输的数据量、传输速度（波特率）这三个因素。基于高性能 CPU 或者高性能 FPGA 的 Powerlink 循环周期为 $100\mu s$，基于低性能 CPU 或者低性能 FPGA 的 Powerlink 循环周期为 $200\mu s$。

2）抖动：是指实际循环周期中最大值与最小值的差。Powerlink 的抖动 $\ll 1\mu s$。

3）网络容量：支持 240 个节点，每个节点支持 1500B 的输入和 1500B 的输出。240 个节点意味着在一个 Powerlink 的网络中可以连接 240 个设备或者 I/O 站，每个设备或 I/O 站每个循环周期支持 1500B 的输入和 1500B 的输出，所以网络容量为 $240 \times (1500 + 1500) B = 720000B$。

5. Powerlink 的应用领域

（1）机器人

在机器人系统中，为了实现机器人动作的变化，需要对其进行路径规划的算法设计，由于机器人各个关节的机械参数不同，例如，各机械臂长度、工作范围限制、机械当前位置的差异，路径规划需要确保机械执行能够最快地到达指定位置，且每个轴具有较低的机械振动，在运行过程中及时反馈当前信息，以为下一步的执行提供参考。机器人运动过程需要高速的数据通信来建立轴与轴之间位置关系的绑定，这对通信提出了很高的要求，实时通信在机器人系统里得到了最为现实的应用。

2-12. 工业实时以太网 POWERLINK

（2）CNC

CNC 系统的工作是将插补信息通过总线传递给每个伺服轴，在整个 CNC 系统里需要更高的通信速度。传统的 CNC 系统的速度环控制往往运行在主 CPU 上，反馈元件如编码器数据回到 CNC 上位系统，这使得 CNC 系统除了要具备计算插补功能外，还要计算速度和位置环，对于高速系统要求达到 μs 级的刷新。由于智能型伺服驱动器的出现，速度与位置环的计算可以在分布式伺服本地执行，这使得对总线的需求降低，但是仍然要求达到百微秒级的刷新速率。

（3）多轴同步

为了降低缘于传统机械长轴通过蜗轮蜗杆方式传递所带来的机械磨损造成的误差，以及为了更为灵活的工艺切换，无轴传动技术得到了更为广泛的使用。这类系统为了实现各个运动轴之间的高速同步，需要由一个高速总线来协调各个轴之间的速度与位置关系。通常这一需求在百微秒级，这需要通信必须在这个级别上与之匹配。Ethernet Powerlink 在典型的多轴高速运动控制系统应用，例如，印刷机械无轴传动系统，啤酒饮料灌装系统，全电动注塑成型与中空成型系统，流延膜生产线，化纤设备高速卷绕，棉纺粗纱、细纱机，婴儿/成人纸尿裤生产线，轮胎成型与裁断系统，单晶硅/多晶硅多线切割机等。

（4）航空与高铁测试系统的时序分析

除了机器人与机械系统高速同步需求外，高速测试系统对于数据交换的确定性提出了要求，为了确保在系统故障时对于各个子系统和传感器等数据的时序进行分析，以便工程师分析导致系统故障的原因，需要保障数据的确定性，这也是实时以太网的最关键应用。Ethernet Powerlink 由于采用了满足 IEEE 1588 时钟系统设计，且每个系统刷新过程都需要精确对时，并给每个数据包打上时间戳，通过测试软件可以监控到每个数据包的发送时序，从而为系统诊断与调试提供可靠的数据分析基础。典型应用，例如，机载测试系统、高铁信号采样系统、路电系统、列车自动控制系统。

（5）安全应用

Powerlink Safety 即 openSAFETY，它是经过 TUV 认证且满足 IEC 61508 标准的协议，openSAFETY 是功能安全通信国际标准，标准号为 IEC 61784-3（注：IEC 61508 定义了功能安全基本的标准，而 IEC 61784 是在 IEC 61508 基础上满足安全通信层的标准，openSAFETY 的标准是 IEC 61784-3，这是因为 IEC 61784 也包括了其他一些安全应用层协议，如 Profisafe 等），这使得它成为具有经过严格认证的安全技术标准，由于其独特的双循环冗余码校验设计，使得其在保证数据交换的完整性方面优势突出。带有时间戳的数据包确保避免了数据重复、插入与时序混乱的产生，所有安全相关数据均在实时监控之下，类似一个看门狗的设计保证了数据不被丢失和延迟，独特的帧设计保证其不会造成安全帧与其他数据帧产生混乱。

未来，安全技术将会成为工业界关注的重点。一方面，人性化的系统设计要保护人的生命与免除机械伤害；另一方面，保护机器的设备投资也变得更加重要。安全技术的典型应用领域，例如，汽车生产与制造，轮胎生产线，具有裁切装置的机械设备，如印刷后道、卷筒纸切纸机构，风力发电机组，塑料机械，啤酒饮料灌装系统，纺织机械，如经编机、碳纤维卷绕，物流输送系统，大型锻压与铸造设备，数控机床等。

Powerlink 的未来基于标准以太网技术的发展，借助于整合标准以太网技术，随着 1Gbit/s/10Gbit/s 以太网技术的发展，Powerlink 将向 1Gbit/s/10Gbit/s 深入发展。

2.6　集成安全技术

一方面，在工业控制系统和设备运行时，常伴有危险存在，例如，有毒的原料，易燃易爆的可能，高压、高温或放热的反应，辐射，电击，破坏性的机械动作等，这些都会威胁到操作人员的健康和生命，或会破坏机器设备或周边设施，造成重大财产损失，有时，甚至会对自然环境造成灾难性影响。

另一方面，随着开放式标准和全球联网的推广使用，网络犯罪也不断增加。恶意软件或未授权的访问会对系统安全造成威胁。例如，网络的过载或故障，窥视和盗取密码或过程数据，对过程自动化系统的未授权访问，蓄意破坏等。

因此，人们强烈地意识到降低风险、提高工业生产安全的必要性，而添加适当的安全设备就能有效地避免这些风险，或将它们限制在可以承受的限度之内。

目前，在欧洲，对机器安全性有着严格统一的技术规范，国际电工委员会所推出的安全标准体系 IEC 61508 已成为世界公认的生产标准。欧洲和北美的机械自动化安全装置发展很快，罗克韦尔、西门子、欧姆龙、贝加莱等公司都推出了安全 PLC 系列产品。在我国，早在 20 世纪 90 年代末，安全 PLC 就开始用于机械制造领域。目前，保护操作人员安全的意识在不断加强，安全技术与产品日益通过渗入制造过程中的各种自动化、智能化环节形成安全系统而加以实现。

系统设计时，每一个自动化设备中都应集成安全功能，处理危险事件时，除了要保证人员、工厂设备和环境的安全外，还要考虑如何确保不会由于系统的差错而危及生产过程。

以机械制造为例，机械安全需要考虑的因素很多，如机械设备特点、工艺操作特点、安全设计理念等。安全控制系统包括安全输入设备（如急停按钮、安全门限位开关、联锁开关、安全光栅或光幕、双手控制按钮等）、安全控制电气元件（如安全继电器、安全 PLC、安全总线等）和安全输出控制（如主回路中的接触器、继电器、电磁阀等）。

早期的安全系统多采用继电器或固态电路逻辑控制器作为安全防护系统的控制单元，安全违规后，安全链的唯一响应就是关停机器，当使用了其他安全设备（如安全门、光幕等）时，这些设备上的干扰也会导致系统停机。继电器型安全系统的特点是通过继电器执行安全逻辑控制，电压适用范围宽，可靠性高，不受绝大多数干扰的影响，虽然专用安全继电器直到今天仍在使用，但其体积大，灵活性差，特别是在中、大规模系统中表现得尤为突出，功能修改或添加不便，无通信功能。继电器型安全系统由于存在大量繁琐的硬件连线，带来了较高的故障率，经常误停车，可用性差，且不能自动诊断故障所在，故障发生后没有事故记录。例如，一个简单的机器集成了 20 个紧急停止按钮（任何一个都能使系统停机），当要求停机时间最小化时，显然这样的安全系统使得常规控制系统的运行效率不能满足要求。固态电路型安全系统多为模块化结构，结构紧凑，采用独立的固态器件实现安全逻辑控制功能，可对系统中所有运行通道进行在线测试和故障识别，维护相对简单方便，可进行串行通信，可配置成冗余拓扑结构，增强系统容错性。固态电路型安全系统的灵活性不够，功能修改或添加必须改变系统的连线，操作费用较高，可靠性不如继电器型安全系统。

当今安全集成技术的先进性体现在：①安全数据传输将替代传统的硬接线；②灵活的解决策略替代死板的安全响应；③智能安全响应避免过多增加设备价值。集成化安全技术的重点在于产品。在这种安全系统中，所有的产品都是相互协调的，并且与现有的自动化产品相互联系，因此，容易创建可兼容的安全应用。例如，安全 PLC 产品以其功能卓越、经济有效、标准化、系列化、便于安装与机器一体化设计、便于组成集成的网络化安全系统等优点逐步取代传统的机器硬接线方式的安全系统，增强了对设备操作人员的保护，成为了工业安全生产防护系统的首选。

2.6.1　集成安全系统

机器设备加装安全光栅、急停按钮等安全元件是工业设备中经常采用的安全防护方式。但是这种传统的安全系统存在缺陷，例如，需要大量的硬接线和机柜空间将所有的继电器、急停按钮、控制器和传感器连接起来。这种传统的硬接线安全系统通常是被设计为独立于原有的控制系统，是被附加上去的，不是与其他控制系统一起设计的。另一方面，传统的安全系统在机器非正常运行情况下会切断电源，让设备停机或者部分设备停机，而安全集成系统不一定要设备完全停机，而是让设备运转的速度降低，对操作人员不会造成人身伤害。

2-13. 集成安全系统

安全集成系统是将标准系统和安全系统合二为一的设计。安全集成系统能够感知非正常工作状态并采取动作，它与机器的标准控制系统共存，共享一个数据网络。安全集成系统的模块在原有的自动化系统和运动控制硬件上运行，可以带来更高的生产效率。以安全运动控制系统来说，安全技术集成到伺服驱动系统中能够提供小于 2ms 的反应时间，且易于安装。与安全相关的数据在两个有独立微处理器的通道中被传输和处理，当发现某个通道中有监视参数存在误差时，驱动系统就会进入安全模式。

各大致力于安全自动化设备的厂商，如西门子、Rockwell Automation、贝加莱等公司不断推出安全集成模块，这些全系列的安全产品模块包括现场安全检测产品、互锁开关、安全继电器、急停装置、安全 PLC、安全接触器、安全变频器、安全运动控制器以及安全网络等，它们涉及感应输入、信息传送、逻辑控制、输出执行等各环节。例如，贝加莱公司推出的集成安全系统解决方案是以 Safe Logic 为安全控制器，以工业以太网 Ethernet Powerlink 为安全现场总线的安全控制系统，还包括 Safe I/O、安全电源、安全伺服、安全设计软件等安全模块，可以在标准的 I/O 组中加上内嵌安全功能的 I/O 模块，通过编程组态而不是硬接线来实现安全控制。由于安全集成系统与原有的自动化系统共享一个数据总线或者一些硬件，系统的数据传输和处理速度都可以大幅度提高，同时还节省了大量布线、安装、试运行和维护的成本。集成安全系统采用最高速的实时安全总线系统，可满足 SIL3 标准的性能要求，其响应时间可与硬接线方式相媲美。集成安全系统采用市场上最快的 CPU，循环周期可达小于 1ms。安全应用的编程使用的是经过认证的 PLC open Safety 库中的功能块，可以在安全功能之间虚拟接线。由于使用了开源的总线标准，因此会对后续的设备连接保持开放性。集成安全系统借助于分布式的安全技术、灵活的编程，重用现有的系统架构来降低成本。典型的分布式集成安全系统结构如图 2.30 所示。

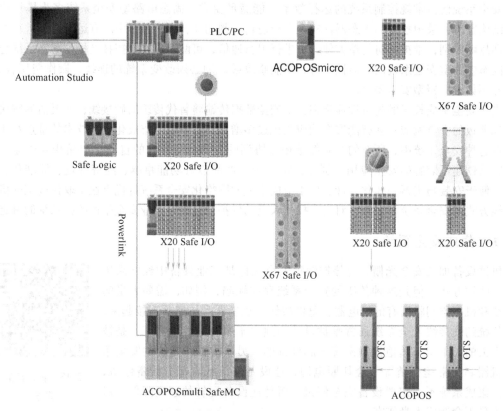

图 2.30 典型的分布式集成安全系统结构

集成安全系统仅使用一根电缆来传输安全数据，这使得系统基本上只要沿用老的系统结构而不需要额外的安全连线。安全应用和标准应用之间复杂的通信机制已经成为了过去，智能安全响应取代了设备硬停机，这不仅优化了流程，更提高设备价值。

2.6.2　贝加莱安全 PLC

安全 PLC 是为关键控制系统和高安全要求系统的安全应用而专门设计的 PLC，可以完全集成在系统中，因此它们可以安装在系统的任意位置，这便于在现有机器上添加新的安全功能。另外，安全模块数据通过安全传输协议传输，并使用安全数据类型在安全应用程序中访问，而标准应用程序中的数据则以标准数据类型访问。安全总线技术的使用将必要的线缆精简到一根，同时允许使用现有的基础结构进行数据传输。安全 PLC 模块在硬件和软件上采用各种安全处理措施，具有完善的诊断和测试手段，它的设计原则、系统结构都遵守相应国际安全技术标准，并取得相关安全权威机构的安全证书。当安全系统检测到系统故障尤其是危险故障时能使系统回到安全状态，从而最大限度地保证了系统的可靠性和可用性。安全系统设计内容涉及安全可靠性要求、系统或关键模块冗余配置、故障模式分析、自诊断覆盖率、共因故障、测试间隔与周期、可维护性以及保密性等因素，这种系统具有如下特点：

1）满足相应国际安全标准（如 IEC 61508/61511、EN/ISO 13849-1，DIN 19250 等），用于安全防护控制。

2）取得相应权威机构（如 TUV、FM 等）的认证，获得相应等级的安全标准证书。

3）系统软件也应达到相应安全等级（如 SIL3、AK5 等）。

4）硬件采用模块化结构，且各类模块设计都是故障安全型，这些安全模块包括输入模块、输出模块、CPU 模块、通信模块、电源模块、总线模块等。

5）具有完善的测试手段或采取有效措施能够保证系统的安全性。

6）当检测到系统故障或出现危险状况时，能控制系统处于安全状态。

7）能进行系统故障报警，指示故障原因、故障位置。

8）系统能够在线维护、在线恢复，冗余板卡或模块能在线更换。

9）具有顺序事故记录功能。

10）可与 DCS 或其他智能设备通信，具有开放的、符合相关标准的通信方式。

11）具有强大的自诊断能力，能够完成监测硬件状态、程序执行状态、操作系统状态的任务，一旦检测出危险，系统能快速将流程切换到安全状态。

12）独立的安全控制系统能够与过程控制的 DCS 无缝连接。

13）硬件结构多采用冗余设计，软件采用多项可靠性设计措施。

14）安全控制系统与担负常规控制的系统相互独立，即安全系统的设计应该满足：当出现故障时，其他系统采取相应动作，安全系统的功能不会受到影响。

15）失效是在可预测的范围内，一旦失效，系统将进入安全模式。

贝加莱安全 PLC 在控制系统中只负责安全功能相关的数据和程序管理，它是独立运行的，不能由普通的 PLC 兼任。它具有配置管理、参数管理、执行安全应用程序三个功能。

配置管理负责管理机器的安全配置。通过检测模块类型、固件版本来判断模块是否正确安插或是否丢失或是否有新模块存在。如果在新替换的模块上有不同的固件版本，则会自动升级或降级固件版本以便被系统兼容。

参数管理可以确保模块和配置之间参数的一致性。系统按照应用程序的要求检查模块参数。必要时参数管理会执行完整的参数下载（如安装了新模块后，相应的模块参数会下载到模块中）。

执行安全应用程序是指除了检测配置和保证模块参数的一致性外，安全 PLC 最基本的功能是负责循环执行用户编制的安全应用程序。

X20 集成安全系统的 Safe Logic 模块和 I/O 模块如图 2.31 所示。

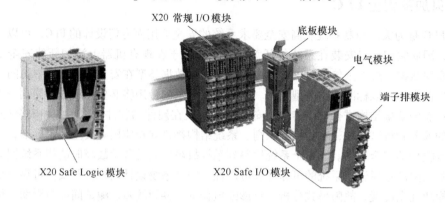

图 2.31 X20 集成安全系统的 Safe Logic 模块和 I/O 模块

2.6.3 安全 PLC 与常规 PLC 的区别

安全 PLC 系统在正常情况下，只是"静静"地在线监视着装置的运行，其系统输出不发生变化，对生产过程也不产生影响。只有在生产装置出现异常情况危及系统安全时，它才"迅速出手"，按照预先设计的方案使装置安全停车或采取必要的安全措施。

常规 PLC 担负常规控制，当它失效时其输出不能保证生产设备是处于定义的安全状态，因此，不能用于安全防护系统或只能用于安全要求等级极低（如 RC1~2 等级）的场合。

另外，安全 PLC 系统采用的是具有特殊结构型式和特殊处理方式的 PLC，与常规 PLC 的执行标准、I/O 信号的处理方式、拓扑结构、软件设计等方面都有许多不同。例如，安全 PLC 采用冗余的处理器结构，且这些处理来自不同的生产商，软件冗余模块也采用不同的编程设计，这样可以避免共因失效的发生。又如，安全 PLC 对 I/O 信号的采集、处理、输出也都采用了冗余控制方式。当输入信号进入安全 PLC 后，分别存入多个输入寄存器，在通过多个相应的处理器进行处理后送入多个输出寄存器，构成了多重冗余的 I/O 处理通道，通过比较这多个处理结果是否一致来检测并判别故障的状态、位置、程度等信息，指示安全系统安装预定的设计要求动作。另外，安全 PLC 还提供安全测试脉冲用以检测输入输出通道内部的故障，这种周期性地对输出回路发送短脉冲信号用来检测输出回路是否存在断线，从而提高了输出信号的可靠性。安全 PLC 还要求扫描更加快速，以便能够在较短的时间内不仅能够完成整套系统的安全自检，还可以满足紧急停车的要求。

安全 PLC 必须满足苛刻的安全性国际标准，采用系统方法来设计和测试，得到过第三方专业机构的安全认证，而常规 PLC 无须满足这些要求。由于常规 PLC 本身不是按照相应安全标准设计制造的，因此，内部故障时其输出状态不能保证系统回到预定的安全状态，系统没有为安全目的而设置的自诊断功能，常规 PLC 不能满足安全防护系统对其控制单元的安全性要求。对于安全等级要求较高的场合采用两套或多套常规 PLC 冗余配置技术方案，如采用并联或表决拓扑结构来提高系统的可靠性，以满足高安全等级的要求，值得注意的是，这并不能从根本上解决常规 PLC 控制系统安全性的问题，却要付出昂贵的投资代价，因为这种结构仍存在诸如输出短路这样的危险故障。

安全 PLC 的软件符合严格的国际标准，需要通过全面的软件可靠性、安全性测试，并采用规范的操作流程设计以确保软件的可靠性。

安全PLC与常规PLC还在诸多方面不同，如CPU结构、失效检验、内部诊断、操作系统、软件编制要求、安全通信协议规范、外部传感器接线、现场电源监控等。

值得注意的是，虽然安全PLC与常规PLC联网将使得整体系统具有更强大的监控能力，但这种结构会增加系统整体成本，增加实施、维护的复杂度；把控制系统和安全系统的功能性集成到一个PLC，即集成的、简化的安全PLC系统能够方便快速地进行数据上传，监控故障，简化了系统设计、接线和实施，简化了设备控制和安全系统的协调，极大降低停机时间和系统寿命周期的总体成本，增加了系统安全的功能性。

2.6.4　安全PLC系统的基本结构

安全系统由检测单元（现场仪表）、控制单元（逻辑单元）、执行单元（现场执行器）三部分组成，其中控制单元是安全防护系统的核心部分。安全PLC系统一般采用模块化结构，通过专门设计的PLC硬件和软件来实现安全逻辑功能，其编程能力灵活强大，系统具有内部自测试和自诊断功能，可与工厂自动化网络集成为一体，从而构成综合安全控制管理系统。目前，安全PLC技术不断进步和完善，系统组态更加灵活。用户在选择不同的安全系统结构时，还应该对它们的可靠性、可维护性、可用性及经济性指标进行综合比较。

（1）安全PLC系统的双冗余结构

安全PLC系统的双冗余结构是两个安全PLC执行同样的程序，当两个处理器出现不一致时输出失电，即一个处理器出现故障时，使系统回到安全状态。这种结构的优点是可靠性较没有冗余的结构提高，但缺点是误跳闸率较高，可用性下降。

（2）安全PLC系统的2/3表决结构

安全PLC系统的2/3表决结构是指系统硬件采用模块化三重冗余配置，即系统中关键电路都实行了三重冗余，且各通道相互独立，但又同时完成同一功能。三重配置的冗余处理器系统中如果任何一个处理器出现故障，择多表决器会自动地摒弃故障电路输出，系统继续向过程输出由择多表决器表决出的值。系统自动检测出发生故障的模块，记上标志并使之与系统隔离。当系统中一个电路模块故障时，系统将依靠剩下两个电路模块继续运行，直到用新模块在线替换故障模块，使系统恢复正常工作。若在更换前又有一个电路故障，则系统安全停车。这种安全控制系统采用主动扫描、诊断I/O模块、设置控制器的"看门狗"回路等措施来确保系统故障时立刻回到安全状态。这种结构与双冗余结构比较具有较高的可用性，但造价提高。

（3）安全PLC系统的自诊断测试结构

安全PLC系统的自诊断测试结构可根据安全性要求采用单配置或冗余配置，借助于安全性诊断技术来保证系统的安全性。系统对每一个与安全性有关的部件（CPU模块、I/O模块、总线模块等）均进行测试，测试工作一部分（如处理器、接口电路等）是由软件来实现，另一部分（如看门狗定时器、存储比较器等）是借助于硬件测试电路来完成。全面的诊断测试和周全的安全处理措施贯穿于安全PLC的整个设计中。对于显性故障（如系统断电等），由于故障使检测数据产生变化，系统可据此立即产生矫正动作，进入安全状态。可见，显性故障不影响系统的安全性，仅影响系统的可用性。对于隐性故障（如输出放大器短路），它可以通过自动测试程序检测出来，但它不会使输出失电，故被划为危险故障，它影响系统的安全性但不影响可用性。在一个多通道系统中，每个故障均可通过对系统数据连续性比较而被检测到。隐性故障的检测和处理是安全系统的重要管理内容。安全PLC的设计和制造目标就是使系统具有零隐性故障，杜绝影响可用性的显性故障。

自诊断测试结构的安全PLC系统的硬件、软件配置方案多样，但优良的安全PLC系统应该具有如下的性能：

1）能够对离散的和连续的过程变量进行实时监控。

2）关键元件实现了三重冗余化结构设计。

3）不仅能够对内部电路进行故障检测，还可对外部输入及输出回路的短路、断路状态进行检测与诊断。

4）出现故障时系统能够持续正常运行，故障模块可在线更换。

5）编程简便，功能齐全，具备监控、显示、打印、通信、报警、历史数据存储等功能，易于集中监控和管理。

2.6.5 集成安全系统的特点与配置基本原则

1. 集成安全系统的特点

1）满足安全标准 IEC 62061、EN/ISO 13849、EN 954，具有 SIL 3 安全等级。

2）总线循环周期 200μs，Safe Logic 循环周期 <1ms。

3）过程安全时间可以与硬接线相媲美。

4）实时安全总线，采用完全独立于现场总线的安全措施。

5）采用分布式的安全技术，可重用现有的系统架构。

6）智能安全响应，不影响机器同步，避免误操作故障。

7）即插即用。

8）安全 PLC 可与常规 PLC 按需组合。

2. 集成安全系统配置的基本原则

1）保证安全控制系统的独立性，这包括用于保护的重要信号应该单独设置，在电源、功能、控制逻辑等方面都独立于常规控制系统。

2）采用符合需要和相关标准的冗余配置。

3）选用高可靠性的安全仪表系统（现场检测仪表、现场执行机构）。

4）重视安全系统的"静态"特性，自动调节回路不能接入安全保护控制系统，以保证装置能够"静态"监视生产过程。一旦危险出现，控制系统能够立即采取措施使系统处于安全状态。

5）系统设计采用"故障-安全"原则，逻辑组态应采用"正逻辑"，与安全相关的输出通道和就地执行机构在正常工作情况下应处于带电状态，以保证危险出现时，系统能够处于安全状态。

2.6.6 集成安全运动控制系统

工业界对集成安全运动控制（Safe MC）系统越来越重视。在集成了安全技术的安全运动控制系统中，可以对电动机运行进行全状态的安全冗余监控，与安全相关的数据通过安全微处理器在两个通道中传输和处理。最大转矩、最大速度和行程限制都在安全运动控制系统的内部进行设置。依据 IEC 61800-5-2 标准，集成安全运动系统的安全驱动功能有：安全转矩关闭（STO），安全操作停止（SOS），安全停止 1（SS1），安全限速（SLS），安全制动控制（SBC），安全方向（SDI）等。安全运动控制系统冗余监控如图 2.32 所示。

典型的分布式安全运动控制系统的结构如图 2.33 所示。

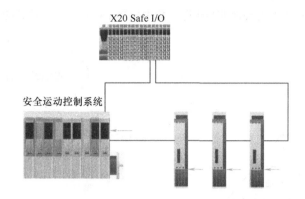

图 2.32　安全运动控制系统冗余监控

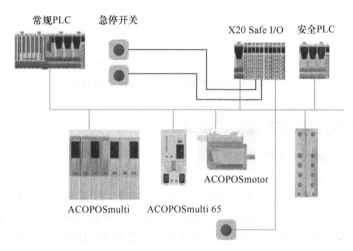

图 2.33　典型的分布式安全运动控制系统的结构

2.7　面向未来的工业通信架构

随着智能制造的发展，装备制造业面临着互联互通的问题，机器之间需要互联才能构成生产线。例如，在啤酒饮料生产线中，吹瓶、灌装、旋盖、贴标等单元的机械、电气、控制信息相互连接，而且通常是不同厂商的设备进行连接。另一方面，这个生产线又可能需要与工厂的 MES/ERP（MES 是一套面向制造企业车间执行层的生产信息化管理系统；ERP 是新一代的制造业系统和资源计划管理软件平台）进行连接，来实现生产质量、能源材料消耗等统计和管理，同时接受上层系统任务信息、工艺调整。随着工厂的延伸，车间内的众多机器也需要通过连接将生产数据传送给边缘计算侧、云计算中心。生产数据传送到边缘侧用于生产中的动态调度、优化处理，传送到云端计算中心用于机器学习训练模型。广泛的机器连接已成为智能化工厂的刚需。

多台机器互联互通构成生产线的过程称为"水平集成"；机器与 MES/ERP 的连接称为"垂直集成"；生产系统与财务系统、供应链系统、数字化设计单元的互联互通称为"端到端"的连接。这三种连接就是德国工业 4.0 提出的"三大"集成，机器装备在设计之初就要考虑这种广泛的连接性。

考虑到传统工厂架构正从金字塔结构向分布式架构转变，装备的开发之初就需要考虑机器连接技术，广泛的机器连接技术更需要标准与规范。集中控制架构到分布式计算的演化如图 2.34 所示。

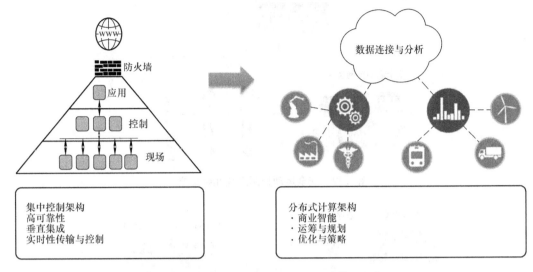

图 2.34 集中控制架构到分布式计算的演化

2.7.1 智能制造对机器连接能力的挑战

机器间信息互联互通遇到的挑战如下：

1. 缺乏统一的互操作规范

传统的现场总线有着各自不同的应用层，这种不同导致了设备间无法实现互操作。无论是现场总线，如 Profibus、DeviceNet、Modbus、CANopen，还是工业以太网，如 ProfiNet、Ethernet/IP、POWERLINK，都无法实现"语义互操作"。而水平、垂直和端到端的集成中，语义互操作是必须解决的问题，否则数据无法真正互联。

语义互操作相当于用统一的语言进行交流，而不是汉语说"你好"、英语说"Hello"、法语说"Bonjour"、俄语说"Здравствуйте"。在工业通信中，统一的语言包括统一的语法结构、语义和规范。不同厂商的设备统一规范很重要，例如，计算 5 + 5，如果一个是 5cm，一个是 5in，这个 5 + 5 就无法进行计算。

2. 网络的同一性

工业控制网络与 IT 商业网络有很大的差别，在 ISO/OSI 模型中，工业网络以物理层、数据链路层、应用层三层架构为主。工业控制网络特别强调"实时性"，因为控制是基于"等时同步"，要求数据传输具有确定性、低抖动（一般在 50ns 左右）、安全（Safety）、耐恶劣环境。IT 商业网络主要传输视频、音频、图像、文件等，需要高带宽、安全性（Security）。这里，Safety 指生产安全，Security 指防范和抵御攻击者通过恶意行为人为制造的信息安全。一个智能化工厂的控制网络，其数据交互包含：各种等时同步数据、低抖动要求的数据、报警数据、事件数据、视频数据、周期性数据等，传统商业网络不具有这样完整的传输能力。

各种通信任务的网络性能需求见表 2.3。

一方面，工业控制网络通常采用三层架构，即物理层、数据链路层和应用层；另一方面，传统的现场总线品种多样，每一种现场总线技术各属于其私有公司，并与其产品设计一体化，这使得工业控制现场会出现大量的网络组合，这些组合阻碍了信息之间的互联互通，导致需要编写大量的程序来实现数据的对接，需要各种硬件的转换模块、网关等，增加了额外的硬件开销。

表 2.3　各种通信任务的网络性能需求

	等时同步	循环/周期	报警和事件	组态和诊断	网络控制	尽力而为（BE）	视频	音频
周期性	是	是	否	否	是	否	否	否
周期	$100\mu s \sim 2ms$	$2\sim20ms$	不适用	不适用	$50ms\sim1s$	不适用	不适用	不适用
应用与网络同步	是	否	否	否	是	否	否	否
数据传输保障	确定	延迟	延迟（$100ms\sim1s$）	带宽	带宽（典型$1\sim2Mbit/s$）	无	延迟（取决于应用，$<10ms$）	延迟（取决于应用，$<10ms$）
抖动容忍	0	≤延迟时间	不适用	不适用	是	不适用	不适用	不适用
丢包容忍	否（0）	$1\sim4$帧	是，取决于应用	是，不要求无缝冗余	是	是	包丢失降低质量	包丢失降低质量
应用数据大小	固定（$30\sim100B$）	固定（$50\sim1000B$）	可变（$50\sim1500B$）	可变（大包如$500\sim1500B$）	可变（$50\sim500B$）	可变（$30\sim1500B$）	大数据包（$1000\sim1500B$）	可变
关键程度	高	高	高TSN	中	高	低	低	低

3. 开放的技术生态系统

对于终端生产企业而言，应该有一个开放的技术与规范来解决互联的问题。如果采用某家公司的统一网络的确可以达到互联互操作的目标，但是，这会导致用户被某家公司的硬件和软件系统锁定的问题，对于终端用户来说是不利的，不是一个开放的生态系统，也不符合广泛的应用领域对网络通信的需求。

2.7.2　OPC UA 协议

OPC 全称是 OLE（Object Linking and Embedding）for Process Control，各种 OPC 接口定义（OPC DA、OPC A&E 、OPC HDA 、OPC XML DA）是基于 Windows COM/DOM 接口技术来规定的。为了便于自动化行业不同厂商的设备和应用程序能相互交换数据，定义了一个统一的接口函数，这就是 OPC 协议规范。有了 OPC 就可以使用统一的方式去访问不同设备厂商的产品数据，实现设备和软件之间的数据交换。

工业控制领域存在大量现场设备，在 OPC 出现以前，软件开发商需要开发大量的驱动程序来连接这些设备。由于硬件与应用软件耦合性大，底层变动对应用影响较大，即便硬件供应商在硬件上做了一些小小改动，应用程序也可能需要重写。另外，硬件设备厂商很多，不同领域现场设备品种繁多，不同设备之间的通信及互操作困难。由于不同设备甚至同一设备不同单元的驱动程序也有可能不同，软件开发商很难同时对这些设备进行访问以优化操作。

为了消除硬件平台和自动化软件之间互操作性的障碍，建立了 OPC 软件互操作性标准，开发 OPC 的最终目标是在工业控制领域建立一套数据传输规范。

UA 全称是 Unified Architecture（统一架构）。OPC UA 是 OPC 基金会为了应对标准化和跨平台的趋势，为了更好地推广 OPC，在之前 OPC 成功应用的基础上推出的一个新的 OPC 标准。

OPC UA 接口协议包含了之前的 OPC A&E、OPC DA、OPC XML DA、OPC HDA，只使用一个地址空间就能访问之前所有的对象，而且不受 Windows 平台限制，因为它是从传输层以上来定义的，使得灵活性和安全性比之前的 OPC 都提升了。

总而言之，OPC 是开放的通信平台，UA 是面向服务的统一架构，OPC UA 就是 OPC 的统一架构，是新一代的 OPC 标准，能够脱离 Windows 平台的局限性，在不同的平台上实现 OPC 通信。

1. OPC UA 特性

OPC UA 的特性如下：

1）功能等价：所有基于 COM 的 OPC 规范中的功能，都映射到了 OPC UA 中。一个通用接口集成了之前所有 OPC 的特性和信息。

2）更加开放，具有平台无关性，Windows、Linux 都能兼容。

3）扩展性：不影响现有应用程序的情况下，就可以添加新的功能。扩展了对象类型，支持更复杂的数据类型，如变量、方法、事件。

4）丰富的信息建模：可定义复杂的信息，而不再是单一的数据。

5）易于配置和使用。

6）在简化接口方面进行了改进，OPC UA 通信更快速、更安全和更灵活。

7）数据安全性和可靠性高。信息加密，具有互访认证以及安全监听功能。OPC UA 使用可靠的通信机制、可配置的超时、自动错误检查和自动恢复等机制。对 OPC UA 客户端与服务器之间的物理连接可以进行监视，随时发现通信中的问题。OPC UA 具有冗余特性，可以在服务器和客户端应用中实施，防止数据的丢失。

8）多平台支持：支持从嵌入式的微控制器到基于云的分散式控制架构。平台独立和可伸缩性好。由于使用了基于面向服务的技术，OPC UA 具有平台独立的属性，可以实施全新的、节省成本的自动化理念。嵌入式现场设备、DCS、PLC、网关或者 HMI，可以依靠 OPC UA 服务器直接连到操作系统，如嵌入的 Windows、Linux、VxWorks、QNX、RTOS 或者其他系统。OPC UA 组件也可以在 UNIX 操作系统的信息技术系统中使用，如 Solaris、HPUX、AIX、Linux 等，可以是 ERP 系统，可以是 MES 和 SCADA，还可以是电子商务中的应用。OPC UA 的组件功能可以是伸缩的，小到一个嵌入式设备的应用，大到公司级别大型计算机的数据管理系统。

9）简单一致。OPC UA 定义了一种集成的地址空间和信息模型，可以显示过程数据、报警、历史数据及完成程序调用。信息项被定义成不同类型的对象，彼此之间可以建立关系。在此基础上，OPC UA 支持使用复杂数据结构，这使 OPC UA 可以完整地描述复杂过程和系统。

10）性能强大。基于 TCP UA 二进制协议，使用高效的数据编码，OPC UA 提供了高效的数据传输，可以满足更高性能的要求。传统的三种不同类型 OPC 服务器的访问有数据访问（DA）、报警和事件（AE）、历史数据访问（HDA）。比如，要获得一个温度传感器的当前值、一个高温度事件和温度的历史平均值，要依次使用不同的命令执行，而使用 OPC UA，仅用一个组件就可以非常容易地完成了，配置和工程时间也因此可以缩短。

对于制造业而言，确保质量、效率、能源、维护等参数具有统一的模型，带来的好处是显而易见的。

1）软件复用：通过数据建模形成的应用模块，如 PackML 可以让我们针对包装机与 MES 相互关联的数据统一封装，可以通过一个模块的调用即可实现相关数据的调用。这就像贝加莱公司的 mapp 组件中的 PackML、Euromap 软件模块一样。

2）节约大量工程时间：由于采用了标准的数据模型，使得数据仅需配置，无需大量的编程操作，另外，标准的数据包一次性让与任务相关的数据被读取，无需多次调用不同的参数，节省了工程时间。

3）'最大化数据应用：设计、生产、维护等能够在同一架构下进行数据交换，实现企业的数据共享，最大化发挥数据的价值。就像 Automation ML（自动化标记语言）一样，从工程设计平台到工艺辅助平台、MES、控制层数据可以实现统一的标准下的连接和分享。

OPC UA 带来的最根本好处就是跨平台性，它打破了原有的 Windows 系统中 DCOM 的局限性，可以让各种操作系统、各种平台进行 OPC 通信。另外，它打通了工业通信中的各个层级，从传感器到企业云，都可以通过 OPC UA 的通信方式将数据层层传递。在同一层级的不同设备部署 OPC UA 也能完成数据的横向传递，为整个工厂的智能车间提供数据。此外，OPC UA 通过单一端口进行通信，具有标准安全协议的特点，为数据安全性提供保障。

2. OPC UA 架构

OPC UA 由 OPC 基金会创建，它更加安全、可靠、中性（与供应商无关），所有需要的信息可随时随地到达每个授权应用和每个授权人员。OPC UA 独立于制造商，弥补了 OPC 的不足，增加了如平台独立性、可伸缩性、高可用性和因特网服务等重要特性。OPC UA 不再是基于分布式组件对象模型（DCOM），而是以面向服务的架构（SOA）为基础，可以连接更多的设备，成为连接企业级计算机与嵌入式自动化组件的桥梁。

在建模方面，OPC UA 将建模的架构由"数据建模"扩展为了"信息建模"。OPC UA 规范中不仅提供了完整的面向对象的数据建模，同时也可定义复杂的多级结构体。数据类型或结构体都在配置文件中定义，不仅可以定义已存在的传统 OPC 规范中的类型，还可以扩展加入其他的供应商或组织定义的新类型。

OPC UA 架构如图 2.35 所示。

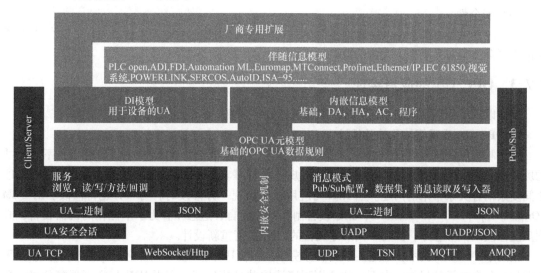

图 2.35 OPC UA 架构

OPC UA 规范中的三个核心功能：

1）通信支持：为了实现互联，OPC UA 支持各种工业现场通信规约，分别为 C/S 架构（客户端/服务器的结构）、Pub/Sub 机制（发布者/订阅者架构的通信）、MQTT/AMQP 应用传输机、底层的 TSN。

2）信息模型支持：在 OPC UA 的规范中，最为核心的是信息建模。信息建模就是对信息构建模型，把数据形成一个"包"，这样在数据的配置、读写操作、升级时会有较大的便利，无需编写复杂的程序。OPC UA 的信息模型包括了元模型、行业信息模型（也称伴随信息模型）。OPC UA 与其他标准化组织合作，把 UA 服务提供给各行各业使用。

3) 安全机制：OPC UA 同时也支持各种安全信息传输机制，包括用户、验证、X509 的信息加密规约等，保障数据传输安全。

3. OPC UA 与传统 OPC 比较

（1）功能

- 功能：OPC UA 不仅支持传统 OPC 的所有功能，更支持更多新的功能。
- 网络发现：自动查询本 PC 中与当前网络中可用的 OPC Server。
- 地址空间优化：所有的数据都可以通过分级结构定义，使得 OPC Client 不仅能够读取并利用简单数据，也能访问复杂的结构体。
- 互访认证：所有的读写数据/消息行为，都必须有访问许可。
- 数据订阅：针对 OPC Client 不同的配置与标准，提供数据/消息的监控，以及数值变化时的变化报告。
- 方案功能：OPC UA 中定义了通过在 OPC Server 中定义方案，来让 OPC Client 执行特定的程序。

（2）平台支持

由于不再基于 COM/DCOM 技术，OPC UA 标准提供了更多的可支持的硬件和软件平台。硬件平台，如传统的 PC、基于云的服务器、PLC、ARM 等其他微处理器；软件平台，如微软公司的 Windows、苹果公司的 OSX、Google 公司的 Android，以及其他的基于 Linux 的分布式操作系统。

（3）安全性

最大的变化是 OPC UA 可以通过任何单一端口（经管理员开放后）进行通信，这使得 OPC 通信不再会由于防火墙受到大量的限制。

2.7.3　OPC UA 的应用实现

下面以三个应用场景来描述 OPC UA 在机器装备开发中的应用实现。

1. OPC UA 实现模块化软件设计

在控制程序的软件设计中，很多现场应用程序开发像早期的 Andriod 一样，需要为不同尺寸的屏幕开发相应的画面，尤其是对那些非标规格的屏幕。另外，程序员要应对 HMI 与应用程序之间复杂耦合关系带来的问题。当 HMI 与应用程序出现一方修改时，另一方也得修改。对 OEM（Original Equipment Manufacturer，原始设备制造商）而言，这意味着为了个性化的机器设备，必须反复修改画面和程序，并对不同尺寸规格的 HMI 进行重新设计。

借助于 OPC UA 技术，通过共享的信息模型，OPC UA 可以让面向服务的应用得以实现。采用关注点分离的设计思想，由不同的应用程序读取共享信息模型实现 HMI 与应用程序分离，数据与应用分离。

mapp View（贝加莱公司开发的自动化与 Web 融合的技术）通过 OPC UA 实现了 HMI 与程序关注点的分离，使得修改 HMI 的组态界面、流程与应用程序无关；应用程序的修改不会影响HMI 的画面；任意尺寸规格的 HMI、智能终端均可自适应地访问机器数据。mapp View 通过 OPC UA 实现 HMI 与程序关注点分离如图 2.36 所示。

2. 行业信息模型 EUROMAP 77

EUROMAP 77 是基于 OPC UA 标准的注塑机通信模型，包括了注塑机配置、状态、模具、驱动等数据信息，也包括 Job、数据集管理的数据模型。基于 OPC UA 架构的注塑机信息模型 EUROMAP 77 如图 2.37 所示。

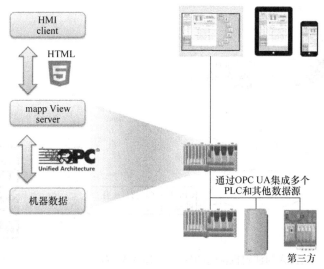

图 2.36 mapp View 通过 OPC UA 实现 HMI 与程序关注点分离

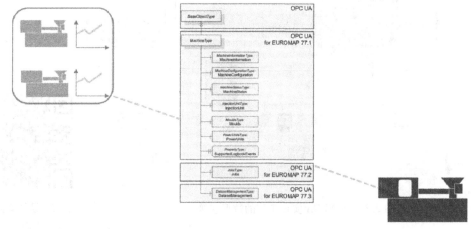

图 2.37 基于 OPC UA 架构的注塑机信息模型 EUROMAP 77

对于控制软件开发设计而言，没有一致的标准，甚至在同一个原始设备制造商的同类机器之间也是如此。以注塑机、包装机械为例，复杂性不断增加，越来越多的机器需要多轴伺服驱动，集成机器人和视觉系统，机器故障和性能分析，以及与生产线和生产管理系统集成的通信，这些给工程师的编程带来挑战。

机器人与注塑机沟通的规范 EUROMAP 77 如图 2.38 所示，OPC UA 实现工厂的数据连接如图 2.39 所示。

3. PackML 实现包装设备数据的集成

PackML（Packaging Machine Language）是国际 OMAC 组织定义的包装机械语言，它遵循了 OPC UA 的标准与规范，其架构有利于包装设备的标准化和互通互联。PackML 通过统一的状态图、工厂不同层级的模式定义和切换、模块化的编程、机器与机器之间互联接口的定义、机器与上层管理系统之间的数据接口的定义来实现整个工厂的互联。

PackML 符合 ISA88 标准，采用 OPC UA 的语义规范，被纳入 OPC UA 行业信息模型。PackML 提供了机器状态与操作模式的标准定义、一致性的操作界面、标准的数据接口，实现了机器的状态、操作模式和标签的统一，并以模块化的方式来实现控制系统的架构搭建以及软件的设计。

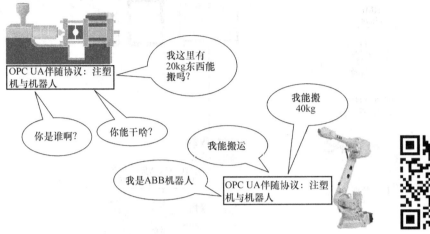

图 2.38　机器人与注塑机沟通的规范 EUROMAP 77　　　　2-14. 吹塑机控制

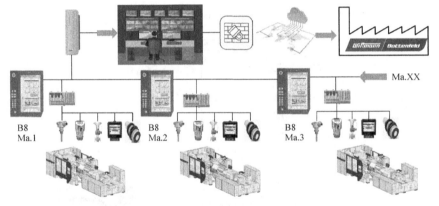

图 2.39　OPC UA 实现工厂的数据连接　　　　2-15. 易拉罐灌装
生产线

很多自动化厂商和包装机械用户在积极推动 PackML 的发展，贝加莱、罗克韦尔、施耐德等自动化厂商均有其 PackML 解决方案。例如，啤酒饮料设备制造商 OCME 在其 DryBlock 系统里采用了贝加莱公司的 PackML 的机器控制、通信与同步；Seidenader 公司的 CS 系列医药灌装产品异物检测系统采用了贝加莱公司的 PackML 方案，使得人机交互简化，系统开发工作简化，软件的可重用性、可维护性增强；ILAPACK 公司在其全新的包装系统 Phoenix Delta 3000LD 中采用了 PackML 标准。

PackML 对终端用户具有如下的优点：

1）设备控制与操作标准化，独立于供应商。

2）更容易实现生产线的集成与启动。

3）对于操作者，一致的状态模式使得不同的供应商提供的设备可以在一个生产线进行操作。

4）统一的操作界面，减少培训成本。

5）标准化的接口使其更容易集成到 MES。对设备开发商具有以下优点：控制平台独立，软件可重用性提高，开发周期加快。

6）调试时间缩短，易于连线生产并在客户端启动。

7）开发过程简化，有更多的精力进行工艺、逻辑等的优化。

如今的包装机械越来越复杂，需要有完善的故障处理能力，能够与工厂的其他设备互连，与上层管理系统进行数据传输。在 PackML 出现之前，虽然包装机械的种类越来越多，但是软件的通用性较差，每开发一个新设备，需要从头进行控制软件的设计，没有一个一致的标准以及良好的可复用性，导致开发者需要花费大量的时间。对于操作者来说，由于不同设备的操作逻辑存在差异，导致操作者也要花费时间去适应不同设备的操作界面。

采用 PackML，主要解决包装机械控制软件如下共性问题：

1）状态机设计：包装机械从启动到停止包含大量状态的变换，通过采用 PackML 状态机模板，可以更好地规范软件设计，提高代码的可靠性和可维护性。

2）操作模式切换：包装机械必须支持设备的自动化运行、半自动化运行、手动运行和维护性运行等多种操作模式，各种操作模式对应不同的状态变换。

3）错误处理与故障诊断机制：通过 PackML 的报警管理器来监测使系统发生停止和异常的条件，使操作者能够及时发现错误原因。

4）与上层信息管理软件的标准化接口：通过采用 PackML 的 PackTags 与上层信息管理系统通信。

5）与人机接口界面的标准化接口：人机接口采用标准的 PackML 人机界面。

在 PackML 的 PackTags 中，为包装机械与上位 HMI/MES/ERP 定义了一种无缝统一连接规约，如命令 Tag 用于对设备/机械的状态实施控制，状态 Tag 用于对设备状态读取信息，管理 Tag 用于从设备获取机器的信息，这些信息都可以与 MES/ERP 交互。

PackML 定义了完善的模式/状态模型，对机器的运行状态模式进行了规范，在程序开发上，定义了三个不同层级的功能块。最上一层则是专门设计的包装专用功能块，如填充、灌装、压盖/旋盖、收放卷等，在企业内部标准化，在外部有统一的接口。

多层级任务与对象的模块化开发如图 2.40 所示，PackML 的开发界面如图 2.41 所示，采用 OPC UA 构成的包装生产线通信架构如图 2.42 所示。

近几年的实践表明，PackML 已获得巨大的成功，在包装行业获得广泛认可和应用，还被作为集成架构的典型策略解决方案，为机械设备的集成系统提供了建模的参照标准。尽管 PackML 的目标是包装行业的机械设备集成，但它涵盖了机械设备的横向集成和运行管理的纵向集成所需要的各种功能性，其概念、策略、架构和方法完全可以适用于几乎所有的机械设备集成系统，特别是所有运用顺序控制工艺的生产线。只要另行定义逻辑控制、安全控制以及运动控制的专用功能块和具体的诊断系统，就完全可以应用到压铸、注塑等机械控制中。

2.7.4 TSN 技术应用

TSN（Time Sensitive Network，时间敏感型网络），是 IEEE 802.1 委员会下的 TSN 任务组开发的一组标准，是具有实时性和确定性的以太网新技术，主要目标在于提供极低的传输延迟和高可用性的网络，应用于工业实时控制领域。

当前应用于智能生产线的交换式工业以太网由于共享传输介质，一方面，当不同类型的数据流汇聚在交换设备上进行重新转发时，会在发送端口存在排队等待现象，对数据通信的实时性造成较大影响；另一方面，工业以太网所处的生产环境较为复杂，因设备故障和通信错误带来的安全问题频繁发生，现有的工业以太网难以对这些问题进行有效的检测和处理。因此，需要对工业以太网进行改进，以确保数据在网络中的传输具有较低的通信延迟和较高的通信安全性。

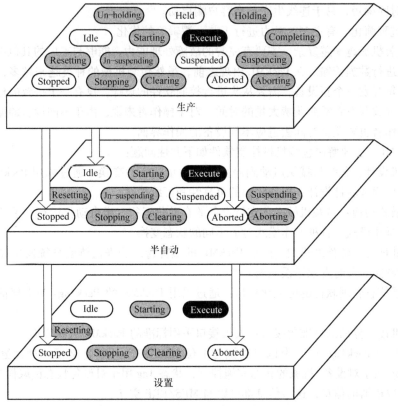

图 2.40 多层级任务与对象的模块化开发

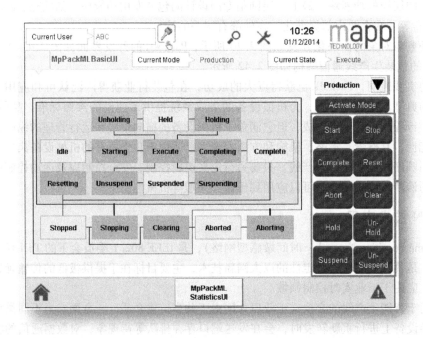

图 2.41 PackML 的开发界面

当今在工业控制领域，所有需要实时监控或实时反馈机制的应用，都需要 TSN，如机器人的控

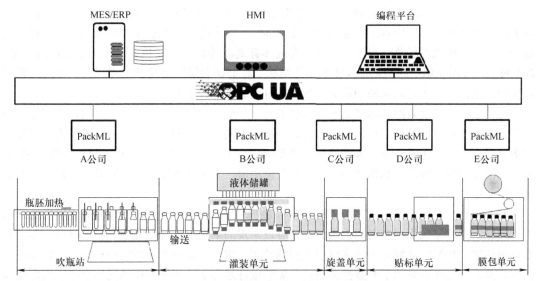

图 2.42 采用 OPC UA 构成的包装生产线通信架构

制、深海钻井操作等。除此之外，TSN 还往往被用来支持需要传输大量数据的服务器之间的实时数据交互。TSN 作为当今制造业中关键的工业通信技术，其旨在实现 IT（信息技术）网络与 OT（运营技术）网络（用于连接生产现场设备与系统，实现自动控制的工业通信网络）的融合。力图使 IT 的高带宽、OT 的周期性数据能够在同一网络中传输，进而简化网络，实现从 OT 到 IT 的集成。

2-16. 饮料灌装
生产线

  传统制造业进行现场设备的互通是通过现场总线来实现的，现场总线为设备自动控制系统做出了重要贡献。其接线步骤相对简单，易于现场人员操作，能够节省一定的硬件数量，降低成本，具有较强的远程监控和故障诊断能力。正是因为这些便利，各个自动化设备公司都相继开发了属于自己产品的总线，总线标准越来越多，使得现场总线在各个方面出现了不统一。同一总线标准的产品设备可以很好地互通互联，但是不同总线标准的产品设备则互联困难。现场总线的视角观察机器任务周期的变化如图 2.43 所示。

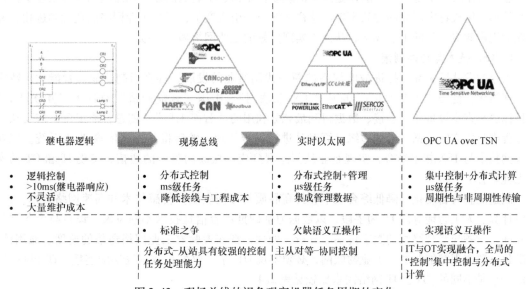

图 2.43 现场总线的视角观察机器任务周期的变化

为了解决这个问题，工业自动化厂商纷纷推出了自己的实时以太网技术。贝加莱公司的Powerlink、西门子公司的 ProfiNet、倍福公司的 Ethercat 等实时以太网技术相继推出并投入到各自产品的应用中。相比现场总线来说，实时以太网具有更高的数据传输速率，采用了标准的 IEEE 802.3 网络，可以使用不同的物理介质和拓扑结构，在 ISO 七层网络模型中实现了物理层、数据链路层协议的统一。实时以太网的优势明显，在目前的工业控制网络中占有主导地位。

但是，这些实时以太网技术只是暂时提供了网络互联、数据互通这两个层面的技术支撑，而且这些技术仅能将各自的产品进行互联互通，无法在不同产品之间使用，限制了整个物联网互联互通的发展。另外，实时工业以太网无法处理系统语义不统一的问题。在 ISO 网络模型架构中，实时以太网工作在物理层、数据链路层，不涉及应用层。基于这个原因，OPC UA 规范和 TSN 标准相继被提出。

OPC UA 规范是应用层的一个协议集，使用其统一的信息模型可以很好地解决应用层的语义互操作问题。TSN 是一系列实时以太网标准，可以实现周期性、非周期性数据，实时性、非实时性数据的传输。TSN 既能满足传统实时以太网的功能需求，又是一个新的统一标准，不依赖各个厂商的产品，其工作在物理层和数据链路层，能够很好地为工业物联网中的网络互联、数据互通提供技术支撑。将 OPC UA 与 TSN 融合，能够实现现场设备层、网络传输层、用户管理层以及云端之间的工业数据通信。

在工业自动化系统集成中，工业数据通信领域由基于以太网的各类现场总线系统主导，虽然它们有着相似的要求和细分市场，但是它们的实施和生态系统差别却很大。不同厂商一般都有自己的数据通信标准和协议，这导致终端客户和设备制造商不得不购买和掌握诸多产品和技术，这就大大提高了使用成本。OPC UA、TSN 作为独立于某一特定厂商的后继技术，将 IT 和 OT 无缝融合到现场总线项目中，可以获得良好的适用性，实现更高水平的自动化配置。TSN 能够承载各类工业领域中的实时通信，支持从硬实时业务数据到尽力服务型业务数据，同时能够保证多种业务特性之间的隔离度。

TSN 正是由于拥有着强大的网络规划、网络配置和安全监控的能力，再配合实时以太网的高性能、高宽带的优势，使得 TSN 既能够用于工业领域各个实时通信需求，又能够满足自由定制的工业网络模式。不论是已有的还是未来的现场控制器、工业编码器、伺服电动机和工业交换机等产品都不用被特定厂商的协议绑定，这样能够充分引入竞争，提高工业网络的迭代和进化，并实现大规模效应，降低工业成本，从而为实现更好的工业网络做出贡献。

1. TSN 技术与智能制造

当今的发达国家都在推进战略层面的新一代制造业的发展，都直指制造业的智能化、数字化、网络化。德国"工业 4.0"、美国"工业互联网"、中国"智能制造"及日本"互联产业"的目标也是直指设备相互连接、数据得到最充分利用的"智能工厂"。创建智能工厂，需要从生产过程中收集实时数据，通过边缘计算对其进行初步处理，然后将其无缝传输到 IT 系统。工业以太网技术与 TSN 技术结合，实现企业从信息层到应用层纵向整合的通信，实现 IT 和 OT 的实时无缝融合。

制造业朝着自动化、降低综合成本和提高品质的方向发展，传感技术和高速网络技术、云/边缘计算、人工智能等以 IT 为手段、以数据为基础推动着信息技术不断发展。设备与设备之间的互联，设备与管理终端的数字传输、分析、处理，都在考验着工业网络通信的速度、通用性、标准化。要实现智能制造、工业物联网，必须实现 OT 与 IT 这两种数据底层的连接。IT 和 OT 网络的需求是不同的，IT、OT 网络需求比较见表 2.4。

表 2.4　IT、OT 网络需求比较

比较项	OT 网络	IT 网络
实时性	高实时性需求，ms/μs	没有需求
周期性	周期性扫描	没有需求
带宽	较小（信号往往几十个字节）	大容量（视频/文件）
安全	Safety – IEC 61508	Security – X. 509
应用层	私有	通用，如 IE 浏览器
拓扑	不支持路由（延时）	路由交换网络
抖动	ns 级	
节点数	10 ~ 100 级	100 ~ 10000 级
物理层	多样性（RS485，CAN，Ethernet）	Ethernet

工业界使用 TSN 主要聚焦它的实时应用，但 TSN 能够应用的场景却远非仅仅限于工业领域。广泛的应用会使 TSN 成本降低，未来很多相关的场景可以实现互联、互操作。TSN 满足多种数据传输的需求如图 2.44 所示。

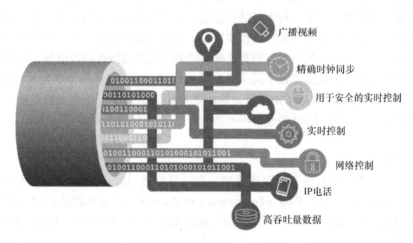

图 2.44　TSN 满足多种数据传输的需求

TSN 作为新一代的实时以太网，主要目标有两个：

1）提高实时以太网的实时性和确定性。

2）解决工业领域总线的复杂性问题。

2. TSN 主要功能

TSN 的一个非常重要的特性是基于以太网并对所有网络中的 TSN 流提供确定的最小时延。以太网可能由于后退算法使消息传输时间不确定，导致了一个等待问题，即如果有一个十分重要的消息需要快速送达，但是由于此时网络比较拥堵，前面积累了大量的普通信息，那么重要信息就需要一直等待其他普通信息被送达完之后才能被调度，从而传输。这个等待的时间是不确定的，取决于前面等待的信息的长度，如果等待的信息过多，还会导致缓冲区溢出，从而使得后续的信息被抛弃。为了实现确定最小时延这一点，TSN 制定了额外的以太网标准来解决这个问题。通过允许一些特定信息流能够抢占别人优先传输，甚至是对那些正在传输的信息流也能进行抢占，使用清理路线（如门控制调度机制）来确保特定信息流能够在特定的时间内发送，再使用流量预留等机制来确保特定信息流在特定时间的稳定性等。通过实现这些机制就能够保障以太网中流量拥有特定的、稳定的性能保障。

TSN 的主要功能如下：

（1）精确的时钟同步功能

时间敏感型数据的基础是精确的时钟同步，控制数据的传输都需要一个精准的同步时钟来进行保障。

（2）SRP 功能

SRP（Stream Reservation Protocol，流预留协议）用于管理网络中的发送、接收传输服务请求，并维护传输路径。在 TSN 中，SRP 被标准化为 IEEE 802.1Qat，并由 IEEE 802.1Qca、IEEE 802.1CB、IEEE 802.1Qcc、IEEE 802.1CS 组成。其中每部分协议分管 SRP 协议的部分功能。

1）IEEE 802.1Qca：实现路径控制和预留功能。通过从各个网络节点收集拓扑信息来发现网络，以便找到网络的冗余路径来确保将来数据传输的冗余。这样对于网络的灵活性十分重要，使得用户可以更好地控制网络路径和冗余。

2）IEEE 802.1CB：实现无缝冗余功能。通过一种类似于 HSR（高可用性无缝冗余）的冗余管理机制，数据能够被复制并且通过网络中不相交的路径并行通信，通过这种机制，目标端口就能消除冗余重复，从而创建一个完备无缝的信息流，这样就提高了 TSN 发送数据的可用性。

3）IEEE 802.1Qcc：用于改进现有的预留协议，从而满足更好的工业、消费的市场需求。通过对信息流数量的扩展、对可配置预留信息流的支持和对信息流特性的改进等，实现了用于 TSN 动态调度的中央配置模型，从而使得不同 TSN 交换机能够调度完美支持 TSN 的标准设备。

4）IEEE 802.1CS：用于改进本地注册功能。主要对 IEEE 802.1 中使用的多重注册协议进行优化，通过规定 LRP（Link – local Registration Protocol，本地链接注册协议）加强 TSN 中应用层协议的信息分发。

（3）转发和排队功能

在 TSN 中，由于普通信息流和时间敏感型信息流是可能同时出现的，为了保证时间敏感型信息流不受普通信息流的干扰，FAQ（Forwarding and Queuing，转发和排队）协议就用于实现这样功能，其由 IEEE 802.1Qbv、IEEE 802.1Qbu、IEEE 802.1Qci、IEEE 802.1Qch、IEEE 802.1Qcr 五部分组成。

1）IEEE 802.1Qbv：实现针对计划流量的增强功能。在 TSN 中，即使在有高优先级、实时数据和抢占优先权时，传输时间可能仍有一些偏差，Qbv 通过对预留计划流进行控制，减小突发情况下的信息流超过预留带宽的影响。

2）IEEE 802.1Qbu：实现帧抢占功能。由于统一网段上可以有传统通信数据和 TSN 通信数据，当有重要帧需要传输时，Qbu 使用数据帧中断机制中断现有传输，优先对重要帧进行传输。

3）IEEE 802.1Qci：实现流过滤和管控功能。基于到达时间、传输速率和入口端等条件对到达的帧进行过滤，当在同一时间有过多帧到达或者传输速率不足时，Qci 会管理部分帧进行隔离等待。如果某个端口检测为恶意端口或者遭受恶意攻击，其也会被隔离到网络中的特定区域，来防止对于 TSN 整体的影响。

4）EEE 802.1Qch：实现循环队列和转发功能。用于在每个循环周期中将时间关键信息转发给相邻设备。如果单个路径中循环队列的节点数目较少，则更加有效。

5）IEEE 802.1Qcr：实现异步流量调整功能。通过提供了新一层的出口队列，来将信息流合并到现有队列中，这样就可以不依赖于同步通信的机制，实现与时钟同步机制无关的独立性和比同步机制更高的链路利用率，最终实现异步通信机制的低拥塞丢失和确定性延迟。

TSN 组成如图 2.45 所示。

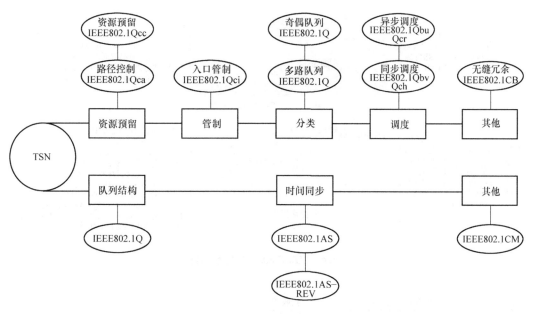

图 2.45 TSN 组成

3. TSN 技术核心

TSN 技术核心是时钟同步、数据调度与系统配置。TSN 网络的三个核心问题如图 2.46 所示。

图 2.46 TSN 网络的三个核心问题

1）时钟同步：所有通信问题均基于时钟，确保时钟同步精度是最核心的问题，TSN 工作组开发了基于 IEEE 1588 的时钟，并制定了新的标准 IEEE 802.1AS – Rev。

2）数据调度：为数据的传输制定相应的机制，以确保实现高带宽、低延时的网络传输。

3）系统配置：为了让用户易于配置网络，IEEE 定义了相应的 IEEE 802.1Qcc 标准。

TSN 由一系列标准构成：

1）时钟同步：IEEE 802.1AS 和为了更可靠的时钟同步修订版的 IEEE 802.1AS – Rev。

2）数据流控制相关标准：主要是针对各种整形器、数据流处理的标准。

IEEE 802.1Q 标准组件如图 2.47 所示，IEEE 802.1Q 标准数据帧处理流程如图 2.48 所示。

4. TSN 流调度策略

TSN 的核心在于流调度机制，称为整形器（Shaper）。TSN 的整形器包括以下几种：

（1）基于信用的整形器（Credit – Based Shaper，CBS）

汽车行业最开始做的叫作 IEEE 802.1AVB，它由几个标准共同构成，包含时钟同步 IEEE 802.1AS，及时间敏感型数据流转发和排队的 IEEE 802.1Qav，即为时间敏感型数据提供整形。

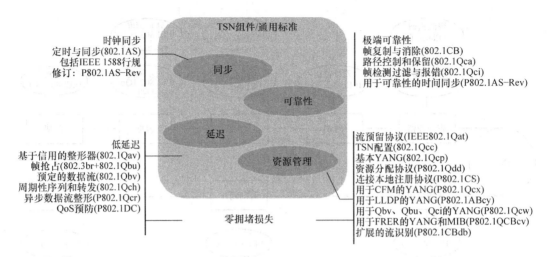

图 2.47   IEEE 802.1Q 标准组件

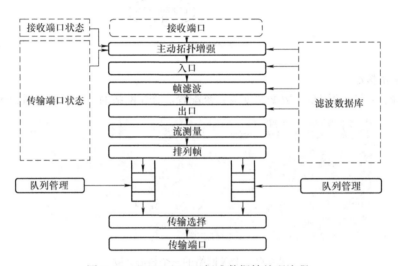

图 2.48   IEEE 802.1Q 标准数据帧处理流程

它采用了 CBS，除了其他 Best Effort（尽力服务，是标准的因特网服务模式）外，有两个队列被赋予较高的优先级，这两个队列依据信用进行数据的交替传输。例如，A 队列如果没有在传输，信用会以 idleSlope（变量名，系统里定义的变量）的速率增加；当队列正在传输数据，信用会以 SendSlope（变量名，系统里定义的变量）的速率下降；当队列传输完成时，信用就清零。若信用低于 B 队列，等待时间越长，信用越高，因此，不会因为其他队列优先级高就无限制等待下去。基于信用的整形器工作原理如图 2.49 所示。

CBS 限制每个整形流量类别不超过其预先配置的带宽限制（对于带宽密集型应用，例如，音频和视频，最大带宽的 75%）。CBS 与 SRP 结合使用可将每个桥的延迟限制在 250μs 以下。CBS 的缺点是这种机制下平均延迟会增加，虽然采用 CBS 与 SRP 结合可以让每个桥接延迟在 250μs 以下，但这对于工业应用而言还是延迟太大，工业网络参考的是 Qbv 和 Qbu + 802.3br 的整形器。

（2）时间感知整形器（Time Awareness Shaper，TAS）

IEEE 802.1Qbv 定义了 TAS，TAS 工作原理如图 2.50 所示。在 TAS 中，GCL（Gate Control

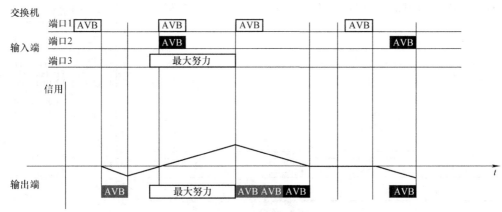

图 2.49 基于信用的整形器工作原理

List，门控制列表）为周期性控制门的开/关。TAS 需要从发送方到接收方中间的所有网桥进行时间同步。对于桥中的每个端口，TAS 根据已知且商定的时间表进行开关驱动动作。数据调度则可以根据每个节点及队列的优先级进行定义。在 IEEE 802.1Qbv 的实现中，那些需要实时传输的数据流通常被第一个安排进行传输，这就是所谓的"Schedule Traffic Quene"，需要在时间调度配置时预先予以确定。另一个数据队列称为"Reserved Traffic"，为预留通道，它并非周期性的，但是，可能一来就得紧急传输，就像高速公路的应急通道一样。

TAS 可以和 CBS 混用，TAS + CBS 混合整形器如图 2.51 所示。除了原定的计划的和预留的数据外，还可以增加一个 CBS 对其队列内部数据按照信用排序进行调度。

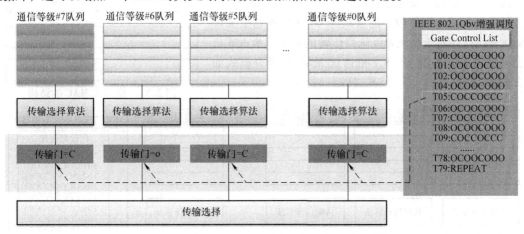

图 2.50 TAS 工作原理

（3）抢占帧机制 IEEE 802.1Qbu + IEEE 802.3br

在 IEEE 802.1Qbv 中所采用的 TAS 存在一个问题，就是"Guardband（保护带宽）"。除了 Scheduled 和 Reserved 帧外，其他队列的称为"Best Effort"。这些都是非周期性的数据帧，特点是"虽然它们的时间要求并非严格，但是你不知道它们什么时候需要传输"。为了确保严格时间要求的数据传输时网络可用，Qbv 给每个周期预留了一个"标准以太网"帧作为保护带宽。这个带宽对于千兆网络而言，预留的 1.5kbit/s 需要 1.25μs 左右的时间损耗。为了节省这点带宽，TSN 工作组开发了抢占式 IEEE 802.1Qbu + IEEE 802.3br 的抢占式 MAC（Media Access Control，介质访问控制）方式，以便能够不浪费这些带宽。抢占式 MAC 的结构如图 2.52 所示。

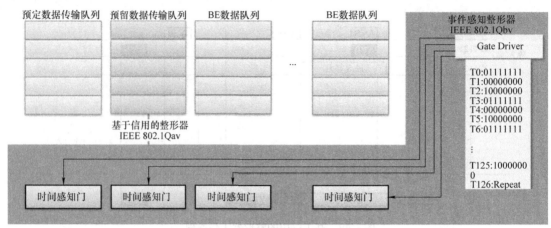

图 2.51 TAS + CBS 混合整形器

MAC 层分为 eMAC（快速）和 pMAC（可抢占），可以使以太网帧以最小到 64 字节进行传输。如果在高优先级队列需要传输时，前面有一个低优先级队列正在传输数据，而且它还特别长，需要占用较多的传输时间，高优先级队列就可以抢占方式获得传输。被抢占的低优先级队列则会被拆分，然后在下一个时段传输。

对于被抢占帧而言，其传输必须以完整的帧方式汇合，这中间牵扯到重新分包和 CRC 校验，再到 MAC 聚合层进行重新封装为完整包。抢占式 MAC 这种机制主要解决低优先级队列对于高优先级队列传输的影响。抢占式机制也可以与 TAS 混用，TAS + 抢占式 MAC 的混合模式如图 2.53 所示。

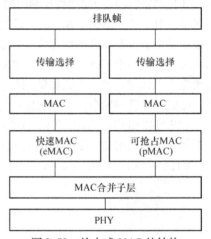

图 2.52 抢占式 MAC 的结构

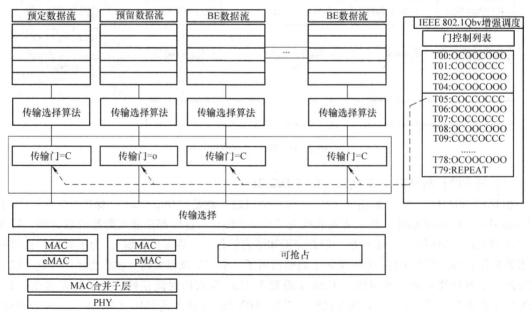

图 2.53 TAS + 抢占式 MAC 的混合模式

对于抢占式机制而言,需要桥节点和终端节点支持 LLDP(IEEE 802.1AB,链路层发现协议),因此,802.1Qbu + 802.3br 需要交换机在硬件上的支持。

5. TSN 的网络配置

对 TSN 必须考虑网络配置的问题。工业控制网络需要高效、易用的配置方式,IEEE 802.1Qcc 是被普遍接受的配置标准。TSN 网络配置集中式原理如图 2.54 所示。

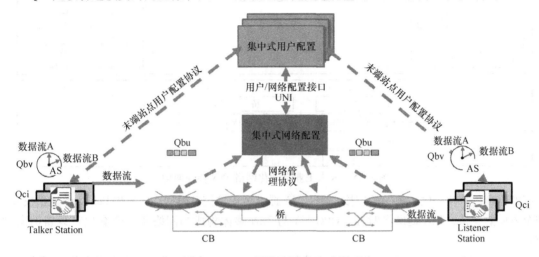

图 2.54　TSN 网络配置集中式原理

IEEE 802.1Qat 提供的 SRP 是一种分布式的网络需求与资源分配机制。新的注册、退出注册、任何变化与请求将导致网络延时和超负荷并降低网络的传输效率。TSN 工作组又提供了 IEEE 802.1Qcc 支持集中式的注册与流预留服务,称为 SRP 增强模式。在这种模式下,系统降低了预留消息的大小与频率(放宽计时器)来改善现有的 SRP 机制,以便在链路状态和预留变更时触发更新。

此外,IEEE 802.1Qcc 提供了一套工具用于全局管理和控制网络,通过 UNI(用户网络接口)来增强 SRP(流预留协议),并由一个 CNC(集中式网络配置)节点作为补充。UNI 提供了一个通用 L2 层服务方法,CNC 与 UNI 交互以提供运行资源的预留、调度以及其他类型的远程管理协议,如 NETCONF 或 RESTCONF。

对于完全集中式网络,可选的 CUC 节点通过标准 API 与 CNC 通信,具有发现终端节点、检索终端节点、用户需求、配置优化 TSN 终端节点的功能,它与更高级的流预留协议(如 RSVP)的交互是无缝的,类似于 AVB 利用现有的 SRP 机制。

工业控制网络要求网络配置高效、易用,以获得终端节点、桥节点的资源、每个节点的带宽、数据负载、目标地址、时钟等所有信息,并汇集到中央节点,统一进行调度,达到最优的传输效率。

6. TSN 网络应用架构

未来工业自动化网络 TSN 传输架构如图 2.55 所示。工业控制是基于等时同步的时间敏感型应用场景,IEC 60802 工作组关于未来 TSN 在工业自动化领域的传输架构、用户需求、应用场景、互操作不断地进行规范的制定。

2.7.5　OPC UA over TSN 全架构

OPC UA 与 TSN 构成了工业网络未来连接的架构,其中 OPC UA 支持语义互操作,让机器说

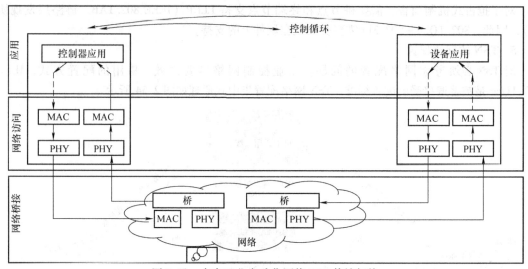

图 2.55 未来工业自动化网络 TSN 传输架构

相同的语言，TSN 提供了统一的连接。OPC UA 提供了传输信息模型、C/S 和 Pub/Sub 通信支持、安全方面的支持，TSN 提供实时性。OPC UA 与 TSN 整体构成的网络实现全套生产设备的实时交互。

TSN 与 OPC UA 的 Pub/Sub 机制结合如图 2.56 所示，OPC UA 与 TSN 整体结构如图 2.57 所示。

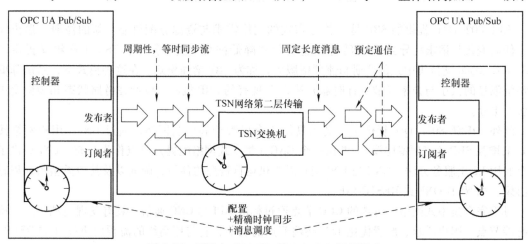

图 2.56 TSN 与 OPC UA 的 Pub/Sub 机制结合

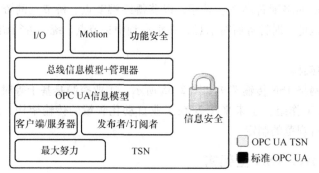

图 2.57 OPC UA 与 TSN 整体结构

综上所述，OPC UA over TSN 是一个整体的网络架构，它构建了工厂整个网络连接。OPC UA over TSN 工厂应用场景架构如图 2.58 所示。

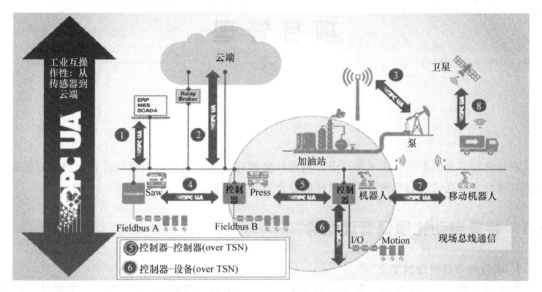

图 2.58 OPC UA over TSN 工厂应用场景架构

图 2.58 中，OPC UA over TSN 实现了以下三个集成：

- 垂直集成：实现了设备到 MES/ERP（①）、设备到云端（②）、底层传感器/驱动器到控制器（⑥）、设备到云（⑧）的传输。
- 水平集成：实现了设备与设备（④与⑤）的集成。
- 端到端集成：生产制造系统与辅助系统（⑦）。

第 **3** 章

项 目 管 理

项目管理就是依据项目需求和特点，利用系统管理方法，通过对项目的计划、组织和控制，以实现项目全过程的动态管理和项目目标的综合协调与优化。

3.1 装备自动化项目管理概念

1. 项目与项目管理的定义

提及项目管理，首先需要了解项目的定义。什么是项目？建造一个新厂房是一个项目，完成一台 CNC（Computer Numerical Control，计算机数控）激光切割机的设计、开发、测试、调试是一个项目，完成市政供水项目中的自控部分是一个项目，实施系统集成的全过程，也可以认定为是一个项目，而且是一个综合性的项目。项目是为创造独特的产品或者成果而进行的有明确起点和终点的工作，就是说项目必须有确定的开始时间，以及确定的结束时间。当项目目标达成时，或当项目因不能达到目标而中止时，或当项目需求不复存在时，项目就结束了，因此，项目还有一个明确的终点。

项目是在一定约束条件（如性能指标、质量要求、人力资源、资金、时间等）下，具有明确目标的一次性工作。

项目管理在 20 世纪 80 年代仅限于建筑、国防、航天等行业，如今项目管理发展迅速，已广泛应用于计算机、电子通信、金融甚至政府决策等众多领域。在装备制造业，越来越多的机电一体化项目也引进了项目管理的理念。

项目管理的定义是，在项目活动中运用专门的知识、技能、工具和方法，使项目能够在有限资源条件下，实现或超过设定的需求和期望的过程。项目管理是为了成功地达成任务目标的一系列相关活动的整体。

本章借鉴了 PMI（Project Management Institute，美国项目管理协会）的项目管理理论，并在此基础上提出了针对装备制造自动化控制设计方案的项目管理方法。

2. 项目生命周期的定义

项目实施的整个过程即项目的生命周期。项目的生命周期是描述项目从开始到结束所经历的各个阶段，项目可基本划分为"启动项目、组织与准备、执行工作、结束项目"四个阶段。实际工作中可以根据不同领域或不同方法再进行具体的划分。项目生命周期中的成本与人力投入如图 3.1 所示。

项目生命周期通常具有以下特征：

（1）成本与人力投入

项目生命周期中的成本与人力投入如图 3.1 所示。项目生命周期中的成本与人力投入在项目

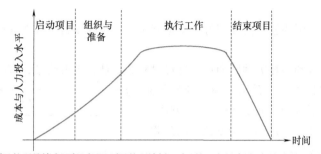

图 3.1 项目生命周期中的成本与人力投入

开始时较低，在工作执行期间达到最高，并在项目快要结束时迅速回落。

（2）项目的风险与不确定性

项目的实施是一个渐进明细的过程。在项目开始时，项目的不确定性最大，使得项目的风险也最大，在项目的整个生命周期中，随着时间的推移，需求和要求逐渐明朗，项目的风险和不确定性递减。项目的风险与不确定性如图 3.2 所示。

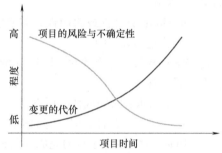

图 3.2 项目的风险与不确定性

（3）变更和纠正错误的代价

在不显著影响成本的前提下，改变项目成果最终特征的能力在项目开始时最大，并随着项目进展而减弱。也就是说，随着时间的推移，变更和纠正项目的成本会越来越高。

根据项目生命周期的特征，在项目启动阶段有效地投入资源，准确地定义项目目标和范围，规划项目计划，有效地控制和管理项目的进度和项目变更，才能确保项目按时、高效地完成。

3.2 项目管理要点

项目的实施受制于项目范围、项目时间、项目成本、项目资源、项目风险、项目质量，如何管理好这些因素，是项目管理的要点。

3.2.1 范围管理

通俗地说，项目范围就是要定义和控制在项目内包括什么、不包括什么。

对于自动化工程项目而言，导致项目成本居高不下、进度失控、后续变更、工程师资源消耗最大的问题通常在于源头的项目范围，即项目需求的不清晰。承接一个自动化项目时，应预先最大化地对项目的需求进行尽可能完的了解并以书面形式确认，使得整个项目处于可控、可追溯的范围，这项工作对于确保项目进度和保证项目顺利完工至关重要。

1）项目范围。装备自动化项目，通常是指一台机器或设备，如本书第 7 章中描述的凹版印刷机，它可以称为一个自动化项目。这个设备可以包含若干个从属的部分，这些从属部分又有其各自独立又相互依赖的产品范围。项目范围是否完成，应以项目管理计划作为衡量标准。

2）产品范围。产品范围指产品所包含的特征和具体功能及性能参数。例如，一台凹版印刷机设备作为一个产品，该设备的主要性能参数就是产品范围的一部分。产品范围是否完成以产品需求作为衡量标准。

项目范围和产品范围的管理需要很好地集成起来，以确保项目工作能够产生所规定的产品并准时交付。

需求工程由开发方和委托方共同商讨，并经过双方确认，理解清晰，撰写执行开发进度的参考文件。需求工程包括了需求开发，即对开发所需的需求进行调研、分析和定义的过程，另一方面则是需求的管理，包括评审、跟踪、变更控制的过程。项目需求工程如图 3.3 所示。

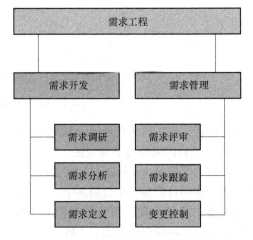

图 3.3 项目需求工程

项目范围定义需要清晰明确，以装备自动化项目为例，明确项目的需求，这包括项目目标、工艺描述、客户需求、控制方案、验收标准、后续问题。

（1）项目目标

项目目标的设定遵循由彼得·德鲁克提出的"SMART"原则。

1）Specific：具体性或明确性，需要实现什么，是可以明确描述和表达的。

2）Measurable：可测量性，即有可量化的测量方法和衡量指标。

3）Achievable：可完成性，所设定的目标，是否都是可完成的，避免设定过高的目标。

4）Realistic：实际性，即现有的资源是否可以完成所设定的目标。

5）Time：时间性，项目的完成有既定的时间限制，不能无限制地拖延。

根据 SMART 原则，对于项目目标要设定一个明确的、可测量的、在规定时间内可实际完成的目标。

（2）工艺描述

对于自动化项目，其独特的方面在于不同于纯软件的 IT 行业，IT 行业是针对功能设计，而装备自动化的工程项目还包括了硬件选型与配置、系统功能设计要求和性能指标的要求，其集成方案开发必须建立在对机械、电气条件的充分了解与理解上，这样才能进行控制软件的开发。

不同的行业、不同的机器设备，都具有不同的工艺，需要项目实施人员去研究项目进行的各个阶段的工艺措施、项目机械背景与基本动作流程，并以书面的形式表述清楚。

（3）客户需求

客户的需求是项目范围的主要部分。了解客户的需求和期望，进行管理，并施加影响，以确保项目成功。

客户的需求应该包括客户对软件和硬件的需求。针对自动控制项目来说，需求分析需要考虑如下几个方面。

1）软件需求。项目对软件的需求，例如，控制器的操作系统是否需要 Windows；软件是否包括控制部分，是否有基于文件简单配方操作的显示部分等。

对于一个具体的控制系统而言，必须予以考虑的基本软件需求为①控制器循环时间；②图文显示的画面；③内部接口的定义；④操作模式的定义；⑤主要功能的说明；⑥编程语言和规范；⑦运动轴控制说明；⑧额外需求；⑨第三方设备接口。

2）硬件需求。通过软件需求，通常可确定硬件的方案，例如，需要的 PC，显示单元和 CPU 之间的最远距离，极限开关的响应时间，控制的伺服轴数目等。

为避免后续分歧，需要尽可能详细描述系统硬件需求，常需考虑的因素有①I/O 模块的数量；②I/O 响应时间；③远程或集成式显示；④性能需求；⑤运动轴需求；⑥额外需求。

3）非功能性需求。非功能性需求指对机器操作并不是关键的，但能增加机器附加值的需求。例如，任何情况下，画面的切换在1s内完成。

4）需求分析案例。热收缩膜包装的机器需求分析涉及的因素有①机械系统参数；②性能指标；③配置选型参数；④功能性参数需求；⑤需求表设计。

需求规范表模板见表3.1。

3-1. 热收缩膜包装生产线

3-2. 热缩膜包装后码垛

表3.1 需求规范表模板

客户名称		项目编号	
启动时间		项目计划结束时间	
项目执行人		项目审核人	
客户联络人		电话	
项目需求描述			

1. 性能指标

指 标	概 述	单 位	设计目标	验收标准
加工速度		Pack/min	80	
加工精度		mm	±0.5	
重复精度		mm		
加速性能		m/s^2	10	
包装范围	被包装瓶子的薄膜范围	mm	110～250	
包装规格	膜包的包装乘数		2×6	
			3×4	
			2×4	
			2×3	

2. 功能设计

功能名称	描 述	验 收
远程维护	预留以太网-无线 GPRS 网络连接	
故障诊断	关键I/O、电动机故障显示	
质量统计	不良品率显示	
订单切换	配方管理	
状态显示	机器速度、订单批号、数量、质量状态显示	
趋势分析	能耗趋势	
振动检测	裁切刀振动监测	
能耗监测		

3. 工艺需求

行业工艺	描 述	需 求	验 收

4. 配置需求

项 目	类 型	数 量	指 标
DI		75	
DO			
AI			
AO			
温度检测	PT1000	4	12位
HMI			

（续）

项　目	类　型	数　量	指　标
网络节点			
总线控制器	Profibus-DP	2	
PLK		3	
伺服轴名称	选型相关参数	数量	
输送轴	4.4N·m，3000r/min，旋转编码器	1	
切割轴	10.8N·m，3000r/min，128 Endat 编码器	1	
挑膜	8.4N·m，3000r/min，旋转编码器	1	
分瓶	3.7kW 变频器	1	

（4）设计方案

根据项目工艺说明技术需求，开发人员需要确认设计的软件方案和硬件方案。软件方案以流程图来描述。软件设计方案如图3.4所示。

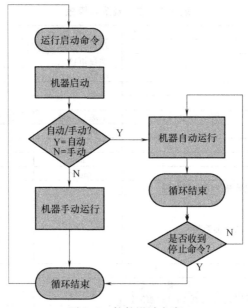

图3.4　软件设计方案

（5）验收标准

验收标准是关键技术文件之一，是验收系统是否合格的准则。验收标准模板见表3.2。

表3.2　验收标准模板

标　号	功能描述	签　字	注　释
1			

（6）后续问题

由于项目研发是一个渐进明细的过程，对出现的问题也是渐进明细的，需要记录过程中遗留的问题以及有待进一步讨论的问题。

需求分析的四个关键评估原则如下：

（1）正确清楚的需求表达

在制造装备设备开发中会存在潜在需求不明的情况，这是因为全新的机器设计可能具有一些定性的概念，它们无法被清晰地表达。但是，开发者必须确保对这个需求的清晰理解，并确认其理解是正确的，否则，将会造成后续的返工和变更。

（2）无二义性的描述

必须确保每个对需求的描述是精准的、专业的，而非口语的或者能够产生歧义的描述，例如，"达到较高水平"。

（3）必要完备的描述

必要的需求如果没有进行定义，会带来后续增加时的变更麻烦，必须尽可能全面，同时聚焦必需的功能和性能要求。

（4）可实现并可验证的需求

由于工程开发部门的需求都来自销售部门，有时会遇到客户需求不清晰的情况。另外，如果电气自动化人员缺乏对机械系统和横向技术的了解，会同意一些无法满足或无法达到的需求，给项目验收带来不便。可验证的需求就是必须能够量化，否则在验收环节就会产生理解方面的歧义。

项目范围管理的重点如下：

（1）范围计划编制

在项目需求清楚、项目设计方案明确之后，要周密地做好项目范围计划编制。范围计划编制是将产生项目所需进行的项目工作（项目范围）渐进明细和归档的过程。范围计划编制工作需要参考很多信息，例如，需求描述和技术指标等，通常是对项目范围已经有了粗线条的约定，范围计划在此基础上进一步深入和细化。

（2）范围分解

恰当的范围定义对项目成功十分关键，当范围定义不明确时，变更就会不可避免地出现，这会造成返工、延长工期等一系列后果。

常用的方式是以项目进度为依据划分 WBS（Work Breakdown Structure，工作分解结构），顶层是项目成果框架，然后把工作层层分解。这种方式的优点是结合进度划分直观，时间感强，评审中容易发现遗漏或多余部分，也更容易使人理解。

（3）范围变更

对变更的有效管理是项目负责人必备的素质之一。范围变更的原因是多方面的，例如，用户要求增加产品功能，机械问题导致设计方案的修改等。项目负责人在管理过程中必须通过监督项目当前进展情况来分析和预测可能出现的范围变更，在发生变更时遵循规范的变更程序来管理变更。在项目管理体系中必须包含一套严格、高效、实用的变更程序，它对管理好项目至关重要。

3.2.2 进度管理

实施进度的管理，就是项目时间的管理，是使项目按时完成所必需的管理过程。项目时间管理的过程如下：

（1）活动定义

涉及确定项目团队成员和项目关系人，为完成项目可交付成果而必须完成的具体活动。例如，与项目关系人阶段性的会议等，这些活动通常有助于产生一个更加详细的工作分解结构和支持细节。

（2）活动排序

需要明确各个活动之间的关系或依赖关系。产生依赖关系的原因有三种：一是基于工作性质产生的，活动之间的关系是强制性的；二是基于项目团队的经验产生的，关系是任意的；三是基于非项目活动产生的，关系是外部的。

风电项目进度管理是一个典型的时间管理的案例，项目网络图是现实活动顺序的首选方法。活动之间存在四种依赖关系：完成—开始、完成—完成、开始—开始、开始—完成。风电项目实施网络如图3.5所示。

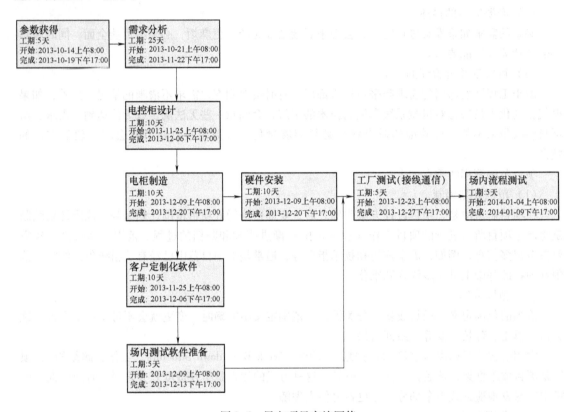

图3.5　风电项目实施网络

（3）活动的历时估算

对完成各项活动所花费的时间需要进行估算。

（4）制定进度计划

通过分析项目的活动顺序、活动历时和资源要求，制定项目进度计划。为了确定项目开始与完成日期，在进度计划制定过程中，需使用来自所有其他时间管理过程的结果。甘特图常被用来显示进度计划。根据图3.5可以生成项目甘特图，风力发电项目甘特图如图3.6所示。

（5）进度计划控制

有效进度控制的关键是监控项目的实际进度，及时、定期地将它与计划进度进行比较，并立即采取必要的纠正措施。进度控制的步骤包括分析进度，找出哪些地方需要采取纠正措施；确定应采取哪种具体纠正措施；修改计划，将纠正措施列入计划；重新计算进度，估计计划采取纠正措施的效果。

3.2.3　人力资源管理

项目人力资源管理就是要在对项目目标、规划、任务、进展以及各种变量进行合理、有序的分析、规划和统筹的基础上，对项目过程中的所有人员，包括项目经理、项目其他成员、项目业主以及项目客户等给予有效的协调、控制和管理，使他们能够与项目实施团队紧密配合，尽可能地适合项目发展的需要，最大可能地挖掘人才潜力，最终实现项目目标。

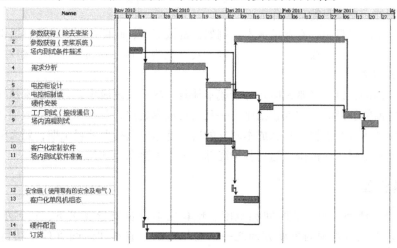

图 3.6　风力发电项目甘特图

项目人力资源管理就是有效地发挥每一个参与项目人员作用的过程。它包括组织和管理项目团队所需的所有过程。项目团队由为完成项目而承担了相应的角色和责任的人员组成，团队成员应该参与大多数项目计划和决策工作。项目团队成员的早期参与能在项目计划过程中增加专家意见和加强项目的沟通。

项目管理团队是项目团队的一个子集，负责项目的管理活动，如计划编制、控制和收尾。根据自动控制项目的规模，通常项目管理的责任可以由项目负责人来承担。

3.2.4　成本管理

项目成本是评价一个项目是否成功的关键因素之一。项目成功三角形如图 3.7 所示。

项目成本管理是指在项目的实施过程中，为了保证完成项目所花费的实际成本不超过其预算成本而展开的项目成本估算、项目预算编制和项目成本控制等方面的管理活动。它包括批准的预算内完成项目所需要的诸过程：

1）成本估算。编制一个为完成项目各活动所需要的资源成本的近似估算。

2）成本预算。将总的成本估算分配到各项活动和工作包上，建立成本基线。

3）成本控制。控制项目预算的变更。

虽然各个过程是作为彼此独立、相互间有明确界限的组成部分，但在实践中，它们可能会交叉重叠、相互影响，同时与其他知识领域的过程间也相互作用。为保证项目能够完成预定目标，必须加强对项目实际发生成本的控制，一旦项目成本失控，就很难在预算内完成项目，不良的成本控制常常会使

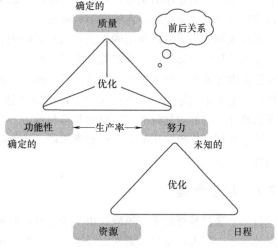

图 3.7　项目成功三角形

项目处于超出预算的危险境地。

项目成本预算是进行项目成本控制的基础，它是将项目的成本估算分配到项目的各项具体工作上，以确定项目各项工作和活动的成本定额，制定项目成本的控制标准，规定项目以外成本的划分与使用规则的一项项目管理工作。

在自动控制系统项目中，有形的成本，例如，机械部件、硬件控制系统等，通常被客户重点关注，而软件和人力资源的成本，往往被看轻，甚至忽视。往往这部分成本，随着项目的延期，会逐渐占用极大的费用。

有效成本控制的关键是经常及时地分析成本绩效，尽早发现成本差异和成本执行的效率，以便在情况变坏之前能够及时采取纠正措施。一旦项目成本失控，要在预算内完成项目是非常困难的。如果没有额外的资金支持，那么成本超支的后果就是要么推迟项目工期，要么降低项目的质量标准，要么缩小项目工作范围。这三种情况都是大家不愿意看到的。

3.2.5　质量管理

成功的项目管理是在约定的时间和范围、预算成本以及质量要求下，达到项目关系人的期望。质量管理是项目管理的重要方面之一，它与范围、成本和时间管理是项目成功与否的关键因素。项目质量管理是一个为确保项目能够满足所要执行的需求的过程，包括质量管理职能的所有活动。这些活动确定质量策略、目标和责任，并在质量体系中凭借质量计划编制、质量控制和质量保证等措施，决定了对质量政策的执行、对质量目标的完成以及对质量责任的履行。

项目质量管理包括以下过程：

1）质量计划。确定适合于项目的质量标准，并决定如何满足这些标准。

2）质量保证。用于有计划、系统的质量活动，确保项目中的所有过程必须满足项目关系人的期望。

3）质量控制。监控具体项目结果，以确定其是否符合相关质量标准，制定有效方案，消除产生质量问题的原因。

项目质量管理不但对该项目本身的交付物进行质量管理，还要针对项目管理过程本身。

质量计划编制首先要由识别相关的质量标准开始，将实施项目组织的质量策略、项目范围说明书、产品说明书等作为质量计划编制的依据，识别出项目相关的所有质量标准，达到或者超过项目用户以及其他项目关系人的期望和要求。

质量控制就是项目管理组的人员采取有效措施，监督项目的具体实施结果，判别它们是否符合有关的项目质量标准，并确定控制途径以保证项目目标的顺利实现。项目质量控制活动一般包括保证由内部或外部机构进行监测管理的一致性、发现与质量标准的差异、消除产品或服务过程中性能不能满足的原因、审查质量标准以确定可达到的目标及成本（效益）问题，并且需要时还可以修订项目的质量标准或项目的具体目标。

质量管理中广泛应用的工具包括直方图、控制图、因果图、排列图、散点图、核对表和趋势分析等。

3.2.6　风险管理

每一个项目都可能带有风险，由于项目开始时的不确定性，往往在项目开始初期风险最大。要避免和减少损失，项目负责人就必须了解和掌握项目风险的来源、性质和发生规律，进而施行有效的管理。

以项目计划为线索，识别项目在各方面的风险。在实施过程中，应特别关注以下几方面的风险。

（1）项目范围的风险

项目范围定义不清晰，可能导致买卖双方对项目范围的认知产生分歧，即卖方希望尽量缩小实施范围，以最小的成本结束项目，而买方则希望所有功能尽可能多地实施，以固定的价格获得最大的收益。若双方的分歧较大，不能达成一致，则必然会造成效率低下，相互扯皮。针对每个项目必须创建技术规范文档。拥有技术规范文档，将大大降低项目开发中的风险。

（2）项目进度的风险

事实上，很多项目的失败，正是起因于项目进度出现拖延，而导致项目团队士气低落，效率低下。因此，项目实施的时间管理，需要充分考虑各种潜在因素，适当留有余地。任务分解详细度适中，便于考核。在执行过程中，应强调项目按进度执行的重要性，在考虑任何问题时，都要将保持进度作为先决条件，同时，合理利用赶工及快速跟进等方法，充分利用资源。

（3）项目人力资源的风险

人力资源是项目实施过程中最为关键的资源。要降低项目的人力资源风险，就要保证进入项目中并承担角色的各类项目关系人满足项目要求。因此，实施双方应对参与人员进行认真的评估，这种评估应该是双方面的，同时，应保证项目人员对项目的投入程度，将参与项目人员的业绩评估与项目实施的状况相关联，明确项目是在该阶段项目相关人员最重要的本职工作，制定适当的奖惩措施。

3.3 项目管理过程

1. 项目启动

启动过程包含项目获得授权、正式开始该项目、定义初步的范围和落实初步的资源，资源包括人力、财力等资源。项目过程流程如图 3.8 所示，图中的虚线框图为项目启动过程。

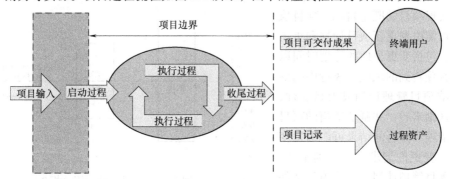

图 3.8 项目过程流程

2. 项目规划

项目规划包含明确项目的总范围、需求、定义和优化目标，为实现既定的目标而制定行为方案计划。制定规划用于指导实施项目管理计划和项目文件。随着收集和掌握的项目信息或特征不断增多，项目需要进一步规划，可以说，项目规划是一个动态的过程。

项目生命周期中发生的重大变更可能会引发重新进行一个或多个规划过程，甚至某些启动过程。这种项目管理计划的渐进明细通常叫作"滚动式规划"，它表明项目规划和文档编制是反复进行的持续性的过程。

规划过程完成后，需要产出一个阶段性成果，就是项目管理计划和项目文件，它将对项目的范围、时间、成本、质量、风险等各个方面做出规定。在项目过程中，经批准的变更可能从多个方面对项目管理计划和项目文件产生显著影响。项目文件的更新可使既定项目范围下的进度、成本和资源管理更加可靠。

美国斯坦迪集团（Standish Group）所做的一项调查显示，平均70%软件项目的失败主要是因为不明确的功能需求，或者说需求的不断蔓延。项目失败原因分析1如图3.9所示。

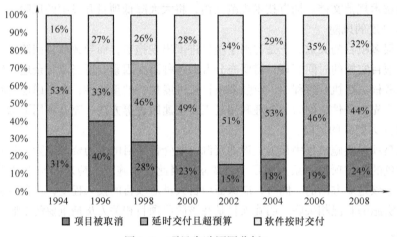

图3.9 项目失败原因分析1

在项目早期阶段做出的时间估算是相当粗糙的，通常会有±80%的错误。随着项目的进展，可以更精确地估计。一旦到设计阶段完成后，不准确概率变为±20%。项目失败原因分析2如图3.10所示。在图3.10中，新的技术或其他任何发生的未能预测的项目风险不考虑其中。

3. 项目执行

该过程完成项目管理计划中确定的工作，以实现项目的既定目标。项目执行的结果可能引发更新项目计划和重新确立基准，包括变更预期的计划时间以及考虑未曾预料到的风险。执行中的偏差可能影响项目管理计划或项目文件，需要加以仔细奉行，并制定适当的项目管理应对措施。分析的结果可能引发变更的请求，变更的请求一旦得到批准，就需要对项目管理计划或其他项目文件进行修改，甚至还要建立新的基准。

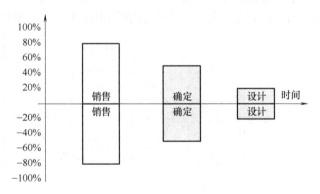

图3.10 项目失败原因分析2

4. 项目监控

该过程包含跟踪、审查和调整项目的进展，识别和确认必要的计划变更。这一过程关键作用是持续并有规律地观察和测量项目的绩效，从而识别与项目管理计划的偏差。

持续的监督可以洞察项目的健康状况，并识别需要格外注意的方面。监控过程不仅监控一个过程的工作，而且监控整个项目的工作，在多阶段项目中，监控过程要对各个项目阶段进行协调，以便采取纠正或预防措施，使项目实施符合项目管理计划。

5. 项目验收

该过程包含为完结所有项目管理过程的所有活动，以正式结束项目或阶段而实施的一个过程。当这个过程完成时，就表明为完成某一个项目或项目阶段所需的所有过程已完成，正式确认项目或项目阶段已经结束。项目验收的标准通常在项目启动时需在项目需求说明中列出，并得到客户的认可。

项目或项目阶段收尾时，通常需要做以下工作：

1）获得客户的验收。

2）进行项目后评价或阶段结束评价。

3）经验教训总结。

4）将所有相关的项目文档归档，以便作为历史数据使用。

5）培训并将项目移交给客户。

项目管理各过程之间彼此独立，界限清晰，但在实践中，它们会相互重叠和作用。项目管理中监控过程与其他所有过程相互作用，以启动过程开始项目，以收尾过程结束项目。项目监控过程如图 3.11 所示。

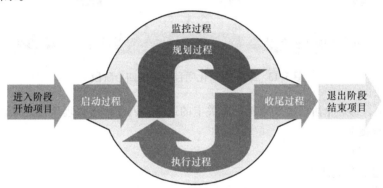

图 3.11　项目监控过程

项目管理过程分成不同的五个过程，这些过程是在整个项目期间相互重叠的，这五个过程有清晰的相互依赖关系。项目生命周期如图 3.12 所示。

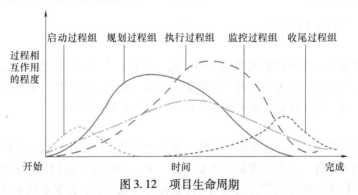

图 3.12　项目生命周期

项目可以分解成不同的阶段或子项目，如可行性研究、设计、开发、建模、测试、现场调试等，每个阶段或子项目通常都要重复所有的过程。一个项目的成功依赖于先进的创新技术和高效的项目管理。

3.4　项目管理关卡模型

关卡模型是产品开发的通用决策模型，有助于使项目状态可见，并提供相关数据作为业务决策的基础。在开发项目的整个生命周期中，通过数个定义的决策点（称为关卡 Gate 0 至 Gate *n*）可以实现这一目标。关卡（Gate）是项目中的决策点，负责项目结果的人员从业务角度评估已实现的结果，并确定是否继续该项目。继续进行的决定当然可能包括对项目的更改，例如，更改范围或计划。在每个关卡处都会举行关卡会议并讨论项目的状态以及业务机会和风险。为了使关卡会议专注于业务决策，在每次会议举行之前都应进行该关卡评估。此模型可提供关卡决策所需的信息，帮助项目经理运行项目。该模型可以成为整个项目管理活动的通用术语，并建立引用此模型部门范围内的项目指导程序。

3.4.1 装备自动化项目的阶段和关卡

典型的装备自动化项目流程分为四个阶段，分别是需求立项、项目评估、项目实施、项目移交。装备自动化项目流程的四个阶段如图 3.13 所示。

图 3.13 装备自动化项目流程的四个阶段

在图 3.13 中，每一个阶段的结束都标有关卡的通过。四个用于处理项目的默认关卡为
1）G0：需求提交。
2）G1：批准实施。
3）G2：通过了验收测试。
4）G3：完成最终移交。
通过这四个关卡即表示项目完成。

3.4.2 项目工作流程

项目工作流程如图 3.14 所示。

1. 需求立项

开发项目通常由组织中不同职能部门（如市场、销售、产品开发、服务、培训、质量管理）执行的不同并行活动组成。作为关卡模型中的第一阶段，往往是由市场、销售或者产品开发等部门给出立项决策，向实施团队请求需求提交（G0），如图 3.15 所示。

2. 等待评估

立项后，在项目评估之前，首先需要进行一系列的评估前期工作以精炼项目信息，为评估项目的可行性提供输入条件。这个阶段非常重要，很多项目习惯在实施阶段才进行项目需求分析，往往会因为前期预估不足而造成资源缺乏或者无法按时完成项目，甚至造成项目失败。通常在立项初期需要明确以下三个方面的项目信息：
1）项目关键信息。
2）项目通用信息。
3）项目组织信息。
（1）项目关键信息
关键信息列出了有关该项目的所有重要信息：
1）简介：项目的主题是什么。

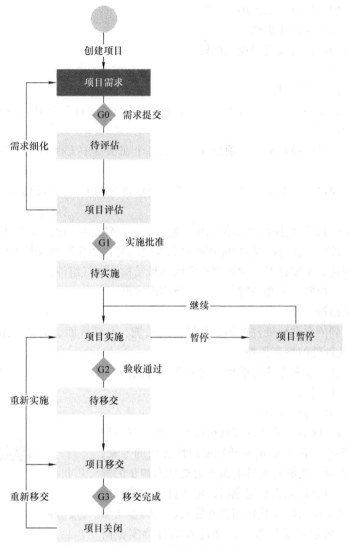

图 3.14 项目工作流程

2）项目类型：项目是哪种类型的项目。

3）开始日期：项目的开始日期。

4）截止日期：应在何时完成项目。

5）描述：项目描述。

6）原始估算：计划完成该项目需要多少时间。

7）剩余估算：原始估算还剩余多少时间。

8）附件：项目的附件。

（2）项目通用信息

通用信息中收集了有关该项目的一般信息。

1）目标：项目的总体目标。

2）已签署需求：是否有需求。

3）严格保密：项目的保密程度如何。

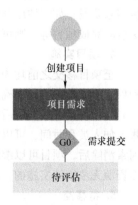

图 3.15 需求立项

4）原型正在使用：是否计划使用已有原型。

5）文档准则：文档规范和准则。

6）软件工程准则：架构及代码规范准则。

（3）项目组织信息

列出该项目所需的所有人员。

1）项目负责人：需要设置项目负责人。项目负责人拥有项目内部的所有权利。他可以在其中进行组织和对内容的读写。

2）项目成员：预计的项目成员。项目成员代表每个在项目中工作的人。项目成员能够在项目内部进行读写。

3）项目经理：项目经理是指需要获取有关项目进展情况的人，他可以协调项目各方资源。

3. 项目评估

执行团队根据前期收集精炼的项目信息作为输入，主要针对项目的技术可行性进行调研和预演，评估项目的可行性。主要针对项目的控制对象及使用的自动化产品及技术要求进行整理：

1）机器设备描述，主要针对关键控制对象的机械结构、电气组件。

2）机器的功能、控制工艺和关键技术点，及实现难度。

3）期望的性能指标。

4）项目中使用到的自动化硬件产品，包括控制系统、人机界面、运动控制、安全、机器视觉、机器人等，以及硬件的组态拓扑。

5）针对关键工艺、技术点或性能指标的研究和测试。

6）项目可能存在的风险。

7）评估者对项目的可行性意见。

在项目评估阶段，收集到的技术信息可能不完整，或者细节比较模糊。这就要求评估者是相关开发或应用方面的专家，在本行业有多年的经验，能够有足够的洞察力规划出初步的解决方案和识别风险。以上信息收集完成后，由项目经理或者项目负责人发起，相关干系人以及其他相关职能人员共同参与项目实施批准（G1）。如通过实施批准，则进入项目待实施阶段；如项目未通过实施批准，则会要求项目需求细化并返回项目需求阶段；如评估后判断缺乏资源、无法完成项目需求或无法按时完成项目等，则可取消项目。项目评估如图3.16所示。

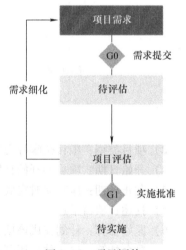

图3.16　项目评估

4. 项目实施

至项目移交之前均为项目实施阶段。由于前期对项目需求和项目组织资源均已明确，项目可按照时间计划进行实施。

如果项目开始实施后因为各种原因缺少技术数据或资源紧张，如人员和时间，可以将项目实施设置为暂停状态。当不利因素消除后，项目可以继续实施。如果发现现有产品和技术无法实现项目功能或性能指标，或缺乏资源无法继续实施的，项目可终止实施并取消。项目实施如图3.17所示。

5. 待移交

项目实施完成后都需进行项目验收（G2），项目经理需要组织项目利益相关方共同参与项目验收。通过验收的项目即被设定为待移交状态。未通过验收的项目将继续留在实施阶段。

6. 项目移交

项目验收通过后，可进行项目移交。项目移交结束后意味着项目的完成，项目移交需包含如下主要行为：

1）将开发的软件移交给项目的客户或发起者。

2）将创建的文档移交给项目的客户或发起者。

3）填写切换协议，包括未完成事项和缺料清单。

4）授权。

5）最终物料清单。

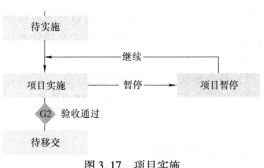

图 3.17 项目实施

如果缺少某些必要交付物，可以将项目状态重新设置为项目实施。如果移交成功（G3），则关闭项目。项目移交如图 3.18 所示。

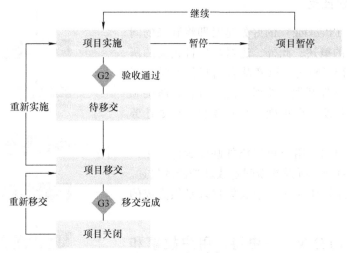

图 3.18 项目移交

7. 项目关闭

项目成功移交后，可以关闭项目。但也可以将其重新设置为移交，以防万一必须进行某些修改。项目关闭如图 3.19 所示。

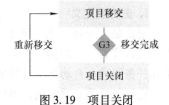

图 3.19 项目关闭

3.5 项目实施方法——看板

3.5.1 看板的定义

看板（KANBAN）是一种工作管理系统，旨在帮助管理者可视化工作，管理进行中的工作并最大程度地提高效率。看板是拉动系统，可以根据这些卡上列出的问题的当前状态在板上移动看板卡。项目负责人可以定义该状态。

总的来说看板就是一张表，其状态不同。至少包含状态"待办事项""进行中事项"和"完成事项"。根据看板的用途，状态也可以更多。看板不仅可以用于项目，还可以用于日常工作或会议中的讨论要点。总而言之，可以将看板视为特定主题的任务集合。板中的任务称为看板卡。通过处理单个任务，它们可以进入定义的状态。为此，每个状态都需要定义其状态。

例如：

1）待办事项：所有未完成的任务。

2）进行中事项：当前正在处理的任务。

3）完成事项：已完成的任务。

3.5.2 看板卡的定义

可以将看板卡（KANBAN Card）视为工作项。每个工作项一张卡。管理者为正在处理的所有事情制作卡片，并将其放置在工作流程的适当阶段。要正确使用看板卡，它们应具有有意义的标题、良好的描述和所有者。看板卡应足够小，以便在合理的时间内对其进行处理；它们不应该太大，以至于需要花费数周的时间才能完成；但是它们也不应该太小，以至于它实际上是每一个小的任务。

3.5.3 使用计划任务

使用计划任务（Backlog）的好处是对即将到来的问题进行了结构合理的概述，此外，还对与项目相关的所有计划中的问题进行了概述。这意味着所提供的结构正在支持更好地组织软件开发。总而言之，所有未解决和计划中问题的概述有助于更正确地计划项目。计划任务如图 3.20 所示。

在计划任务清单内，用户可以添加缺陷故障、用户故事或任务，以及对项目所需的新问题或新功能的描述。总而言之，可以说计划任务是一个收集将来必须完成的所有工作的池。

3.5.4 任务问题分类——史诗、用户故事和任务

1. 史诗的定义

史诗是大块的工作，可以分解成多个较小的部分。史诗应该代表一项功能或一项高级要求。史诗由用户故事和任务组成。自动化项目的史诗如图 3.21 所示。

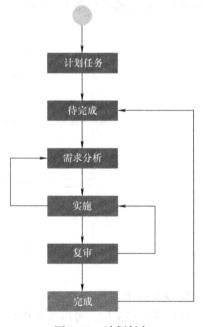

图 3.20 计划任务

史诗的目的必须明确，即应回答"什么"和"为什么"的问题。

1）要实现哪些功能？

2）为什么要实现此功能？

3）它带来什么价值？

史诗不应描述如何进行工作，史诗可以用来为利益相关者总结一个项目。因此，使用不带业务专用术语的自我解释名称非常重要。如：

1）实施配方处理。

2）操作员权限。

3）手动动作。

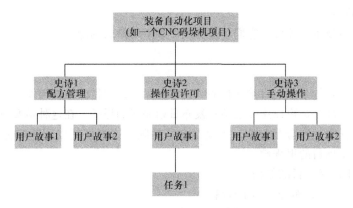

图 3.21 自动化项目的史诗

2. 用户故事

用户故事是史诗的细分部分。从最终用户的角度来看，用户故事具有明确的目标，这意味着用户故事具有附加的价值。

用户故事遵循简单的模板：

作为 < 用户类型 >，我想要 < 某个目标 >，以便 < 某个目标 >。

该模板回答以下问题：谁、什么以及为什么？

1）为谁而建？

2）目标是什么？

3）为什么这是必要的？

一旦定义了用户故事，开发人员便会完成目标。用户故事是简单语言中的几句话，概述了所需的结果。它们没有详细的要求。如：

1）作为操作员，我想要一个启动屏幕，以显示机器初始化。

2）作为操作员，我想查看重要的机器状态，以确保正确的功能。

3）作为服务技术人员，我想慢跑机器，以手动测试极限值。

假设完整应用程序是一块蛋糕，就像蛋糕一样，应用程序由几层组成：核心功能、用户界面、基础功能等。应用程序组成——蛋糕模型如图 3.22 所示。

如果逐层构建应用程序，则最终会收到最终用户值。没有用户界面，最终用户将无法欣赏核心功能。同样，没有核心功能的用户界面也会给最终用户留下空的外壳。

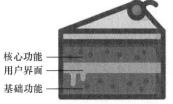

图 3.22 应用程序组成——蛋糕模型

因此，每个用户故事都应该代表一块蛋糕。根据经验，用户故事的估计工作量应少于 1 天。如果结果更大，则可以将故事分为多个故事。

3. 任务的定义

任务是属于史诗的一件作品。任务是需要完成的工作，但不会给最终用户带来价值。任务通常与用户故事关联。例如，要实现这个用户故事："作为操作员，我想读取三个月前的温度数据，以防止过热"，需要一个数据库。因此，任务可以是"建立 SQL 数据库"。

任务示例：

1）设置一个 SQL 数据库。

2）执行温度测试。

3）拍摄营销视频。

任务通常更注重技术。此外，它们不遵循用户故事的命名约定。

3.5.5 发布

发布带来的巨大好处是它们带给项目的结构。实际上，项目的结构与发行版紧密相关。这意味着项目结构的每个部分都可以用作必须在发布日期完成的任务。在这种情况下，将任务分配给发布意味着在特定任务上还分配日期，也就是最后期限。这不仅使发行版成为整个项目的发行版，而且也成为整个项目的里程碑。

1）发布有助于定义项目的结构。

2）发布是项目软件方面开发的里程碑。

3）发布标志着任务开发的截止日期。

4）如果无法正常工作，则可以返回到最新版本，然后从那里重新开始。

5）每当项目的整个工作部分都发布了一些东西，这意味着无法正常工作的东西将永远不会被释放。

6）可以使用较小且频繁的发布版本，也可以使用较大而不是频繁发布的版本。将大型发行版划分为许多小型发行版也是一种可能的方式。

7）定义发行版还意味着制定软件开发时间表。

第 4 章

装备自动化的模块化设计

复杂的自动化系统是由相互作用和相互依赖的模块组成，每个模块都具有特定的功能，它们经过有序组合、协调工作形成功能强大的系统整体。通常情况下，系统整体直接进行设计是困难的。然而，采用"分解—组合"这种"先分后合"的做法却是一种行之有效的系统设计方法，这种方法对于解决庞大而复杂的系统设计问题，具有一定的普遍意义。

"分解"是将大系统"化整为零"，分解成为若干个小系统，以便简化分析与设计，实现小系统局部最优化；"组合"则是将小系统"合零为整"，经过有序的"组装"，使之相互协调配合，实现大系统全局最优化，或者将一些通用的小系统组装成一个新的系统。不论系统是多么庞大或复杂，若分解为适当的几个部分，则系统问题将由大化小，系统设计将变得易于理解和较为简单，若再予以标准化，则会带来系统设计的高效率，并伴随系统可靠性的提升。

另一方面，不同于 20 世纪八九十年代，那时我国的情况是大量消费者的基本需求无法得到满足，解决问题的关键途径是大规模生产具有基本功能、特性的通用产品。然而，经过几十年的大规模生产、积累，目前我国消费者的基本需求已经得到满足，通用的需求已经很难吸引消费者，消费者的个性需求逐渐凸显，商家提供差异化产品的能力明显不足。商家定制化效率的提高，将会把消费升级到一个新的高度。

消费者需求的差异化带来产品设计的差异化，设计的差异化带来差异化生产与定制。个性化定制降低效率，规模生产提高效率，如何把个性化定制和大规模生产结合起来，使产品生产既有效率，也有差异化？实践表明，达到这一平衡的关键点就是商品的模块化设计。现代装备如汽车，为了大规模提供个性化产品已经采用了模块化设计、精细化生产，取得了很好的效果。这些在汽车制造业、IT 软件业广泛采用的模块化设计思想，也越来越多地被装备自动化行业所采用。

4.1 模块化设计的定义与意义

4.1.1 模块的定义

模块是构成产品的单元，它具有独立功能，具有一致的几何连接接口和一致的 I/O 接口，相同种类的模块在产品族系中可以重用和互换，相关模块的排列组合就可以形成最终的产品。

模块化的产品设计可以达到以下几个目的：

1）模块的组合配置可以创建不同需求的产品，满足客户的定制需求。

2）相似性的重用，既可以重用已有零部件和已有设计经验，也可以重用整个产品生命周期中的采购、物流、制造和服务资源。

3）减少产品工程复杂程度，这是因为模块是产品部分功能的封装，产品设计人员使用具体模块时根本不用关心内部实现，可以使研发人员更加关注顶层逻辑，提高产品工程管理质量和产品的可靠性。

技术的飞速进步，自动化设备越来越复杂，设计者必须在不断变化的环境中应付越来越复杂的工程技术问题。模块化设计可以针对一个系统的每一个功能提供不同的解决方案，这些解决方案局部是标准化的。解决方案拥有统一的对外接口，能无缝地连接周边功能模块或上下工艺环节，为客户的不同需求提供多选方案。模块化设计带来的好处从短期来看似乎并不明显，这是因为模块化设计对开发设计人员提出了更高的要求。短期为了分割系统、定义接口增加了工作量，但从长期看，模块化设计带来的好处体现在系统的整个生命周期中，模块化设计的系统具有更好的重用性、可维护性、可靠性、易检测性、易扩展性。对于系列化产品，它可以缩短设计周期，满足个性化需求，降低生产成本，更高效地完成系统设计与生产工作，加速产品更新换代的周期。

随着客户对产品个性化需求程度的增加，导致产品定制化趋势越来越明显，企业必须创建数量庞大的产品系列来满足客户不断变化的需求。

企业必须同时具备以下能力才能够应对挑战：

1）持续提高的创新能力，使产品的科技含量越来越高，以满足客户变化的需求。

2）不断缩短产品上市时间，取得竞争优势。

3）不断强化成本控制能力，通过优化产品全生命周期内的成本、研发、生产、物流、销售和服务等环节控制产品总成本，取得产品价格优势。

4）持续的质量改进能力。

由于模块化的产品设计和生产可以在保持产品较高通用性的同时提供产品的多样化配置，因此，模块化的产品设计是解决定制化和批量化矛盾的最有效办法。

模块化的产品设计有很多成功的案例：

1）日本索尼公司在20世纪80年代仅利用四个基础平台的 Walkman 产品，生产出250余种录音机随身听，它们无论在价位、功能和款式上都有很大的区别，可以满足用户的各种不同需求，但是这四个基础平台却存在着大量的重用模块。

2）德国大众汽车公司在 A4 平台上生产 Volkswagen、Skoda、SEAT、Audi 四个品牌的十余种轿车，Golf、Bora、NewBeetle 和 Audi TT 都是这个平台上的产品。这十余种轿车产品在满足不同市场需求的同时可以共享大众汽车公司整体的技术资源。

3）日本佳能公司的单镜头反光取景相机所有的镜头卡口标准是完全一致的，同时佳能公司庞大的镜头群可以覆盖各种客户需求，这使得佳能公司的产品可以满足从入门的摄影爱好者到职业级摄影家的巨大客户群的需求。

模块化是解决目前装备制造业的标准化、通用化与定制化、柔性化之间矛盾的可行和有效方案。

4.1.2 为批量定制提供实现基础

任何系统都由多个相对标准的模块加上少数专用模块组成，从一个模块集合中抽取不同的模块组成子集，就可以搭建出各种不同类型产品，满足不同客户的个性化需求。

装备设计厂商需要对装备分解成若干个功能或任务模块，针对每一个功能模块，再根据用户可能的需求设计出多个解决方案，以涵盖大多数客户的偏好、需求。此外，这些解决方案有着统一的接口和兼容性，便于组装、搭建，从而为批量化定制提供基础。

一个典型的例子如日常生活中的汽车，一个型号汽车往往有多个发动机型号，例如，1.2L

排量、1.4L 排量、1.6L 排量，但是它们与周边部件的连接是一样的。用户愿意付出金钱多少，对动力大小接受度，会做出不同的购买意向，这些意向是汽车厂商事先分析过的，能涵盖大多数购买者的诉求。

4.1.3　提升效能与降低风险

模块化设计把机器分割成多个子模块部件，每一个子模块部件是标准的、可替换的。整个产品的重复生产、销售中，成熟的模块不需要再测试，节省了设计费用以及测试带来的资金占用、材料、人工、场地、能源、管理等费用。

高成熟度、标准的部件重复使用，也避免了隐藏的产品质量风险，提高组装效率，降低组装错误，同时也避免了测试过程中可能出现的人员伤害、设备损坏风险。

另外，成熟子模块部件多次重复使用中，一些缺陷得到消除，功能得到改进和完善，提高了产品的质量稳定性，使客户更满意。

4.2　装备自动化的模块化设计

装备的模块化设计分三个方面：机械模块化、电气模块化和软件模块化，三者紧密关联，电气模块化与机械模块化进行匹配，而软件模块化与电气模块化进行匹配，共同构成了装备的模块化设计。装备模块化的三个方面如图 4.1 所示。

机械模块化需要考虑每个部件的功能、性能、材料、尺寸、相对位置、安装等。机械模块的划分结果影响各电气模块之间的接口。机械、电气模块的模块化设计影响软件的功能分布。机械、电气、软件模块化不是独立的，而是相互影响和支持的。

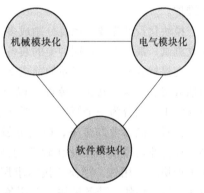

图 4.1　装备模块化的三个方面

4.2.1　需求分析及模块划分

设计一种类型自动化装备之初，需要充分收集客户需求，确定该装备的功能、特性及性能指标。在进行模块化设计时，需要考虑如何分割各个功能模块，设立功能子模块的接口。模块分解实际上就是考虑了重用和设备整个生命周期中的使用情况，对产品功能重新分配，将原有设备结构的零部件分解后重新组合的过程。对于某些功能模块，可以设计多种成本、性能各异的方案，供客户选择。

功能模块自身功能独立，具有标准连接接口和 I/O 接口。另一方面，功能模块又是整个产品的一部分，不理解模块在产品中的作用和位置，就无法定义模块。这种既强调自身功能的独立性，又强调系统结构的归属性，就是功能模块的二元性。因此，模块的划分在实际划分中可能会经历多轮的迭代才能形成满意的划分方案。

各功能模块对外的接口的标准化可以保证同一功能的不同方案可以互换。部件互换性对于用户端就是配置可选择性，是个性化和柔性化的体现。以汽车为例，汽车变速器有自动档方案，也有手动档方案，标准化接口使这些变速器与发动机、车轮之间具有统一的对外接口，便于大规模差别化组装。

4.2.2 系统分解

在需求分析之后，需要对机器系统进行分解，以进行模块化设计，即分解—实施—合成。模块化设计过程如图4.2所示。

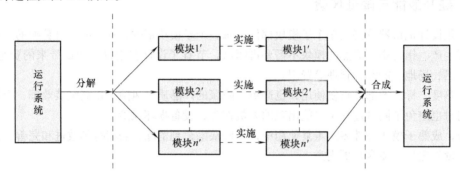

图4.2 模块化设计过程

系统分解按照高内聚、低耦合的原则进行，这源于软件模块的设计概念，但它同样适合机械、电气模块分解。经过分解的各模块接口尽可能标准、灵活，这有利于提高产品组装效率和易于维护。

模块化设计需要把系统分割成多个易于单独设计并实现的模块，对各个模块进行设计研发，独立测试，最终合成不同种类的装备，并进行系统联试。

在保持各模块内在联系的前提下，系统分解可降低系统开发的复杂性。分解系统的基本方法包括分层、分段（按工艺流程）或分割。模块化的划分方向通常与工艺流程相关，将某个相对独立的工艺划分为一个模块，这样便于按照序列进行组合。

针对不同行业的装备，模块分解的规则与方法侧重不同。在行业机型规格变化比较多的情况下，机械生产企业为了模块的通用性，把模块按需求层次或范围分类为通用模块、行业模块、装备模块，以便各类设备尽可能地共用、重用，达到规模化生产、降低成本和提高效率的目的。依据应用范围进行的模块分解如图4.3所示。

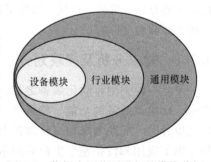

图4.3 依据应用范围进行的模块分解

具体如何对系统模块进行分割，分层分割到什么样的力度，要根据实际情况确定。比较常见的分解方法有：分块分层、面向工艺、面向功能、面向对象等。而所有这些方法都基于高内聚、低耦合的原则。依据分层进行模块分解如图4.4所示。

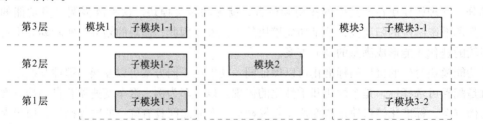

图4.4 依据分层进行模块分解

（1）高内聚

内聚是指一个模块内各个元素彼此结合的紧密程度。高内聚就是一个模块内各个元素彼此结合的紧密程度高，即高内聚模块是由相关性很强的元素组成。一个模块只负责一项任务或功能，即"单一责任原则"。

（2）低耦合

耦合是对一个结构内不同模块之间互连程度的度量。耦合性也称模块间关联性，模块之间关联越紧密，其耦合性就越强，同时，模块的独立性则越差。模块间耦合程度的高低取决于模块间接口的复杂性、相互作用的方式以及传递的信息。通常耦合性强，则接口复杂，耦合性低，则接口简洁。模块化设计追求低耦合。

低耦合系统指模块与模块之间尽可能地相互独立。也就是说，让每个模块尽可能地独立完成某个特定的子功能，模块与模块之间的接口尽量少而简单。如果某两个模块间的关系比较复杂的话，最好对之进行进一步模块划分，这样有利于系统维护和组合。

电气模块化设计时，如果采用现场总线技术，可以减少模块之间的硬接线，使模块之间的接口更简洁，从而在软件上也更容易标准化，易于组装和维护。软件模块化时，最好采用一两个结构变量传递软件模块之间的状态、指令，这样使软件看起来更清晰、易维护。在进行实际工程设计时，通常按工艺、流程的先后顺序切割模块、设计接口。

高内聚及低耦合结构如图4.5所示，它显示了高内聚和低耦合结构的关系。

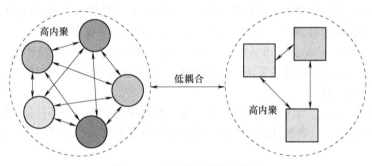

图4.5 高内聚及低耦合结构

4.2.3 模块标准化设计

自动化装备的标准化设计主要包含：模块之间接口标准化、人机界面（HMI）标准化、行业互通互联标准化、操作规程标准化。

人机界面（HMI）也是装备模块化设计对象之一。例如，某些应用场合适宜用触摸屏，但是恶劣环境下金属键更可靠。还有一些行业为了提高可操作性和可靠性，触摸屏和按键都在使用。人机界面还涉及屏幕大小、画面内容、颜色、布局、按键数量、定义、布局等。人机界面既要符合传统使用习惯，又要兼容主流设备的操作模式，符合人机工程设计理念。核心追求是可操作性，尽可能降低对操作者的要求。

某些行业有设备互通标准。例如，塑料机械行业的 EuroMap 27，电力行业的 IEC 61850，汽车行业的 CAN 总线等。如果自动化装备设计时就考虑到行业标准，装备设计、采购、生产时会有很多现成的资源可用，这将大大提高设计生产效率、节约成本、缩短产品研发和生产周期。

有些行业有一些标准化操作规程，比如 FDA/GAMP，必须遵循这些标准。例如，在制药行业，历史数据的详尽程度必须符合 GAMP 标准，要求对任何事件都有可追溯性。

模块接口标准化还可能牵涉到传感器、执行器，对于第三方配件的采购，需要慎重对待，尽量采用行业常用的标准，只有与第三方无关时，才选用本公司自己的标准，以提高性能，降低成本。模块接口标准化优点在于提高了部件的互换性，简洁、智能的接口还可以提高装配效率，便于系统维护与诊断。

模块标准化设计使很多知识、成果沉淀下来，后续可以反复使用，不同设备甚至不同企业之间都可以共享资源。比如奥迪 A4 和大众迈腾共线生产，不同子公司的车型共享部分配件。

4.2.4　定制化整合

通常生产厂提供给客户一个配置清单，其中某些功能有多个选项，客户依据需要和爱好进行选择。客户选择的过程也是需求、偏好、购买力与装备功能、特性的匹配过程。厂商根据客户选好的配置表，选择相应的标准化模块，搭积木一样把这些模块整合成一台完整的装备，它是一些功能的有机集合，这样就完成了模块整合、系统调试的全过程。

通常出现的情况是由于定制化的可能组合种类太多，厂商会精简出几个典型的组合，一般消费者只需要选择厂商推荐的几个组合而无权触及组合内选项。部分很专业的工业自动化装备，才需要消费者做一些更深入、专业的选择。

4.3　电气系统的模块化设计

电气系统的模块化设计要以产品最佳的独立功能单元和零部件对产品进行拆分，定义其特定的通用接口，使之能够充分互换、拓展，以使机电设备变成可自由拓展的、有活力的"生命体"。模块化设计是在对产品进行市场预测、功能分析的基础上，划分并设计出一系列通用的功能模块，根据用户的要求，对这些模块进行选择和组合，就可以构成不同功能，或功能相同但性能不同、规格不同的产品。

电气系统的模块化设计与工艺流程、功能分布、机械结构相关，以部件易于标准化、提高柔性组装、易于维护为目的。各模块独立性好，模块之间联系就简洁，这样升级、替换时，对其他部分影响就小。

4.3.1　电气模块化设计原则

电气模块化设计应遵循如下原则：

1）标准化、专业化、系列化、集成化。

2）满足 RAMS（可靠性（Reliability）、可用性（Availability）、可维修性（Maintainability）、安全性（Safety））设计原则。

3）符合电磁兼容性设计原则。

4）具有宽松的机械和电气接口，便于快速生产和装配。

5）具有灵活性，可选择性组合、替换和升级、维护、更换。

6）具有相对独立性、完整性。

7）具有相对通用性和互换性。

8）满足地面电气准备施工要求。

9）对于网络化的自动化系统，电气模块化尽可能用现场总线，并分设本地站，接入本地外设。

电气的模块化分解要考虑电气元件布置、布线、网络、软件、数据、人机界面等因素。模块通过电源电缆、通信总线、硬接线连接。电气模块化设计要求各部件之间尽可能减少连线，每个模块之内设一个本地控制站，模块之内的传感器、执行器都接入本地控制站。借助于总线技术的电气模块化设计如图 4.6 所示。

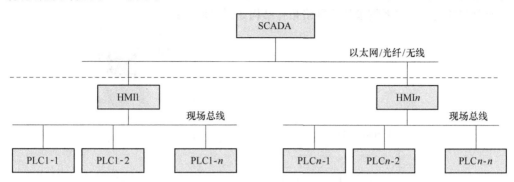

图 4.6　借助于总线技术的电气模块化设计

4.3.2　总线是模块之间的纽带

当前装备自动化采用总线已经很普遍，它有利于实现模块化设计的低耦合原则，是装备模块化的一大利器。打个比方，在一个自动化系统中，CPU 就像人的心脏，各子系统就像人体器官，现场总线就像人体里的血管和神经，进行能量输送和信息传递，将各个系统连接起来。系统模块化设计时，各子系统间的通信路径经过的节点应尽可能少，以提高通信效率、降低时间延时。

4-1. 挤塑机控制

以管材挤出生产线为例，阐述装备的自动化方案的模块化设计。管材挤出生产线电气模块如图 4.7 所示。

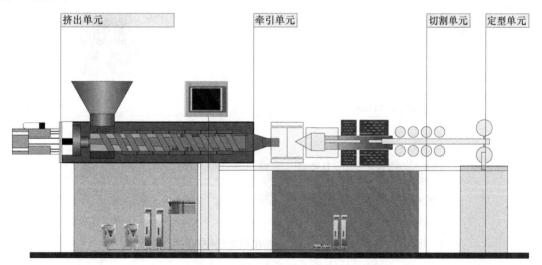

图 4.7　管材挤出生产线电气模块

从高内聚、低耦合原则看，管材挤出生产线按工艺流程方向分解为四个相对独立的部件：挤出机、定型台、牵引机、卷绕（或切割）机。

考虑到定型台内电气元件少，且与挤出机关联度很大（即有高内聚特性），比如冷却水量、真空度、入口尺寸等与挤出机密切相关，因此定型台和挤出机常常作为一个整体设计，不再分开。

进行硬件系统设计时，分别在挤出机、定型台、牵引机、卷绕机设独立的控制站，各控制站之间用现场总线连接起来，这样会使硬接线减少，降低生产成本，减少安装工作量，也更易于维护。管材挤出机电气控制系统模块化网络拓扑结构如图4.8所示。

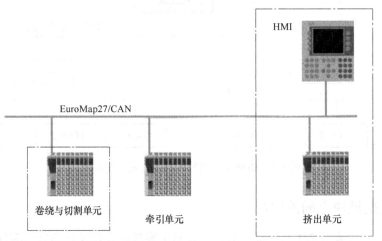

图4.8 管材挤出机电气控制系统模块化网络拓扑结构

设计方案中，卷绕机/切割机、牵引机和挤出机共用一个CPU还是各自设立独立的CPU，要根据实际情况来定。若销售整套设备，多采用一个CPU和HMI设计方案，它安装在挤出机附近，牵引机和切割机作为I/O远程站受挤出机CPU控制；若单独销售挤出机、切割机或牵引机，为了便于和第三方装备配套使用，三个装备各自都配备有CPU和HMI。各模块有独立CPU的挤出机电气控制网络拓扑结构如图4.9所示。进行系统模块化设计，共用CPU方案与每个模块各自配备CPU方案各有优缺点。单CPU方案和多CPU方案比较见表4.1。

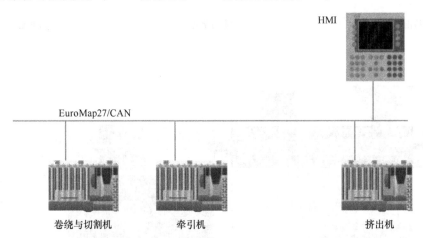

图4.9 各模块有独立CPU的挤出机电气控制网络拓扑结构

表4.1 单CPU方案和多CPU方案比较

	单CPU方案	多CPU方案
灵活性	软件设计灵活，协调速度快	用户选择具有灵活性
项目管理便利性	一个软件项目便于管理	多个软件项目增加管理复杂度
硬件价格	总体价格更为经济	总体价格高
客户采购灵活性	模块无法单独销售	各个模块可单独销售
性能	性能得到最大限度发挥	没有充分发挥CPU的性能

电气模块化设计应该遵循就地解决、减少硬接线（用现场总线代替）、减少模块间数据流量的原则。概括地讲就是一个高内聚、低耦合的模块化设计。

4.3.3　分布式控制

电气系统的模块化设计要求电气控制系统采用分布式，即模块与模块之间的连线只有现场总线、电源线的连接，而没有信号线的连接，这符合模块之间连线最少化原则。例如，对于凹版印刷机，其各个印刷单元由独立的伺服驱动进行驱动，各个驱动器之间通过高速实时以太网进行连接，其 I/O 单元也基于此分布式架构设计。凹版印刷机分布式驱动系统如图 4.10 所示。

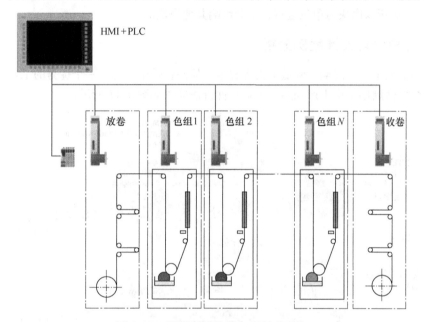

图 4.10　凹版印刷机分布式驱动系统

电气系统采用分布式布置的优点及特点在于模块接口更简洁，生产成本低，维护更容易。因为信号线就近接入，减少了线缆使用量，减少安装工时，降低出错概率。因为是总线连接，诊断更智能，维护更容易。

系统设计要求每一个模块相对独立运行，互为前提。具体地说就是每个模块检查上一道工序输入，经过内部处理，输出或控制下一道工序（即模块）。模块化设计中非常重要、必不可少的工作就是定义并规范各模块的 I/O 硬件接口、数据接口。

4.4　软件的模块化设计

装备自动化软件设计步骤：需求分析→构思设计→编码实现→软件测试→维护。规范化设计是为了使软件模块在整合、测试中有更高的兼容性，避免后期修改带来诸多不便与损失，因为后期改动的代价高昂。

软件模块化就是把程序划分为多个模块，可以单独或并行开发，每个模块都是有着明确定义的输入-输出及特性的程序实体，把这些模块汇集在一起为一个整体，可以完成指定的功能。这样设计有利于控制系统质量、有利于多人合作、有利于系统功能扩充。

软件模块化在需求分析的时候就已经着手进行，在系统总体结构设计过程中完成系统模块分解，各模块功能、接口以及互动数据应定义准确及规范，在详细设计阶段完成每个模块内部的算法和数据结构，产生描述各个模块程序过程的详细文档。软件模块化设计过程中，常用状态图方法，因为对于事件、动作，状态图可以精确描述自动化装备行为。

软件模块化设计的特点如下：

1）模块功能单一、相对独立。编写相对简单，可以独立编写调试。

2）可集体并行开发，缩短开发周期。不同的模块可以由不同的人员开发，最终合成完整的系统程序。

3）开发出的模块，可在不同的应用程序中多次使用，减少重复劳动，提高开发效率。

4）测试、更新以模块为单位进行，不会影响其他模块。

4.4.1 软件模块化设计案例分析

工业软件缩短了研发周期，降低了工程成本，软件就是生产力。一个优秀的工业软件能够贯穿机器的整个生命周期解决生产问题。工业软件价值体系如图4.11所示。

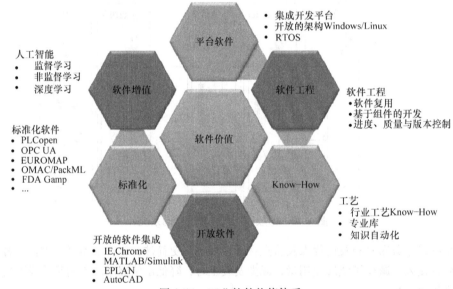

图4.11 工业软件价值体系

以贝加莱工业控制软件 Automation Studio 为例，就是一个开放的软件集成。在一个软件平台上可以完成多种任务，这为设备的研发与生产带来了简洁、高效、方便、低成本。多任务工业软件如图4.12所示。

1. 高内聚、低耦合

以管材挤出生产线为例，从功能视角，按高内聚、低耦合原则对控制软件进行模块化设计。

图4.12 多任务工业软件

（1）挤出机软件模块完成的功能

温度控制、主机控制、熔体压力、挤出机逻辑、用户管理、配方管理、趋势曲线、故障处理、EuroMap27、长度统计、屏幕校正等。

（2）牵引机软件模块完成的功能

牵引驱动控制、牵引逻辑、用户管理、故障处理、EuroMap27、长度统计、屏幕校正等。

（3）切割机软件模块完成的功能

切割驱动控制、切割逻辑、用户管理、故障处理、EuroMap27、切割统计、屏幕校正等。

对管材挤出生产线的三个子装备（挤出机/牵引机/切割机），由于用户管理、故障处理、屏幕校正的需求是一样的，因此只需要一次设计后为多模块共用。由于长度统计在牵引机和挤出机中的大部分需求一致，因此只需要综合两者需求进行一次性开发。模块化设计使得这些开发的代码实现重用，提高了开发效率。管材挤出生产线的软件模块化结构设计如图 4.13 所示，图示表明挤出机、牵引机、切割机的软件模块的结构划分与功能实现，这种设计明显提高了代码重用率。

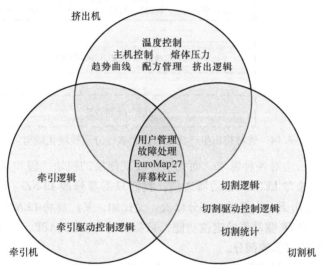

图 4.13　管材挤出生产线的软件模块化结构设计

2. 分层式设计

软件分层式结构的优势如下：

1）个体开发人员可以只关注整个结构中的某一层。

2）可以很容易地用新的实现来替换原有层次的实现。

3）可以降低层与层之间的依赖。

4）有利于标准化。

5）有利于各层逻辑的复用。

概括来说，分层式设计的目的是分散关注、松散耦合、逻辑复用、标准定义。

一个好的软件分层式结构，可以使开发人员的分工更加明确。一旦定义好各层次之间的接口，负责不同逻辑设计的开发人员就可以分散关注，齐头并进。每个开发人员的任务得到了确认，开发进度就可以迅速地提高。

如果一个系统没有分层，各个模块（子系统）的逻辑都紧紧纠缠在一起，彼此间相互依赖，谁都是不可替换的。一旦发生改变，则牵一发而动全身，对项目的影响极为严重。降低层与层间的依赖性，既可以良好地保证未来的可扩展性，在复用性上也优势明显。每个功能模块一旦定义好统一的接口，就可以被各个模块所调用，而不用为相同的功能进行重复地开发，因此松散耦合带来的好处是显著的。

以管材挤出生产线常用的主机控制为例，挤出机主机的控制软件按四层共四个模块来设计。管材挤出生产线主机控制软件分层模块化结构如图4.14所示。

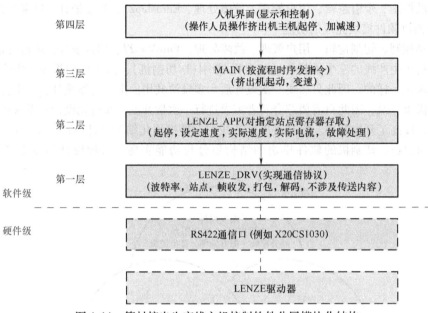

图4.14 管材挤出生产线主机控制软件分层模块化结构

分层式设计可以灵活应对各种需求，而无须修改其他层的模块。假如某厂商的挤出机不用RS422，改用CAN总线来与LENZE驱动器通信，我们只需要修改LENZE_DRV通信协议部分，无需对LENZE_APP、主画面、人机界面部分修改。又比如，某厂商将LENZE驱动器用在塑钢门窗焊接上，需要使用LENZE驱动器的定位功能，只需要对LENZE_APP、MAIN、人机界面修改，无须修改LENZE_DRV协议实现部分。

模块化软件编程的分层操作要点是，每一层直接对下一层操作，尽量避免交叉调用或越级调用，这样的软件架构更易于维护、扩展。

当然，分层式结构也不可避免具有一些缺陷：

1）降低了系统的性能。这是因为如果不采用分层式结构，很多业务可以直接访问数据库，以此获取相应的数据，如今却必须通过中间层来完成。

2）有时会导致级联的修改。这种修改尤其体现在自上而下的方向。如果在表示层中需要增加一个功能，为保证其设计符合分层式结构，可能需要在相应的业务逻辑层和数据访问层中都增加相应的代码。

4.4.2 控制软件的设计规范

好的分层式结构设计，规范化、标准化是必不可少的。只有在一定程度的标准化基础上，这个系统才是可扩展、可替换的。层与层之间的通信也必然要求接口的标准化。

1. 高质量的控制软件具备的特征

（1）易于使用

软件对于操作人员而言必须是易于操作的，无须经过复杂和长时间的培训，否则，对于用户而言则成本高，且面临巨大的试机风险。

（2）易于维护

易于维护则维护效率高，能在受限的时间内升级、修正。另外，易于维护对维护人员要求低，更多的人可以胜任，避免人员招聘难度大、人员流动的风险，此外，也可降低培训成本。

（3）易于移植

易于移植则可以最大限度利用原有成果，不需要重新设计、开发，大大降低开发成本。对平台依赖性小，可避免产品换代、供应商破产带来的风险。

2. 高质量软件实现的注意事项

（1）清晰的结构设计

任何优秀软件的基础都有一个清晰的软件架构。在初步构思阶段多花些时间，考虑周全，将有助于后续及未来机器的开发和使用，节省长期的综合开发时间和成本。

（2）良好的命名习惯

良好的变量、常量和数据类型命名是程序易读性的一个重要因素，所有的命名应是可描述的、易读的。用下划线或首字母大写词来组合名称可以加强易读性，但关键词不能作为变量或标识符。

例如，

actPressure = actForce/pistonArea；

或

act_pressure = act_force/pistonArea；

其他常用的命名习惯还有：

1）匈牙利命名法。变量前有类型前缀，例如，cMyName。

2）骆驼（驼峰）命名法。变量首字母小写，例如，myName。

3）帕斯卡（pascal）命名法。变量首字母大写，例如，MyName。

4）下划线命名法。下划线分隔，全部小写，例如，my_name。

特别需要强调的是，一个系统的各模块控制程序尽量采用统一的命名风格。此外，控制变量可以用前缀来区分作用区域，变量定义关键词见表4.2。

表4.2　变量定义关键词

变 量 类 型	全局变量	局部指针变量	硬件 I/O 变量
关 键 词	g	p	di, do, ai, ao

（3）更国际化的语言

如果客户没有给出具体语言要求，推荐使用英语编程并注释。目前绝大多数科技知识用英文写成或者有英语版本，这样可以避免以后软件的国际化问题。

（4）编程格式表达思路

程序的可视层可以准确表示程序思路、结构，可视信息能够帮助读者理解程序。

（5）合理的排版

适当的排版是程序可读性的关键因素，控制块的起始、结尾排版需要清晰可见。典型的是四个字符缩进。

括号"{"和"}"占一行，这样更清晰，例如，

If（inst. request > 0）

{

　　　Inst. ok2jump = 1；

```
        }
Else
        {
            Inst. ok2jump = 0;
        }
```

为增加可读性,除了选择操作、下标操作、函数调用、累加减外,操作符前后加上空格,例如,

xAxisPos = x0 + deltaX;

(6)清晰的结构定义

清晰的结构定义对于项目后续工作的一致性具有重要意义。软件结构定义见表 4.3。

表 4.3 软件结构定义

主结构体	二级结构体	说　　明
gXxxxxCtrl. (任务全局结构体,负责任务接口)	cmd.	命令结构体,用于接收任务的所有相关命令。任务对命令复位有三种操作 　1)不复位:例如 enable 命令,需要发送命令的任务复位,可以配合后缀 Enable 或 Jog(点动使能命令)。 　2)确认调用后马上复位。通过状态变量告知其他任务。 　3)等该命令相关操作结束后复位。不需要状态变量即可判断该命令是否完成。可以配合后缀 Process(过程命令)
	rcpPara.	配方参数,通常是调用命令所需要的各种参数。需要多组多结构配方功能块,多组保存
	monitor.	监控数据,包括各种 state(主要 switch 语句当前状态),status(主要函数执行状态),以及其他输出数据
	alarm.	任务的报警,包括报警号、报警信息

以印刷机中张力轴控制实例描述规范的定义方法,印刷机控制对象定义见表 4.4。

表 4.4 印刷机控制对象定义

主结构体	二级结构体	三级成员	说　　明
gTensionCtrl.	cmd.	cmdErrorAck	错误确认命令
		cmdSyncStartCam	起动同步命令
		cmdSyncStopCam	停止同步命令
		cmdSyncPidEnable	起动 PID 命令
		cmdStartCycSpeed	起动循环模式速度
	rcpPara.	pidKp	张力 PID 控制器的比例
		pidTi	张力 PID 控制器的积分
		pidSetValue	张力 PID 控制器的设定值
	monitor.	camStatus	凸轮状态,表示同时阶段
		controllerStatus	控制器运行状态
		moveMode	运动模式,速度型/位置型
		vPidOut	张力 PID 控制器的结果
		init	初始化状态,完成与否
	alarm.	errorNr	张力控制器的运行故障号
		errorInfo	对应故障号的故障信息

4.4.3　模块测试与整合

一旦编码完成，开发人员总是会迫切希望进行软件的集成工作，这样好似实际的系统开始启动工作了。在实践中，这样一种开发步骤常常会导致将大量的时间花费在跟踪那些包含在独立模块里的错误上，这会导致在软件集成为一个系统时增加额外的工期，而且当这个系统投入使用时也无法确保它能够可靠运行。

所以说，未经过测试的软件模块组成的系统能够正常工作的可能性是很小的，更多的情况是充满了各式各样的错误。

软件模块在测试前要做工态审查，主要看架构是否简洁、易于维护、易于移植，数据流向是否完整、有效，是否遵循规定编程规范。特别是对于编程规范，牵涉到变量名称定义规则、注释的完整性、必要性，画面设计元素的布局、分页是否合理。若不进行充分的软件模块测试，模块中可能会遗留错误，这些错误还会互相影响。当后期这些错误暴露出来的时候将会难于调试，必将大幅度提高后期测试和维护成本，也降低了产品的竞争力。可以说，进行充分的单元测试，是提高软件质量、降低开发成本的必由之路。

任何一个测试，都需要设计测试计划，准备测试文档，详细记录测试过程，检查测试完后，提出修改、优化建议，给出总体评价。

在实践工作中，一旦完成了模块测试工作，很多错误将被纠正，在确信各个模块稳定可靠的情况下，系统集成过程将会大大地简化，开发人员能将精力集中在单元之间的交互作用和全局的功能实现上，而不是陷入充满很多错误的单元之中不能自拔，从而进行更高效的系统集成工作。最终，系统中的各个模块经过测试通过后整合集成为完整的系统软件，完整计划下的模块测试是对时间更高效的利用。

1. 模块测试

软件测试对软件质量来说极其重要，它可以确保程序的功能、性能与具体要求一致。测试分单元测试、综合测试、系统测试、使用性测试。

单元测试（模块测试）的目的是测试各个独立模块是否达到要求所述的功能和性能，在这个测试步骤中发现编码和详细设计的错误。错误发现得越晚，修改它所需的费用就越高，因此从经济角度来看，应该尽可能早地查找和修改错误，单元测试是一个在早期发现错误的机会。

相比后阶段的测试，单元测试的创建更简单，维护更容易，并且可以更方便地进行重复。从全程的费用来考虑，相比起那些复杂且旷日持久的集成测试，或是不稳定的软件系统来说，单元测试所需的费用是很低的。这好比要清洗一台已经完全装配好的食物加工机器，无论你喷了多少水和清洁剂，一些食物的小碎片还是会粘在机器的死角位置，只有任其腐烂并等待以后再想办法。但如果这台机器是拆开的，这些死角也许就不存在或者更容易清洁到，每一部分都可以毫不费力地进行清洗。

单元测试的基本内容涉及模块接口测试、局部数据结构测试、路径测试、错误处理测试、边界测试等。

综合测试是将各个软件模块组装起来作为一个整体来测试，对与设计相关的软件结构体系的构造进行测试，检查它们是否能一起正常工作。

系统测试是已经经过确认的软件纳入实际运行环境中，与其他系统成分组合在一起放在装备上运行时测试，测试系统整体性能是否符合具体设计要求。

使用性测试是测试已编程的机器和设备在使用时是否容易控制，主要考核人机界面的可操作性。

2. 模块整合

在自动化领域中，通常用状态图来描述机器或装备，状态图也是一种与客户讨论机器逻辑的方法。一个装备是多个模块的集合，模块整合在一起才是一台完整的装备。

模块整合后，要测试各种事件对状态切换的准确性，确保没有故障状态发生，也不能出现切换到非目标状态。整合后的辅助代码也很重要，其质量好坏影响系统的稳定性。

整合测试中往往会发现原来设计错误或不足的地方，需要加以更改或完善，而且往往要返回到独立测试环境中完善，然后再回到整合测试中来，这样的反复可能有多次。

4.5　模块化设计案例分析

自动控制系统采用模块化设计以后，大大提高后续生产、维护的互换性。下面是某公司多台设备一起模块化的例子。

塑料管材具有抗腐蚀、抗酸碱、成本低、耐用、质量轻、绝缘好、容易加工等优点。在很多领域逐渐代替金属管材，得到广泛应用，比如家庭用自来水、污水管道。

挤出机生产线如图 4.15 所示。这条生产线涉及挤出机、牵引机、锯切机、卷绕机，共四个机型，将石油的衍生物塑料粒子加工成塑料管材。

4-2. 模块化设计系列机器设备

图 4.15　挤出机生产线

塑料管材挤出机整线的工艺流程如图 4.16 所示：塑料粒子经过加热、螺杆剪切，变成熔融态；然后被挤出，经过模具成型成管材；再经过冷却、真空定型；最后切割成容易运输的一根根塑料管材，或者卷绕（卷材较细软时）成一卷卷塑料管材。这些管材运往各地作为家庭用水管、工业用气体管道、油管等。

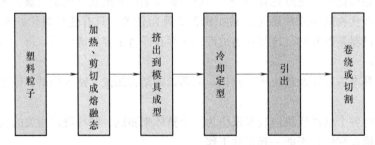

图 4.16　塑料管材挤出机整线的工艺流程

为了减少备件种类，限定了一些硬件，使四个机型之间有不少硬件具有互换性。比如 HMI 尺寸、触摸还是按键操作、CPU 型号、I/O 扩展总线、与第三方装备接口、I/O 系列、程序卡容量、编程软件版本与补丁版本、操作系统版本等。

4.5.1 电气组件模块化

机器配置选型见表4.5（硬件型号以贝加莱 PLC 模块为例）。

表4.5 机器配置选型

软硬件类别	硬件型号与软件版本	锯切机	卷绕机	牵引机	挤出机
HMI & CPU	4PP045.0571-042	×	×		
	4PP320.1043-75 + X20CP1484			×	
	4PP420.1043-75				×
I/O 总线	X2X（X20BT9100 + X20BR9300）	×	×		×
	Powerlink（X20BC0083）			×	
第三方接口	CAN（X20BC0073）	×	×	×	×
	PROFIBUS DP（X20BC0063）	×	×	×	
I/O 系列	X20	×	×	×	×
CF 卡	5CFCRD.1024-06	×	×	×	×
编程软件版本	Automation Studio V3.0.90.00 + SP18	×	×	×	×
操作系统版本	Automation Runtime V4.01	×	×	×	×

注：×代表选中这个选项。

4.5.2 软件功能模块化

这四个机型的系统软件进行了模块化设计，通用模块，如 TCP/IP、配方、校屏；行业模块，如温区控制、变频器驱动程序；机型特有模块，如熔体压力控制。

不同的机型有不同的软件模块组织形式，部分模块代码得以重用，减少了开发量，缩短了开发时间。

软件模块选择表见表4.6。

表4.6 软件模块选择表

模块名称	切割机	卷绕机	牵引机	挤出机
称重模块				×
温度 PID 控制模块				×
配方管理模块				×
EuroMap27 模块	×	×	×	×
校屏程序模块	×	×	×	×
用户管理模块	×	×	×	×
变频器驱动模块	×		×	×
力矩驱动模块		×		
趋势模块	×	×		×
报警处理	×	×	×	×
各自工艺模块	×	×	×	×

注：×代表选中这个选项。

模块化设计中，高内聚和低耦合通常是相互矛盾的。粒度越粗的系统，其模块之间耦合性越低，粒度越细的系统，其模块内聚性越高。过度低耦合的系统，模块内部不可能高内聚，而过度高内聚的模块之间必然是高度依赖的，如何平衡高内聚和低耦合，这考验系统架构师的水平。

如何在自动化控制方案中体现模块化设计理念，这要求设计者对装备需求很熟悉，对设计手段,可采用的技术很熟悉,这需要一个实践过程、积累过程。

对于新设计者来说,首要的是坚持模块化设计理念。对于已经做过模块化设计的设计者,则要尝试各种新技术、新方法、新产品来加强模块化特性。

最后要强调的是,装备自动化必须要模块化设计,但不要追求极致,恰到好处最重要,模块化设计是方法而不是目的,大规模柔性定制个性化产品才是目的。

4.6　mapp 组件技术

随着自动化技术的发展,越来越多的机器工艺正以软件形式实现,程序员不得不编写日益复杂的软件。发展至今,软件工作量已经占到新开发机器的约50%。在一台机器的整个生命周期中,约70%的软件成本用在维护方面。

mapp 组件技术,将模块化提升至一个全新的境界。各个 mapp 组件之间的智能化连接,使设计者能驾驭越来越复杂的智能装备,也节约软件工程师的开发时间。

通常的功能块和专用模块可以使编写应用软件变得容易,但随着工业自动化技术需求的发展,软件设计者越来越力不从心,需要更强大的模块化软件开发技术,这也是推出 mapp 组件技术的原因。

4.6.1　mapp 开发步骤

基于 mapp 组件技术的项目开发只有两步:
- 配置功能。
- 调用基本功能块。

项目开发第一步(配置功能)如图 4.17 所示,项目开发第二步(调用基本功能块)如图 4.18 所示。

mapp 技术让软件开发人员能够基于配置,从而减少编程。配置的工作越多,则编程的工作量越少。这得益于 mapp 技术的模型和前期规划已经充分考虑了各种未来应用的场景。

图 4.17　项目开发第一步(配置功能)

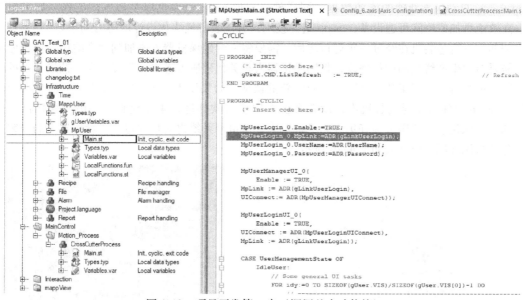

图 4.18　项目开发第二步（调用基本功能块）

4.6.2　mapp 为设计方案升级提供便捷

mapp 技术的一个重要特点是 mapp link，它是基于客户端/服务器模型相互交换数据的。每个 mapp 组件提供按需查询的数据，也就是模块参数或属性。

例如，当给一台运动控制设备添加能源管理系统时，只需要将 mapp energy 组件添加到应用程序中，它就会从运动组件中检索它所需要的能源数据。如果后续由于升级，又添加一个新的运动轴，或者一个多轴 CNC 机器，mapp energy 就会自动包含新轴的能源数据。这使得各种不同机型和选项的设计变得难以置信的容易和便捷。添加 mapp energy 组件如图 4.19 所示。

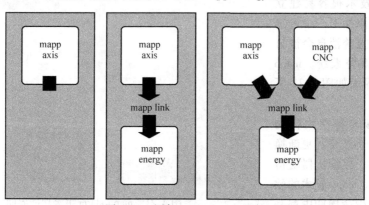

图 4.19　添加 mapp energy 组件

另外，mapp energy 会根据用户偏好准备能源数据。提供的图形编辑器允许用户创建自定义报表，进行动态分析。例如，可以确定不同批次的各个产品与能源数据之间的关系用以优化生产。

过去，对一台设备的能源管理方案进行编程，需要花费数周时间和数千行代码。每个轴与能源管理系统之间的接口都必须单独编程。而今，通过使用 mapp 组件技术，剔除了这类粘合代码。据独立的 LIAM 研究所的基准研究表明，mapp 能够将源代码数量减少83%。

采用 mapp 组件技术的机器设计扩展潜力更大。如果需要添加新的轴，mapp link 可以确保

mapp energy 自动包含新轴的能源数据，同样地，其他 mapp 组件也以类似方式工作。如果想快速、高效地添加或删除可选设备，mapp 组件技术是智能装备模块化设计的得力助手。

例如，一台包装机在经过一年运行之后，需要将一台码垛机器人添加到生产线中。传统做法是，需要对原生产线代码进行修改，将码垛机器人相关代码嵌入进去。需要对原工艺进行新的测试，以验证是否改变了工艺，甚至需要获取新的认证。如果使用 mapp 组件技术，只需要将码垛机器人 mapp 组件添加到包装机中，没有必要对原机器软件进行重新编程。凭借码垛机器人的 mapp link，原包装机代码可很好集成码垛机器人，总报警系统也会自动包含码垛机器人的报警数据。包装机添加码垛机器人如图 4.20 所示。

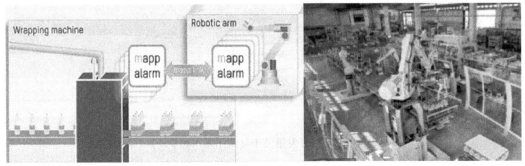

图 4.20 包装机添加码垛机器人

一方面，mapp 组件模型使码垛机器人有自己的报警系统；另一方面，它的数据也可以提供给包装机上的报警系统。即使首次安装包装机没有规划码垛机器人，在后续升级改造中，包装机也能够读取码垛机器人相关信息，并对此做出响应。

mapp alarm 提供各种报警功能，有助于最大限度地减少停机。例如，其中一个功能是如果报警，它能够使机器自动发送一个短信通知。如果收信人未能在规定时间内响应，该通知就会被转发给另一个人。收信人列表可以自由定义，甚至临时修改。

采用 mapp 技术很容易建立报警系统。如果添加了一个可选设备，则该设备报警消息会被自动并入现有的报警系统。mapp alarm 报警功能界面如图 4.21 所示。

致力于机械装备模块化的 mapp 组件技术，为装备的更新换代提供设计利器。尽管机器变得日益复杂，但是，mapp 技术的软件在装备的整个生命周期中都是易于管理的。

图 4.21 mapp alarm 报警功能界面

mapp 技术以两种不同的方式降低软件维护成本。首先，mapp 组件本身可以简化整个机器软件，并使代码更容易理解；其次，由于代码库缩小了83%，因此更容易找到错误。更重要的是，新的 mapp 组件不断被添加并无缝集成到现有系统中，mapp 技术供应商对每一个 mapp 组件提供广泛测试和持续维护的支持，确保 mapp 组件的兼容性和稳定性。

第 5 章
机电一体化系统硬件的精准配置

5.1 机电一体化系统的配置准则

进行机电一体化系统的硬件配置时，需要考虑系统的目的性、先进性、可扩展性和经济性。硬件的精准配置能够在满足系统性能要求的情况下，使系统的响应快速、结构简单和成本降低。

机电一体化系统硬件配置的重点在于传动系统的合理配置。这个系统主要包括控制器、驱动器、传感器、电动机以及变速装置。只有这些子系统得以合理、和谐、精准的配置，传动系统才能表现出优异的性能价格比。数字化印刷机就是典型的高度集成的机电一体化系统。

5-1. 塑料机械硬件配置

HP Indigo 20000 数字化印刷机如图 5.1 所示。

图 5.1   HP Indigo 20000 数字化印刷机

机电一体化系统的硬件配置不仅取决于负载的参数，也取决于驱动机制。常见的传动方式有带传动、滑轮传动、轮转式传动、齿形带轴传动、滚珠丝杠式传动等。系统硬件配置同时也取决于运动曲线以及与运动周期有关的动态指标。传动系统硬件配置元素如图 5.2 所示。

机电一体化系统硬件精准配置成功的标志为系统性能达到：①高精度；②优良的动态性能；③良好的稳定性。

在传动系统硬件配置中，电动机、变速器和负载之间的合理配置最为重要。因此，有必要着重讨论两个重要的匹配参数：①最佳传动比；②负载和电动机的最佳惯量匹配。

5.1.1 最佳传动比

传动系统的一般描述如图 5.3 所示。

图中，J_m、J_L 分别为电动机和负载的转动惯量，θ_m、θ_L 分别为电动机和负载的位置角度，i

图5.2 传动系统硬件配置元素

系统校核

驱动机制

运动曲线/周期

制动电阻/电容模块

变速器

电源

功率变换器

电动机

为变速器系统的总传动比，T_{LF} 为负载摩擦转矩。将变速器的转动惯量合并在电动机的转动惯量中，即 J_m 实际上是电动机转动惯量和减速器转动惯量之和。

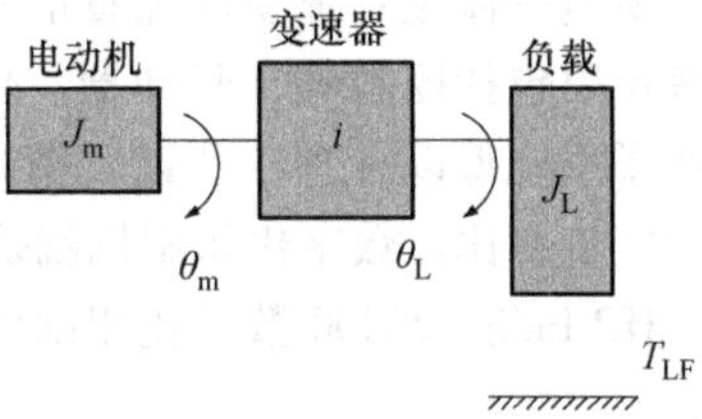

将负载端的转动惯量折算到电动机轴端，忽略联轴器的转动惯量和变速器传动效率，运动方程为

$$T_m - \frac{T_{LF}}{i} = \left(J_m + \frac{J_L}{i^2} \right) \frac{d^2\theta_m}{d^2 t} \tag{5.1}$$

图5.3 传动系统的一般描述

电动机 J_m　变速器 i　负载 J_L　θ_m　θ_L　T_{LF}

或将负载端的位置角折算到电动机轴端，运动方程为

$$T_m - \frac{T_{LF}}{i} = \left(J_m + \frac{J_L}{i^2} \right) i \frac{d^2\theta_L}{d^2 t} \tag{5.2}$$

式中，T_m 为电动机的输出转矩。

如果式（5.1）、式（5.2）中由转动惯量 J_m、J_L 导致的转矩分别以电动机和负载的角速度 ω_m 和 ω_L 来表述，则

$$T_m - \frac{T_{LF}}{i} = \left(J_m + \frac{J_L}{i^2} \right) \frac{d\omega_m}{dt} \tag{5.3}$$

或

$$T_m - \frac{T_{LF}}{i} = \left(J_m + \frac{J_L}{i^2} \right) i \frac{d\omega_L}{dt} \tag{5.4}$$

最佳传动比的计算如下：

根据角加速度最大原则，令 $\dfrac{\partial(d\omega_L/dt)}{\partial i} = 0$，则

$$i = \frac{T_{LF}}{T_m} + \sqrt{ \left(\frac{T_{LF}}{T_m} \right)^2 + \frac{J_L}{J_m} } \tag{5.5}$$

若忽略负载的摩擦力矩，则

$$i = \sqrt{\frac{J_L}{J_m}} \tag{5.6}$$

5.1.2　最佳惯量匹配

功率变化率标志着功率转换的快速性。达到功率变化率最大值的惯量匹配就是最佳惯量匹配。在忽略负载转矩的条件下，负载的加速转矩为

$$T_{\mathrm{L}} = J_{\mathrm{L}} \frac{\mathrm{d}\omega_{\mathrm{L}}}{\mathrm{d}t} = \frac{iT_{\mathrm{m}}J_{L}}{i^{2}J_{\mathrm{m}} + J_{L}} \tag{5.7}$$

负载的功率变化率可表示为

$$\frac{\mathrm{d}P_{\mathrm{L}}}{\mathrm{d}t} = T_{\mathrm{L}}^{2}/J_{\mathrm{L}} = \frac{i^{2}T_{\mathrm{m}}^{2}J_{L}}{(i^{2}J_{\mathrm{m}} + J_{L})^{2}} \tag{5.8}$$

令 $\dfrac{\partial\,(\mathrm{d}P_{\mathrm{L}}/\mathrm{d}t)}{\partial\,J_{L}} = 0$，则

$$J_{\mathrm{L}} = i^{2}T_{\mathrm{m}} \tag{5.9}$$

式（5.9）可以转化为

$$J_{\mathrm{L}} = kJ_{\mathrm{m}}^{*} \tag{5.10}$$

电动机与负载的惯量匹配原则可以总结如下：

1）对于动态跟踪性能较好的伺服系统，$k = 0.8 \sim 1.2$。

2）对于普通的动态跟踪系统，$k = 0.8 \sim 4.0$。

3）对于无动态跟踪要求的系统，$k < 20$。

在电动机和减速器的选型中，各自的转矩-转速曲线的负载区域界定以及工作点的配合是关键点。电动机的转矩-转速曲线以及负载区如图 5.4 所示。

电动机工作区的选取取决于电动机的工况，即电动机的工作制，其分类如下：

1）连续工作制（S1）。在无规定期限的长时间内是恒定负载的工作制。在恒定负载下连续运行达到热稳定状态。

2）短时工作制（S2）。在恒定负载下按指定的时间运行，在未达到热稳定前即停机和断能，停机断能时间足以使电动机或冷却器冷却到与最终冷却介质温度之差在 2K 以内。

3）断续周期工作制（S3）。按一系列相同的工作周期运行，每一周期由一段恒定负载运行时间和一段停机并断

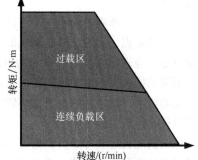

图 5.4　电动机的转矩-转速
曲线的负载区域

能时间所组成。但在每一周期内运行时间较短，不足以使电动机达到热稳定，且每一周期的起动电流对温升无明显的影响。

4）包括起动的断续周期工作制（S4）。按一系列相同的工作周期运行，每一周期由一段起动时间、一段恒定负载运行时间和一段停机并断能时间所组成。但在每一周期内起动和运行时间较短，均不足以使电动机达到热稳定。

5）包括电制动的断续周期工作制（S5）。按一系列相同的工作周期运行，每一周期由一段起动时间、一段恒定负载运行时间、一段快速电制动时间和一段停机并断能时间组成。但在每一周期内起动、运行和制动时间较短，均不足以使电动机达到热稳定。

电动机工作区域选定的基本原则为周期性工作时间越短的工况，允许的过载度越高。连续工作制不允许在过载区工作。

减速器的转矩-转速曲线以及负载区如图 5.5 所示。

其工作区域的定义与电动机的相似。值得注意的是，在疲劳强度区只允许短时工作，而且不能延伸太深。

什么是传动系统最佳的硬件匹配方案？常见的情况是系统设计者配置过分保守或凭借经验类比，没有进行精准计算，造成系统配置的资源浪费。最佳的系统硬件匹配方案应该是在满足用户需求的同时，系统配置将器件的余量压缩到最窄，尽可能节省成本，也就是不浪费系统资源，做到不是"as good as possible"，而是"as good as needed"，这样的系统才能拥有最佳的性价比。

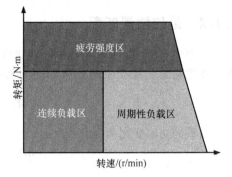

图 5.5　减速器的转矩-转速
曲线以及负载区

用户的需求主要归结为三个重要负载参数：负载转矩、转速、角加速度。额定负载转矩反映了负载稳态的需求指标；负载转矩和转速统筹考虑反映了负载功率的需求指标；角加速度反映了负载动态的需求指标。满足这些负载需求，选择最佳电动机和减速器的指标配比，采用的方法是由需求倒推。

传动比与在电动机和负载之间的转动惯量的确定以及匹配实际上是一个相辅相成的关系。比如先根据负载和可用电动机的额定转速数据确定传动比，继而匹配靠近最佳转动惯量的电动机。然后从减速器的可获取资源中选取接近的产品，通过循环式的微调再修正减速器和电动机的选取。例如，有了负载需求的转速，但市场上提供的可选电动机没有适宜用的，那就要先确定电动机的转速，然后选择适宜传动比的变速器，电动机的输出转速通过最优传动比的变速器满足负载转速需求。

电动机配置原则之一是电动机的输出转矩满足负载转矩需求，同时，电动机能够尽可能工作在设计的额定点，因为这时电动机的效率最高，系统的性价比也会最佳。在满足要求的前提下，电动机尽可能选择细长型，使电动机的转动惯量尽可能地小，则系统的动态性能好。实际应用中，不同的机械对于电动机转动惯量的匹配要求是不同的。例如，电动注塑机的电动机由于高动态性能的要求，通常选取尽可能小转动惯量的电动机；而对于六关节机器人所用的电动机，其转动惯量通常是较大的。

电动机配置还要考虑负载的工作时长。若是负载起动频繁或长期工作，则电动机配置尽可能接近额定转矩和额定转速；若负载是短时工作，例如，工作时长在 1min 之内，可利用电动机允许短时过载 1.5 倍进行配置，这样就充分利用了电动机资源。

有时用户对电动机及变速器的体积、重量有限制要求，在满足用户的一些特殊要求时，可能会牺牲其他性能参数或改变配置参数。例如，限制了电动机体积，又要保证能够输出满足要求的转矩，只有提高电动机转速，相应传动比要增大，大传动比可导致负载端的动态性能变差。为了保障动态性能指标，负载会要求电动机的转动惯量更小，这要求电动机配置为更加细长型以减小转动惯量。厂商为了达到这一目的，通常会在转子轴向对称开孔，甚至于采用空心杯电动机。

传动系统的硬件配置往往不会一蹴而成，它往往需要考虑多种因素，权衡利弊，才能够在满足性能要求的同时做到经济、高效。

5.2　机电一体化硬件选型设计

从构成要素来看，机电一体化系统由机械系统、信息处理系统、动力系统，传感检测系统、执行元件系统、控制系统等子系统组成。机电一体化设计的目的是使系统功能多样、效率高、能耗低、精度高、安全性高、可靠性高、省料，且结构向轻、薄、短、巧方向发展。

　　SERVOsoft 是加拿大 ControlEng 公司开发的驱动系统设计工具，它与贝加莱公司的 Automation Studio 集成，是参与伺服系统设计工作的机械、电气工程师不可缺少的设计与选型工具。用户可以借助于这个工具进行伺服系统优化配置，达到驱动系统硬件与负载的完美匹配，满足个性化的设计需求，降低能耗，降低系统成本。

5-2. 运动控制应用

5-3. 饮料包装全自动生产线

5-4. 包装生产线

　　SERVOsoft 不仅可以针对单轴电动机和逆变器选型，还能对多轴伺服系统的所有部件进行选型，选型部件多达 14 种机构，涉及旋转电动机、直线电动机、齿轮减速电动机、变速器、联轴器、驱动器、逆变器、馈电模块、电容模块、泄放电模块和最多 40 个共直流母线运动轴的造型配置，适用于基于伺服系统的机器设备、机器人、机械中心、自动控制系统。开发者可以借助于这个工具选择最优的伺服驱动器、电动机和减速器的匹配方案，节省选型时间，降低能耗，并满足用户个性化需求。

　　机电一体化系统的硬件选型设计主要涉及如下三个方面：

　　1）旋转电动机，直线电动机，齿轮减速电动机，齿轮箱，联轴器，驱动器，逆变器，馈电模块。

　　2）母线辅助元件，例如，电容和泄放电模块。

　　3）供电电缆、断路器等。

　　值得注意的是，进行驱动机构选型设计时要确保满足系统的动态需求，确保驱动机构的出力在规定的范围之内。

5.2.1　系统选型流程及注意事项

　　系统硬件选型分为以下九个步骤。

1. 驱动机构

　　明确驱动机构全部组件的设计细节，例如，惯量、效率、转矩、结构尺寸等。

2. 运动曲线、规律及载荷谱

　　依据系统应用的类型，确定其运动曲线、规律及载荷谱。对于取放的应用，例如，龙门机器人，移动时间、峰值速度、加速度和减速度是关键需求指标；对于连续运行的应用，例如，造纸机中的放料辊，速度是唯一的关键需求。

　　确定运动轨迹和规律考虑的因素有：距离、速度、加速度、减速度、加速度的变化率、停顿、有效载荷及加速、匀速、减速时的推力和停顿。

3. 减速器

　　减速器的选择通常是一个反复权衡的设计过程，要综合考虑负载需求的输出转矩、速度及电动机的输出转矩、速度限制，在它们之间取得平衡。

　　减速器选型考虑的因素有：减速器类型、减速器效率、最大输出转矩、最大输入速度、负载的转速范围、负载需求的转矩区间、负载工况、制动力矩、载荷方向（单向或双向）、起动的频繁度、减速器安装方式、传动比、输出轴/输入轴径向力及轴向力、输出轴形式（实心平键、空心平键、空心轴紧缩盘、空心轴花键、实心轴加强），如果减速器和电动机直连，要考虑电动机与减速器接口，要确保电动机轴端与减速器输入接口匹配。

减速器通常是按照恒转矩和非频繁起动工况设计的，若是应用于频繁起动的系统，就必须考虑使用工况的加权系数，这个系数与起动频率、负载的变化次数、惯性加速系数、每日运行时间有关。选型时，减速器的许用输出转矩应该大于或等于计算转矩。

4. 驱动电动机

驱动电动机的选型要考虑的因素有：电动机类型、电动机特性、运动方式、最大输出转矩、最大速度、过载倍数、额定转矩、额定转速、额定电压、额定电流、额定频率、功率因数、输出功率、电动机效率、控制方式、精度要求、绝缘强度、最高允许温升、转动惯量、惯量匹配、环境因素引起的降额（环境温度、海拔、电压等）、联轴器、电动机轴端与减速器的匹配、安装形式、防护等级、冷却方式、温度保护方式、轴键的类型及动平衡、编码器、线盒位置及出线口方向、重量及体积的限制、防振动防噪声措施、电动机风扇的参数、轴向力、径向力等。

5. 驱动器

驱动器的选型需根据逆变器、内部制动电阻以及多轴共母线电源来选择。对于多轴共母线的配置，母线电源的只能在所有轴都加入模型后再计算。在进行驱动器配置时，要确保以下四个参数满足系统应用需求：

1）逆变器：满足驱动电动机的持续和峰值电流的需求。

2）制动电阻：满足持续和峰值功率、能量消耗（散热）的需求。

3）母线电源：满足输出持续和峰值电能的需求。

4）降额：考虑环境因素（温度、海拔等）引起的降额。

6. 供电系统

供电系统的选择要计算母线功率与制动电阻功率需求，对于多轴共母线系统，母线电源的功率要能够满足所有轴的持续输出功率和峰值功率应用需求，设计时还要考虑环境因素引起的降额。

7. 外部制动电阻

如果驱动器及馈电电源没有配置内部制动电阻，或其内部制动电阻不能满足制动需求，则需添加外部制动电阻。制动电阻的配置要满足制动性能及制动时间的需求。

8. 外部电容模块

使用外部电容模块增加系统母线电容可以减少母线和制动电阻的功率要求，提高系统效率。值得注意的是，受供电模块允许的最大浪涌电流的限制，连接到母线上的电容容量是受限的。

9. 电缆、滤波器和熔断器

电缆、滤波器和熔断器的选型与电源的额定值及峰值相关。

5.2.2 驱动机构的转动惯量

转动惯量是对刚体绕轴转动时惯性的量度，转动惯量只决定于刚体的形状、质量分布和转轴的位置，而与刚体绕轴的转动状态无关。借助于转动惯量，可以建立描述角动量、角速度、力矩和角加速度之间关系的动力学方程。

进行机电一体化系统硬件的选型设计，首先就应该分析并计算驱动机构各个部件及负载的转动惯量。

SERVOsoft选型工具支持14种不同驱动机构的惯量计算，设计人员只需要填入驱动机构的结构尺寸和材料参数，SERVOsoft 选型工具就能自动演算出整个驱动机构的转动惯量。

1. 转盘

转盘是驱动系统中最简单的负载机构。通常情况下，除了转盘本身，会有附加的偏心负载存在，由此产生的额外负载转矩取决于倾斜角和负载的旋转角度。而旋转角会决定了该转矩产生加速效果还是减速效果。在电动机转速不变的情况下，这个偏心负载会造成额外的正弦周期性转矩。转盘与负载如图 5.6 所示。

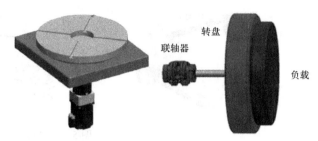

图 5.6　转盘与负载

转盘负载常见于金属加工、印刷机械、包装机械行业的转台、搬运机械、机器人等应用领域。

转盘质量与旋转角度示意图如图 5.7 所示，不平衡旋转转盘受力如图 5.8 所示。

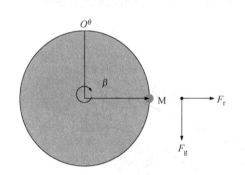

图 5.7　转盘质量与旋转角度示意图

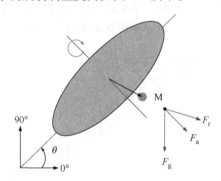

图 5.8　不平衡旋转转盘受力

驱动机构转矩 T_{DM} 为

$$T_{DM} = J_{Coupling}\alpha_{DM} + \frac{1}{\eta}\left[J_1\alpha_{DM} + T_{Thrust} + Mgr\sin(\phi + \beta)\sin(\theta) \right] \tag{5.11}$$

式中，$J_{Coupling}$ 为联轴器的转动惯量；α_{DM} 为驱动机构的角加速度；η 为驱动机构的效率；J_1 为转盘惯量和负载惯量，以及偏心产生的惯量三者的和；T_{Thrust} 为驱动负载受到的外力转矩；M 为偏心质量；g 为重力加速度；r 为偏心半径；ϕ 为运动曲线位置；β 为起始角度；θ 为水平倾角。

2. 传动带与带轮

带传动通常由主动轮、从动轮、张紧轮或者托辊和张紧在两轮上的传动带组成。利用张紧在带轮上的传动带进行运动或动力传递。由动力驱动的带轮称为主动轮，无动力驱动的带轮称为从动轮，主、从动轮之间为提供张紧力的张紧轮或者托辊。负载特指的是位于从动轮上的旋转负载。带传动应用领域广泛，当主动轴与从动轴相距较远时，常用这种传动方式。带传动如图 5.9 所示。

驱动机构转矩 T_{DM} 为

$$T_{DM} = J_{DP}\alpha_{DM} + \frac{1}{\eta}\left[J_1\alpha_{DM} + T_{Thrust}\left(\frac{r_{DP}}{r_{DnP}}\right) \right] \tag{5.12}$$

$$J_1 = m_{Belt}r_{DP}^2 + J_{IP}\left(\frac{r_{DP}}{r_{IP}}\right)^2 + (J_{DnP} + J_{Load})\left(\frac{r_{DP}}{r_{DnP}}\right)^2 \tag{5.13}$$

式中，J_{DP} 为主动轮的转动惯量；α_{DM} 为驱动机构的角加速度；η 为驱动机构的效率；m_{Belt} 为传动带质量；r_{DP} 为主动轮半径；r_{IP} 为托辊半径；r_{DnP} 为从动轮半径；J_{IP} 为托辊惯量；J_{DnP} 为从动轮惯量；J_{Load} 为负载惯量；T_{Thrust} 为驱动负载受到的外力转矩。

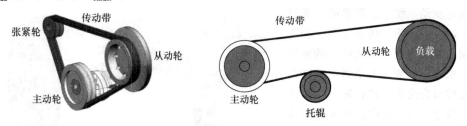

图 5.9 带传动

3. 输送带

输送带系统包含两个或两个以上的带轮及套在带轮上连续旋转的承载输送带。其传动结构和带传动一致，与前述的带传动比较，区别在于带传动驱动从动轮上的旋转负载，而输送带直线运送和传输带上负载。常见应用如生产线上的物品输送，输送带是物料搬运系统机械化和自动化不可缺少的组成部分。输送带如图 5.10 所示。

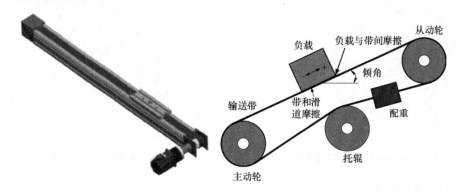

图 5.10 输送带

驱动机构转矩 T_{DM} 为

$$T_{DM} = J_{DP}\alpha_{DM} + \frac{1}{\eta}[J_1\alpha_{DM} + ((m_{Load} - m_{CB})g\sin\theta + F_{Thrust})r_{DP}] \tag{5.14}$$

$$J_1 = (m_{Load} + m_{CB} + m_{Belt}r_{DP}^2) + J_{IP}\left(\frac{r_{DP}}{r_{IP}}\right)^2 + J_{DnP}\left(\frac{r_{DP}}{r_{DnP}}\right) \tag{5.15}$$

式中，J_{DP} 为主动轮的转动惯量；α_{DM} 为驱动机构的角加速度；η 为驱动机构的效率；m_{Load} 为负载质量；m_{CB} 为配重质量；m_{Belt} 为带质量；r_{DP} 为主动轮半径；r_{IP} 为托辊半径；r_{DnP} 为从动轮半径；J_{IP} 为托辊惯量；J_{DnP} 为从动轮惯量；F_{Thrust} 为驱动负载受到的外力；g 为重力加速度；θ 为水平倾角。

4. 两级输送带

两级输送带是两个单级输送带系统的结合。但是仅在第一级的输送带有主动轮，第二级的输送带是通过与第一级的输送带连接后进行传动的。这样的设计通常用在那些无法直接在第二级输送带安装主动轮的机构中。两级输送带如图 5.11 所示。

驱动机构转矩 T_{DM} 为

$$T_{DM} = J_{DP}\alpha_{DM} + \frac{1}{\eta_1}[m_1 g\sin\theta + \mu_1 m_1 g\cos\theta + F_{2\to1}]r_{DP} \tag{5.16}$$

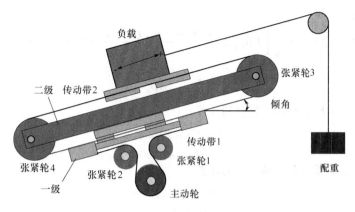

图 5.11　两级输送带

$$F_{2\to1} = \frac{2}{\eta_2}[\,g(m_2\sin\theta - m_{CB}) + (F_{Thrust} + \mu_2 m_2 g\cos\theta)\,] \tag{5.17}$$

$$m_2 = m_{Load} + m_{Stage2} + m_{Belt2} \tag{5.18}$$

$$m_1 = m_{Stage1} + m_{Belt1} + m_{IP3} + m_{IP4} \tag{5.19}$$

$$J_{DM} = J_{DP} + [\,m_1 + 4(m_2 + m_{CB})\,]r_{DP}^2 + \frac{J_{IP1}r_{IP1}^2 + J_{IP2}r_{IP2}^2 + \dfrac{J_{IP3}r_{IP3}^2 + J_{IP4}r_{IP4}^2}{4}}{r_{DP}^2} \tag{5.20}$$

式中，J_{DP} 为主动轮的转动惯量；α_{DM} 为旋转运动的角加速度；η_1 为第一级驱动机构的效率；η_2 为第二级驱动机构的效率；μ_1 为第一级摩擦系数；μ_2 为第二级摩擦系数；m_{Load} 为负载质量；m_{CB} 为配重质量；m_{Belt1} 为传动带 1 质量；m_{Belt2} 为传动带 2 质量；m_{Stage1} 为第一级输送带的质量；m_{Stage2} 为第二级输送带的质量；m_{IP3} 为张紧轮 3 质量；m_{IP4} 为张紧轮 4 质量；r_{DP} 为主动轮半径；r_{IP1} 为张紧轮 1 半径；r_{IP2} 为张紧轮 2 半径；r_{IP3} 为张紧轮 3 半径；r_{IP4} 为张紧轮 4 半径；J_{IP1} 为张紧轮 1 惯量；J_{IP2} 为张紧轮 2 惯量；J_{IP3} 为张紧轮 3 惯量；J_{IP4} 为张紧轮 4 惯量；F_{Thrust} 为驱动负载受到的外力；g 为重力加速度；θ 为水平倾角。

5. 滚珠丝杠

滚珠丝杠是将旋转运动转化为直线运动，或将直线运动转化为旋转运动的机械产品，作为精密机械上经常使用的传动元件，同时具有精度高、摩擦阻力小、传动可逆、轴向刚度高、传动效率高的特点，能够实现高速进给和微进给，广泛应用于各种工业设备和精密仪器中。滚珠丝杠如图 5.12 所示。

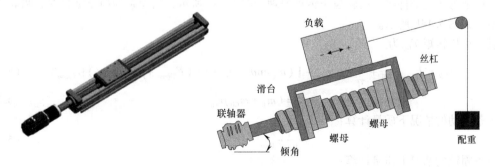

图 5.12　滚珠丝杠

驱动机构转矩 T_{DM} 为

$$T_{DM} = J_2\alpha_{DM} + \frac{1}{\eta}\left[J_1\alpha_{DM} + \frac{(m_1\sin\theta - m_{CB})g + (F_{Thrust} + \mu m_1 g\cos\theta)}{2\pi P}\right] \qquad (5.21)$$

$$J_1 = \frac{m_1 + m_{CB}}{(2\pi P)^2} \qquad (5.22)$$

丝杠移动的情况下质量和转动惯量的计算:

$$m_1 = m_{Load} + m_{Slide} \qquad (5.23)$$
$$J_2 = J_{Coupling} + J_{Screw} \qquad (5.24)$$

丝杠固定的情况下质量和转动惯量的计算:

$$m_1 = m_{Load} + m_{Slide} + m_{Nut} \qquad (5.25)$$
$$J_2 = J_{Nut} \qquad (5.26)$$

驱动系统的总惯量:

$$J_{DM} = J_1 + J_2 \qquad (5.27)$$

式中，J_{DM} 为驱动系统的惯量；α_{DM} 为旋转运动的角加速度；η 为驱动机构的效率；P 为螺距；μ 为滑台摩擦系数；F_{Thrust} 为驱动负载受到的外力；m_{Load} 为负载质量；m_{CB} 为配重质量；m_{Slide} 为滑台质量；m_{Nut} 为螺母质量；J_{Nut} 为螺母惯量；J_{Screw} 为丝杠惯量；$J_{Coupling}$ 为联轴器惯量；g 为重力加速度；θ 为水平倾角。

6. 齿轮齿条

齿轮齿条是齿轮传动的一种形式，圆形的齿轮和直线形的齿条相互啮合，将加载在齿轮上的旋转运动转换为齿轮与齿条间相互的直线运动。

齿轮齿条传动与同步带传动及滚珠丝杠传动对比，齿轮齿条传动的承载力大，传动精度较高，可无限长度对接延续，传动速度可以很高。但是其缺点是若加工安装精度差，传动噪声就大，磨损也大。典型用途有：大版面钢板、玻璃数控切割机。而同步带传动的特点是承载力较大，加宽传动带可以提高负载承载力，传动精度较高，但传动长度不可太大，因为较长的传动带会产生弹性变形和振动。滚珠丝杠不能自锁，传动效率高，精度高，噪声低，适合高速往返传动，但是水平传动跨距若较大时要考虑极限转速和自重下垂变形，或采用齿轮齿条传动。齿轮齿条传动如图 5.13 所示。

图 5.13 齿轮齿条传动

当齿条为运动部件时，齿轮齿条传动原理如图 5.14a 所示，当齿条为静止部件时，齿轮齿条传动原理如图 5.14b 所示。

驱动机构转矩 T_{DM} 为

$$T_{DM} = J_{Pinion}\alpha_{DM} + \frac{1}{\eta}[J_1\alpha_{DM} + [(m_1\sin\theta - m_{CB})g + (F_{Thrust} + \mu m_1 g\cos\theta)]r_{Pinion}] \qquad (5.28)$$

$$J_1 = (m_1 + m_{CB})r_{Pinion}^2 \qquad (5.29)$$

齿条移动的情况下质量计算:

$$m_1 = m_{Load} + m_{Rack} \qquad (5.30)$$

齿条固定的情况下质量计算:

$$m_1 = m_{Load} + m_{Pinion}$$

驱动系统的总惯量:

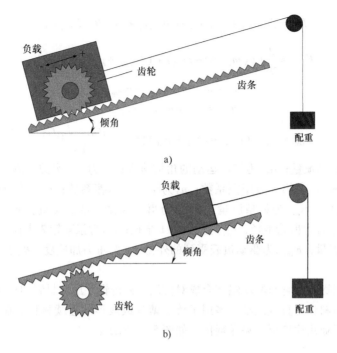

a)

b)

图 5.14 齿轮齿条传动原理

$$J_{DM} = J_{Pinion} + J_1 \tag{5.31}$$

式中，J_{DM} 为驱动系统的惯量；α_{DM} 为旋转运动的角加速度；η 为驱动机构的效率；μ 为齿条摩擦系数；F_{Thrust} 为驱动负载受到的外力；m_{Load} 为负载质量；m_{Pinion} 为齿轮质量；m_{CB} 为配重质量；m_{Rack} 为齿条质量；J_{Pinion} 为齿轮惯量；g 为重力加速度；θ 为水平倾角。

7. 双级齿条和输送带

双级齿条和输送带是齿轮齿条系统与输送带系统的结合。第二级输送带是通过连接到第一级齿轮齿条系统上的齿条来进行传动的。这样的设计通常用在那些无法直接在第二级输送带系统上直接安装主动轮的机构中。

双级齿条和输送带如图 5.15 所示。

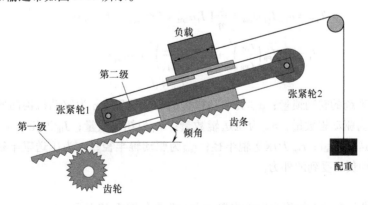

图 5.15 双级齿条和输送带

驱动机构转矩 T_{DM} 为

$$T_{DM} = J_{DP}\alpha_{DM} + \frac{1}{\eta_1}[m_1 g\sin\theta + \mu_1 m_1 g\cos\theta + F_{2\to1}]r_P \tag{5.32}$$

$$F_{2\to1} = \frac{2}{\eta_2}[g(m_2\sin\theta - m_{CB}) + (F_{Thrust} + \mu_2 m_2 g\cos\theta)] \tag{5.33}$$

$$m_2 = m_{Load} + m_{Stage2} + m_{Belt} \tag{5.34}$$

$$m_1 = m_{Rack} + m_{IP1} + m_{IP2} \tag{5.35}$$

$$J_{DM} = J_{DP} + [m_1 + 4(m_2 + m_{CB})]r_P^2 + \frac{J_{IP1}r_{IP1}^2 + J_{IP2}r_{IP2}^2}{4r_P^2} \tag{5.36}$$

式中，J_{DP}为齿轮的转动惯量；α_{DM}为旋转运动的角加速度；η_1为第一级驱动机构的效率；η_2为第二级驱动机构的效率；μ_1为第一级摩擦系数；μ_2为第二级摩擦系数；m_{Load}为负载质量；m_{CB}为配重质量；m_{Belt}为带质量；m_{Rack}为齿条质量；m_{Stage2}为第二级输送带的质量；m_{IP1}为张紧轮1质量；m_{IP2}为张紧轮2质量；r_P为齿轮半径；r_{IP1}为张紧轮1半径；r_{IP2}为张紧轮2半径；J_{IP1}为张紧轮1惯量；J_{IP2}为张紧轮2惯量；F_{Thrust}为驱动负载受到的外力；g为重力加速度；θ为水平倾角。

8. 夹送辊

夹送辊也称为压送辊，它与驱动辊配合成对使用。夹送辊下压与材料间产生摩擦力，驱动辊旋转使两者之间的材料产生直线运动。多用于传送薄片或线形的连续材料。在金属加工、造纸、印刷、木材加工等行业用途广泛。夹送辊传送如图5.16所示。

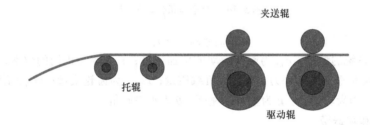

图5.16 夹送辊传送

驱动机构转矩 T_{DM} 为

$$T_{DM} = n_{DR}J_{DR}\alpha_{DM} + \frac{1}{\eta}[J_1\alpha_{DM} + (m_{Loop}g + F_{Thrust})r_{DR}] \tag{5.37}$$

$$J_1 = n_{PR}J_{PR}\left(\frac{r_{DR}}{r_{PR}}\right)^2 + n_{IR}J_{IR}\left(\frac{r_{DR}}{r_{IR}}\right)^2 + m_{Loop}r_{DR}^2 \tag{5.38}$$

$$J_{DM} = n_{DR}J_{DR} + J_1 \tag{5.39}$$

式中，J_{DM}为驱动系统的转动惯量；α_{DM}为驱动机构的角加速度；η为驱动机构的效率；m_{Loop}为收卷材料质量；n_{DR}为驱动辊数量；n_{PR}为压送辊数量；n_{IR}为托辊数量；J_{IR}为托辊惯量；J_{DR}为驱动辊惯量；J_{PR}为压送辊惯量；r_{PR}为压送辊半径；r_{DR}为驱动辊半径；r_{IR}为压送辊半径；g为重力加速度；F_{Thrust}为驱动负载受到的外力。

9. 中心收卷

由中心轴提供收卷动力的称为中心收卷。中心收卷如图5.17所示。

驱动机构转矩 T_{DM} 为

$$T_{DM} = J_R\alpha_{DM} + \frac{1}{\eta}[J_1\alpha_{DM} + (F_{Tension} + F_{Thrust})r_R] \tag{5.40}$$

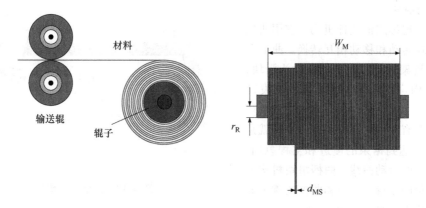

图 5.17 中心收卷

$$J_1 = n_{FR} J_{FR} \left(\frac{r_R}{r_{FR}} \right)^2 + \frac{\pi W_M \rho_M}{2} [r_{RM}^4 - r_R^4] + J_{Load} \tag{5.41}$$

$$J_{DM} = J_R + J_1 \tag{5.42}$$

式中，J_{DM} 为驱动系统的转动惯量；α_{DM} 为驱动机构的角加速度；η 为驱动机构的效率；n_{FR} 为输送辊数量；J_R 为辊子惯量；J_{FR} 为输送辊惯量；J_{Load} 为负载惯量；r_R 为辊子半径；r_{RM} 为带有收卷材料的辊子半径；r_{FR} 为输送辊半径；ρ_M 为材料密度；F_{Thrust} 为驱动负载受到的外力；$F_{Tension}$ 为材料张力；W_M 为材料宽度。

10. 表面收卷

表面收卷是利用辊子与被卷取材料的表面摩擦来对膜卷驱动而实现收卷。表面收卷如图 5.18 所示。

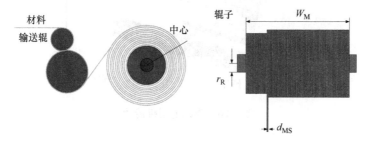

图 5.18 表面收卷

驱动机构转矩 T_{DM} 为

$$T_{DM} = J_R \alpha_{DM} + \frac{1}{\eta} [J_1 \alpha_{DM} + (F_{Tension} + F_{Thrust}) r_R] \tag{5.43}$$

$$J_1 = n_{FR} J_{FR} \left(\frac{r_R}{r_{FR}} \right)^2 + \left(\frac{\pi W_M \rho_M}{2} [r_{CM}^4 - r_C^4] + J_{Load} + J_C \right) \left(\frac{r_R}{r_{CM}} \right)^2 \tag{5.44}$$

$$J_{DM} = J_R + J_1 \tag{5.45}$$

式中，J_{DM} 为驱动系统的转动惯量；α_{DM} 为驱动机构的角加速度；η 为驱动机构的效率；n_{FR} 为输送辊数量；J_R 为辊子惯量；J_{FR} 为输送辊惯量；J_C 为中心惯量；J_{Load} 为负载惯量；r_R 为辊子半径；r_C 为中心半径；r_{CM} 为带有收卷材料的中心半径；r_{FR} 为输送辊半径；W_M 为材料宽；ρ_M 为材料密度；F_{Thrust} 为驱动负载受到的外力；$F_{Tension}$ 为材料张力。

11. 曲柄滑块

曲柄滑块也称曲柄连杆机构，它用曲柄和滑块来实现转动和移动相互转换。曲柄滑块机构中与机架构成移动副的构件为滑块，曲柄滑块机构广泛应用于往复活塞式发动机、压缩机、冲床等设备中。偏置曲柄滑块机构的滑块具有急回特性，例如，锯床就是利用这一特性达到锯条的慢进和空程急回。对于任何给定的运动曲线，曲柄滑块机构需考虑动态变化的惯量、推力和曲柄的重力效应。曲柄滑块机构如图5.19所示。

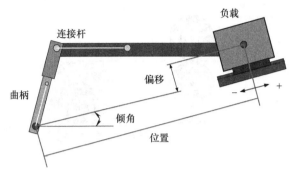

图5.19 曲柄滑块机构

12. 直线电动机

直线电动机看作是一台旋转电动机沿其径向剖开，然后拉平演变而成。直线电动机与旋转电动机相比，结构简单，重量和体积下降，定位精度高，对于需要直线运动的应用，直线电动机无须中间环节实现直接传动，因而可以消除各种定位误差。另外，直线电动机反应速度快、灵敏度高、随动性好，易做到其动子用磁悬浮支撑，使得动子和定子之间始终保持一定的空气隙而不接触，消除了定、动子间的接触摩擦阻力。由于直线电动机可以实现无接触传递力，机械摩擦损耗几乎为零，所以故障少，免维修，工作安全可靠，寿命长。直线电动机主要应用于自动控制系统、长期连续运行的驱动电动机、需要短时间及短距离内提供巨大的直线运动能的装置中。直线电动机传动如图5.20所示。

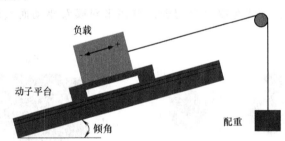

图5.20 直线电动机传动

系统推力 F_{DM}：

$$F_{DM} = (m_1 + m_{CB})a_{DM} + (m_1\sin\theta - m_{CB})g + [F_{Thrust} + \mu(m_1 g\cos\theta + F_{Att})] \tag{5.46}$$

$$m_1 = (m_{Load} + m_{Table} + m_{PrimaryPart}) \tag{5.47}$$

式中，a_{DM} 为系统加速度；m_{Load} 为负载质量；m_{Table} 为动子平台质量；$m_{PrimaryPart}$ 为直线电动机初级部分质量；m_{CB} 为配重质量；F_{Att} 为直线电动机初级和次级之间的引力；F_{Thrust} 为驱动负载受到的外力；μ 为滑台摩擦系数；g 为重力加速度；θ 为水平倾角。

5.2.3 运动曲线

驱动负载的运动曲线是驱动系统选型的重要考量部分。不同的运动曲线对传动机构和驱动电动机的转矩需求不同，从而影响选型。

1. 运动曲线

运动曲线通常由加速运动、匀速运动、减速运动这三种运动形式组成，而加速和减速部分又可以细分为从静止开始的加加速运动（加速度不断增加）、匀加速运动（加速度不变）、从运动到停止的减加速运动（加速度不断减小）。典型运动曲线如图 5.21 所示。

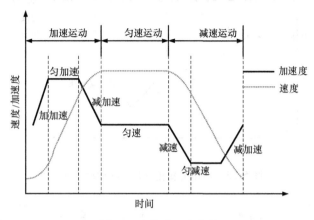

图 5.21　典型运动曲线

2. 加速度变化率

加速度变化率称为急动度或加加速度，是描述加速度变化快慢的物理量。速度是位移对时间的一阶导数，二阶导数是加速度，而加速度变化率则是其三阶导数。加速度变化率单位为 m/s^3 对应直线运动，单位为 rad/s^3 对应旋转运动。

工程学中经常需要用到急动度，对于材料，急动度相当于一种"柔性碰撞"，会使材料产生疲劳。合理的加速度变化率应用在驱动系统中能减小机械背隙效应，减小冲击碰撞，降低机械磨损，使运动曲线平滑稳定（S 速度曲线），使定位过冲变得很小。

3. S 速度曲线

若没有引入加速度变化率，典型的加速度变化率为零的运动曲线如图 5.22 所示，其速度曲线是一个标准的梯形。

加速度变化率为 1 的运动曲线如图 5.23 所示，与图 5.22 比较，其速度曲线由梯形变化成 S 形，加速度曲线由阶跃变化成线性增长和减小。

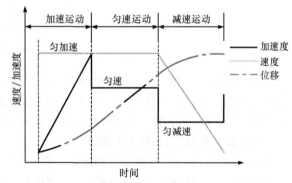

图 5.22　典型的加速度变化率为零的运动曲线

若对加速运动过程进行描述，可用加速过程中变化的加速度时间占整个加速时间的百分比来描述 S 曲线。运动曲线如图 5.24 所示，在加速运动过程中，t_1 为加加速运动的时间，t_2 为匀加速运动的时间，t_3 为减加速运动的时间。

描述 S 曲线的公式为

$$S - Curving = \frac{t_1 + t_3}{t_1 + t_2 + t_3} \times 100\% \tag{5.48}$$

例如，图 5.22 中采用的是 0% 的 S 曲线（没有 S 曲线），这意味使用无限大的加速度变化率；图 5.23 中加速段和减速段采用的是 100% 的 S 曲线，这意味着在加速和减速过程中全都采用逐渐增大或减小的加速度。而图 5.21 中的运动曲线采用了约 60% 的 S 曲线，也就是加速或减速过程中，变化的加速度时间（$t_1 + t_3$ 的时间）约占整个加速时间的 60%。

匀速运动
加速运动
减速运动
加速度
速度
位移
速度/加速度
加加速
减加速
匀速
减速
减加速
时间

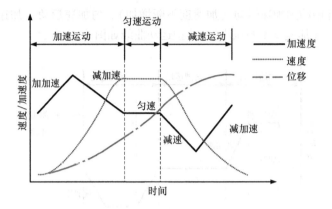

图 5.23 加速度变化率为 1 的运动曲线

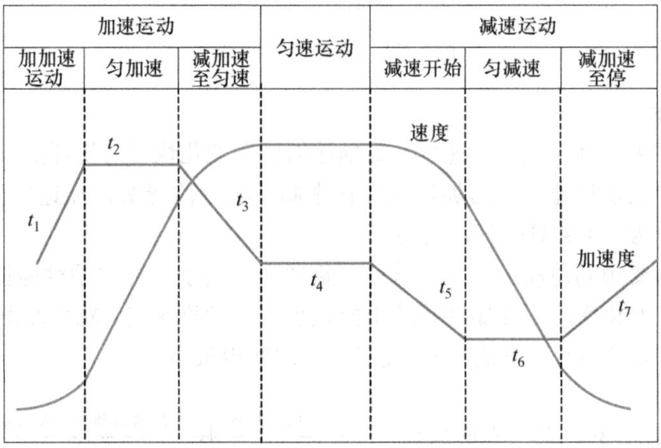

加速运动
匀速运动
减速运动
加加速运动
匀加速
减加速至匀速
减速开始
匀减速
减加速至停
速度
加速度
t2
t1
t3
t4
t5
t6
t7

图 5.24 运动曲线

值得注意的是，并非 *S-Curving* 值越大越好，S 曲线虽然会平滑运动，但是也使加速度最大值增大。通过计算可知，*S-Curving* = 100% 的 S 曲线运动的最大加速度是 *S-Curving* = 0% 的 S 曲线运动的最大加速度的两倍，为了防止过冲，应该要根据应用需求采用合理的 *S-Curving* 值。

4. 运动曲线的 1/2 法则和 1/3 法则

1/2 法则指的是将一段运动分为两部分，第一部分为加速段，占时为前 1/2，第二部分为减速段，占时为后 1/2。这种运动曲线也称为三角形曲线，因为它的速度曲线为三角形，不存在匀速运动过程。1/2 法则的三角形运动曲线如图 5.25 所示。图中，其加速段和减速段采用了 S 曲线规则。

1/3 法则指的是将一段从启动到停止的运动分为三个部分。前 1/3 时间段为加速段，中间 1/3时间段为匀速段，后 1/3 时间段为减速段。这样的三段式运动曲线称为梯形曲线。1/3 法则的梯形运动曲线如图 5.26 所示。

如果运动距离和运动时间都固定，依据 1/2 法则的 S 曲线与依据 1/3 法则的 S 曲线相比较，前者最大速度大，但其加减速阶段的最大加速度相对较小。如果负载惯量确定，则负载转矩正比于转速，这就意味着前者需求的电动机最大转矩较小，如果考虑方均根（Root Mean Square，RMS）转矩，前者方均根转矩也大。

对于梯形运动曲线，依据 1/3 法则进行控制，其最大速度、方均根加速度均小，如果负载惯量确定，则驱动电动机选型需求的额定转矩也小。

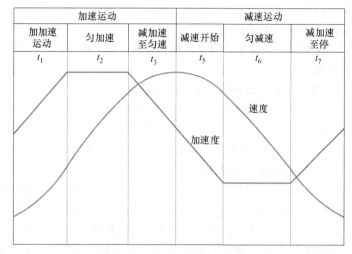

图 5.25　1/2 法则的三角形运动曲线

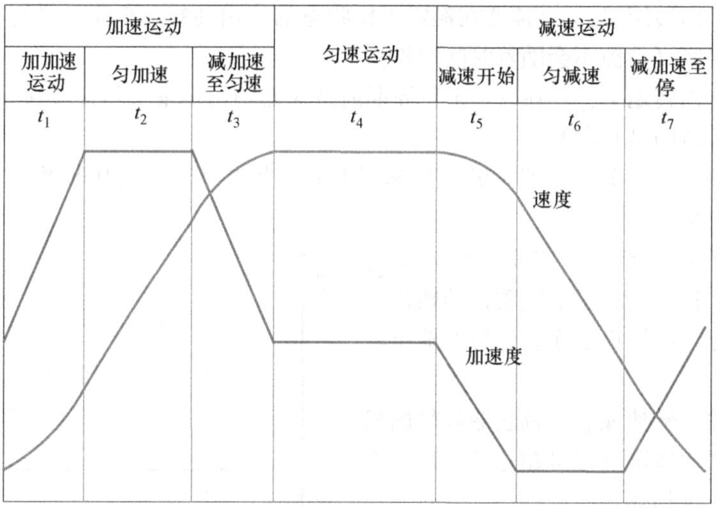

图 5.26　1/3 法则的梯形运动曲线

　　实际选型应用中，要综合考虑最大速度、最大加速度、加速度、最大转矩、方均根转矩等参数，依据应用需求，选择控制法则。

5.2.4　减速器选型

　　减速器的种类繁多，各有其特点。典型的有：圆柱齿轮减速器（又分为单级圆柱齿轮减速器、二级圆柱齿轮减速器、三级圆柱齿轮减速器）、斜齿轮减速器、锥齿轮减速器、蜗轮蜗杆减速器、行星减速器、摆线针轮减速器等。齿轮减速器具有体积小、传递转矩大的特点，传动比分级细密，传动效率高，耗能低。斜齿轮减速器节省空间，承受过载能力高；锥齿轮减速器用于两轴垂直相交、相错的场合；蜗轮蜗杆减速器具有反向自锁功能，输入轴和输出轴不在同一轴线上，也不在同一平面上，传动比大，但体积较大，效率不高，精度不高；行星减速器结构紧凑，精度高，传动效率高，使用寿命长，输出转矩大，但价格也高；摆线针轮减速器传动比大，传动效率高，体积小，重量轻，故障少，寿命长，运转平稳可靠，噪声小，拆装方便，容易维修，结构简单，过载能力强，耐冲击，惯性力矩小。

　　减速器的选型需要计算和考虑的主要参数有：最大输出转矩、传动比、工作制、惯性加速系数、径向力、制动力矩、效率、使用工况、运行时间、润滑方式、冷却方式等，选型可依据负载需求功率或转矩选型，选型需要在减速器输出转矩和转速限制、电动机输出转矩和速度限制、生产成本等因素之间取平衡。

1. 减速器的使用系数、最大输出转矩、最大输入速度

　　由于驱动电动机与负载的工况对减速器的使用寿命影响较大，严重时会导致崩齿，所以，减速器选型时要考虑使用系数，它是一个考虑电动机和载荷波动对齿轮传动影响的系数。电动机的工况有：工作平稳、轻微冲击（起动频繁、起动转矩大）、中等冲击、严重冲击。负载的工况有：均匀平稳（均匀传送的输送机、轻型升降机、包装机、机床进给机构、通风机等）、轻微冲击（不均匀传送的输送机、重型升降机、机床主传动机构、变密度材料搅拌机等）、中等冲击（橡胶挤压机、橡胶和塑料间断搅拌机、木工机械、提升装置、单缸活塞泵等）、严重冲击（挖掘机、橡胶揉合机、破碎机、压砖机、旋转式钻探装置、冷轧机、压坯机等）。减速器使用系数越大，减速器使用寿命越长。但是，使用系数大的减速器其输出转矩小，这意味着"大马拉小车"，电动机使用不经济。所以，使用系数的选型范围为 1.2 ~ 1.3 比较合理。

　　减速器额定输出转矩 T_{2N}：减速器在额定工作状态的输出转矩。低于此转矩运行时，减速器有着无限的疲劳时间（背隙不会随着时间增长）。

　　减速器最大输出转矩 T_{2max}：在一个工作周期内减速器输出的最大转矩。在 T_{2N} 和 T_{2max} 之间运行的减速器其疲劳时间是有限的。

　　减速器最大急停转矩 T_{2Estop}：此转矩在减速器寿命周期内允许出现 1000 次，超出此转矩则有可能导致减速器损坏。

　　减速器额定输入转速 n_{1N}：若驱动电动机与减速器直接相连，指额定状态下电动机的输出转速，减速器在额定输出转矩下连续运行的输出转速值为 n_{1N}/i。

　　减速器最大输入转速 n_{1max}：减速器齿轮的机械限制速度，在任何情况下不可超过此速度，否则会造成减速器机械损坏。

　　设备在实际运行时，很少的状态是一直在恒定的转矩和转速下运行。更多的运行状态是负载的转矩和转速曲线为周期变化的。那么，如何来衡量这种运动状态下的速度与转矩？

　　伺服系统典型工作周期如图 5.27 所示。在速度曲线中，t_1、t_2、t_3 分别为加速、匀速和减速段，t_{Dwell} 为停止等待阶段，此时驱动系统暂时停歇等待下一个运动周期的到来。转矩曲线的匀速阶段不等于零是由于系统的摩擦转矩导致的。

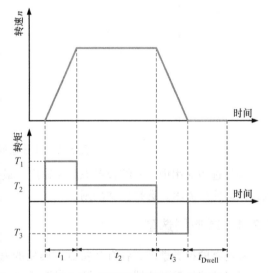

图 5.27　伺服系统典型工作周期

　　平均额定转矩：

$$T_m = \sqrt[3]{\dfrac{\dfrac{n}{2}t_1 T_1^3 + nt_2 T_2^3 + \dfrac{n}{2}t_3 T_3^3}{\dfrac{n}{2}t_1 + nt_2 + \dfrac{n}{2}t_3}} \tag{5.49}$$

平均转速：

$$n_{\mathrm{m}} = \frac{\frac{n}{2}t_1 + nt_2 + \frac{n}{2}t_3}{t_1 + t_2 + t_3 + t_{\mathrm{Dwell}}} \tag{5.50}$$

式中各参数意义参见图 5.27。

2. 减速器的连续使用率

减速器连续运行占空比 ED 是用来判断减速器工作制的连续程度。进行连续运行的减速器选型时，减速器的平均转矩和平均转速要小于减速器的额定转矩和额定转速。

占空比：

$$ED = \frac{t_1 + t_2 + t_3}{t_1 + t_2 + t_3 + t_{\mathrm{Dwell}}} \times 100\% \tag{5.51}$$

3. 传动比

减速器的传动比由减速器内部齿轮的尺寸和结构决定，选择正确的传动比使得电动机能运行在合理的转矩-转速曲线范围内，并且使得转动惯量不匹配度在允许的范围内。

5.2.5　电动机选型

1. 电动机方均根转矩和平均转速

伺服电动机的运行状态可用转矩-转速曲线描述。转矩-转速曲线如图 5.28 所示。图 5.28 中，电动机的额定转矩曲线和最大转矩曲线由电动机厂商提供，将电动机实际运行的转矩-转速曲线与电动机厂商提供的转矩-转速曲线进行比较。

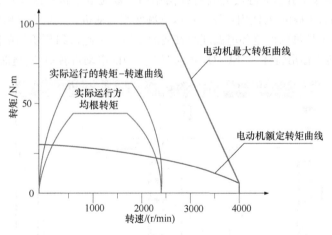

图 5.28　转矩-转速曲线

方均根转矩：

$$T_{\mathrm{RMS}} = \sqrt{\frac{T_1^2 t_1 + T_2^2 t_2 + T_3^2 t_3 + T_{\mathrm{Dwell}}^2 t_{\mathrm{Dwell}}}{t_1 + t_2 + t_3 + t_{\mathrm{Dwell}}}} \tag{5.52}$$

式中，T_{Dwell} 为待机时的静转矩。

平均速度：

$$n_{\mathrm{avg}} = \frac{\frac{n}{2}t_1 + nt_2 + \frac{n}{2}t_3}{t_1 + t_2 + t_3 + t_{\mathrm{Dwell}}} \tag{5.53}$$

值得注意的是，上述推导是理想状态下，加、减速段并没有用到 S 曲线。在工程实际中，运动的加速段、减速段、凸轮曲线等转矩是变化的，类似于图 5.28 中圆弧曲线。SERVOsoft 工具会细化这些线段的采样，以提高计算的精度。

2. 使用环境对电动机选型的影响

电动机运行时的环境温度及电动机安装的海拔都会影响电动机的出力。电动机的转矩-转速曲线图中的额定转矩曲线是额定状态、额定温升下获得的。如果电动机工作的环境温度较高，其温升就会受限。例如，在 20℃ 环境温度下升温到 100℃（温升 80K）和 40℃ 下升温到 100℃（温升 60K），这两种情况下的输出转矩一定不同。不同温升下的电动机转矩-转速曲线如图 5.29 所示。

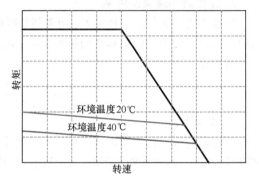

一方面，电动机温度过高将破坏电动机绕组的绝缘，影响电动机的使用寿命；另一方面，温度还会影响电动机内部的机械部件和电子器件。例如，高温会影响轴承的寿命，可能破坏编码器上的电子元器件，造成编码器的损坏。电动机选型要注意使用时极限的环境温度与电动机绝缘等级、电动机功率相匹配。

图 5.29 不同温升下的电动机转矩-转速曲线

高海拔使用环境的稀薄空气会影响电动机的散热性能，低气压影响电动机的绝缘强度，气温昼夜变化大会导致电动机机械构件变形和密封可靠性变坏，太阳辐射强度大会引起户外电动机温升增高，在氧气、水汽存在的条件下使电动机的绝缘材料和漆层加速老化，但低气温会对电动机因气压或空气密度降低而引起的温度升高有补偿作用。普通电动机一般使用条件为海拔不超过 1000m，对于海拔超过 1000m 的使用环境，可以降额使用电动机，或增大风扇加强散热。

SERVOsoft 选型工具可以设定环境温度及安装的海拔，由此得到环境温度降额系数和海拔降额系数，给出实际转矩输出特性。SERVOsoft 选型工具中的电动机转矩-转速曲线如图 5.30 所示。

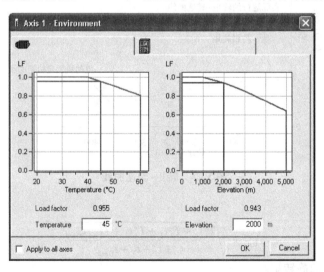

图 5.30 SERVOsoft 选型工具中的电动机转矩-转速曲线

5.2.6 驱动器选型

驱动器是伺服系统核心部件，市场上驱动器种类繁多，功能和价格差异很大，其选型的合理与否决定了伺服系统的控制性能。驱动器选型时，不仅需考虑与电动机匹配、与传感器匹配，还需考虑电动机的控制方式、电压等级、电动机功率、最大电流、负载的性质、供电电源种类、过载特性、上位控制要求及通信接口、传感器接口、加减速要求、转速或位置的精度要求、电信号隔离、保护功能、价格限制等，有些应用还要求驱动器的控制参数设置方便，可以进行参数辨识等。成功的驱动器选型要使伺服系统能够达到调速范围宽、定位精度高、速度稳定性好、响应快、无超调、低速大转矩、过载能力强、可靠性高等。

1. 驱动器输出电流

电动机的转矩-电流曲线如图 5.31 所示，反映了在一定的负载下，电动机转矩与电流的对应关系。图 5.31 中，曲线①为电动机的转矩-电流曲线；曲线②为假定转矩系数为常数的电动机转矩-电流曲线；曲线③为逆变单元提供最大电流的情况下（图中为 60A），电动机能产生的转矩。驱动器的选型要使得其输出电流满足电动机的转矩需求。

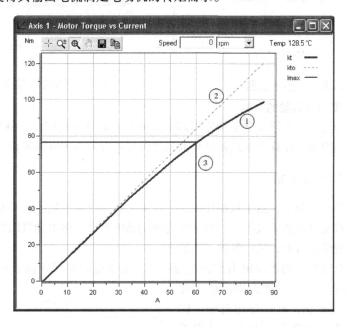

图 5.31　电动机的转矩-电流曲线

电动机的转速-电流曲线如图 5.32 所示。

逆变单元的方均根电流：

$$I_{\text{RMS}} = \sqrt{\frac{I_1^2 t_1 + I_2^2 t_2 + I_3^2 t_3 + I_{\text{Dwell}}^2 t_{\text{Dwell}}}{t_1 + t_2 + t_3 + t_{\text{Dwell}}}} \tag{5.54}$$

逆变单元的最大电流：

$$I_{\text{Max}} = \text{Max}(I_1, I_2, I_3, I_{\text{Dwell}}) \tag{5.55}$$

厂商通常用峰值电流和持续电流来描述逆变单元的输出能力。峰值电流是指在一个短暂的时间段内逆变单元能够输出的最大电流，这个时间一般不会超过 5s，通常为 0.5～1.0s。有些厂商使用 I_{RMS} 来标定逆变单元输出能力，有些则使用 I_{Max}。

逆变单元输出相电流如图 5.33 所示。图中 I_{RMS} 为 10A，其峰-峰电流为 28.28A，通常大多数的驱动器厂商会使用 I_{RMS} 作为标称电流参数。

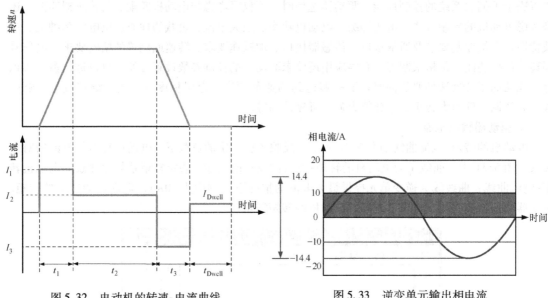

图 5.32 电动机的转速-电流曲线

图 5.33 逆变单元输出相电流

2. 环境因素对驱动器选型的影响

与电动机选型类似，驱动器也会受到使用环境温度和安装海拔的影响，SERVOsoft 选型工具可以计入这两个影响因素，计算出驱动器选型的温度降额系数和海拔降额系数。

5.2.7　外部制动电阻选型

电动机在快速停车过程中，由于惯性作用，会产生大量的再生电能，若不及时消耗掉这部分电能，电能就会导致变频器故障或损毁。制动单元和制动电阻就是将电动机因制动所产生的电能转化为热能消耗在制动电阻上，从而保护了变频器。

在工程上制动电阻多选用波纹电阻和铝合金电阻。波纹电阻采用表面立式波纹，有利于散热、降低寄生电感量，其高阻燃无机涂层可有效保护电阻丝，延缓老化，延长使用寿命。铝合金电阻易紧密安装、易附加散热器、外形美观，全包封的铝合金外盒散热性、耐振性、耐环境性、稳定性均好，且体积小、功率大、安装方便稳固，广泛应用于恶劣的工业环境。制动电阻如图 5.34 所示。

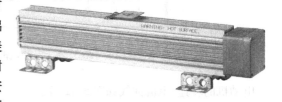

图 5.34　制动电阻

制动电阻选型要确定电阻阻值和功率容量这两个重要的参数。若制动电阻取值过小，则制动电流大，可能导致电力电子器件的损毁；若制动电阻取值过大，则其吸收能量的能力不足，会导致母线电压和电容电压上升，由此可能会击穿电容和损毁开关器件。

制动过程分为周期性短时制动和长时间连续制动两种。

1. 制动电阻阻值

有多种制动电阻阻值的计算方法，但通常进行工程设计时，一些相关参数得不到，所以无法进行精确的阻值计算，设计人员多采用工程允许的估算算法。制动电阻阻值的选择受到变频器能耗制动单元最大允许电流的限制，流过制动电阻的电流必须小于制动单元允许的最大输出电流，即为了保证变频器不被损毁，一般限定当流过制动电阻的电流为额定电流时的电阻数值为制动电阻的最小数值。

工程上估算制动电阻阻值 R_z 的取值范围为

$$\frac{U_d}{I_N} \leqslant R_z \leqslant \frac{2U_d}{I_N} \qquad (5.56)$$

式中，I_N 为电动机额定电流；U_d 为制动电压。

2. 制动使用率

制动使用率 S_z 又称刹车使用率，定义为减速时间 T_1 除以减速周期 T_2。制动周期如图 5.35 所示。制动使用率代表制动单元和制动电阻的使用频度。若 S_z 小，则制动单元和制

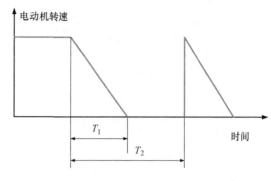

图 5.35　制动周期

动电阻有充分的时间来散热；若 S_z 过大，制动电阻值会随温度的上升而变大，制动转矩将会减小，制动效果变差，同时，制动单元的容量也没有得到充分利用。

3. 功率容量

决定制动电阻容量的原则是在制动电阻的温升不超过其允许数值的前提下，尽量减小容量。估算功率容量：

$$P = \lambda S_z \frac{U_d^2}{R} \qquad (5.57)$$

式中，λ 为制动电阻降额系数；R 为实际选用的制动电阻阻值。

5.2.8　SERVOsoft 选型案例

SERVOsoft 选型工具具有向导机制，它会引导设计人员逐步确定选型方案。引导步骤：负载机构选择→运动曲线设定→负载及机构惯量计算→传动装置选择→电动机和驱动器选择。SERVOsoft 选型向导主界面如图 5.36 所示。

下面以典型的转盘负载为例描述选型流程。

1. 运动曲线

假设转盘的工作周期为 2s，其中 1s 内转盘需要完成：停止→开始旋转→旋转运动两圈→停止，另一秒为停止等待阶段（Dwell），根据描述设置转盘运动曲线。

这个案例的运行距离和运动时间是确定的，在运动曲线配置中选择 Time/distance 方式，将运动时间设为 1s，运动距离为 2 圈。运动法则可以选择 1/2 法则或 1/3 法则，加加速度（Jerk）可暂设为加速运动和减速运动时的各 10%，另外，还要设置 1s 的暂停段。

参数设定完毕后，SERVOsoft 会自动算出速度值和加速度值，并且绘制出位移、速度、加速度和加加速度的曲线图。SERVOsoft 中运动曲线的设定如图 5.37 所示。

2. 转动惯量

转盘机械参数：①转盘半径为 300mm；②转盘厚度为 40mm；③转盘的材料为铝，密度为 2700kg/m³。

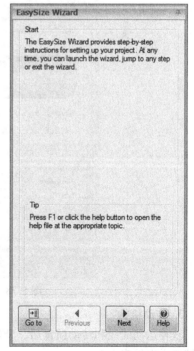

图 5.36　SERVOsoft 选型向导主界面

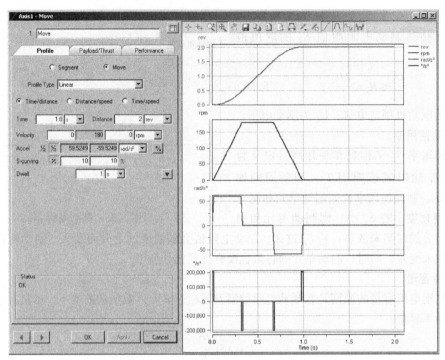

图 5.37　SERVOsoft 中运动曲线的设定

转盘与减速器机构直连，SERVOsoft 中负载结构参数设定如图 5.38 所示。根据结构参数，SERVOsoft 可以计算出负载的转动惯量。

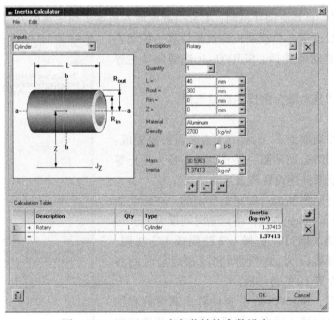

图 5.38　SERVOsoft 中负载结构参数设定

3. 传动机构

获得运动曲线和转动惯量后，SERVOsoft 给出转盘负载对传动机构的转速和转矩需求。转速与转矩需求见表 5.1。

表5.1　转速与转矩需求

名　称	输　入	输　出
最大转矩	81.8N·m	81.8N·m
最大速度	180r/min	180r/min
额定转矩	63.3N·m	63.3N·m
平均速度	60r/min	60r/min
惯量	1.374kg·m^2	1.374kg·m^2

依据表5.1的需求选型减速器，确定减速器的输出转矩、输入转速和传动比。若选择的传动比较大，则电动机选型要求转矩低但转速高。若选择的传动比较小，则电动机选型要求转矩大但转速低。若大惯量负载又要求动态响应较好，应该选择大的传动比，因为较小的传动比会使电动机负载惯量比不匹配度加大，影响控制效果。

实际工程中选型往往是多因素协调与妥协的过程。在本例中，需要的功率不超过2kW，而匹配这个功率段的电动机的转动惯量不会超过0.001kg·m^2，两者的惯量比大于1374，甚至可能超过2000，则需要选择传动比为37~45的减速器。这样，减速器就会要求电动机的最大转速达到6660~8100r/min，而市场上没有这个功率段的电动机能够满足速度要求。

面对这种情况有两种选择。①选用比实际需要大得多的电动机。因为大电动机拥有更大的转动惯量可以匹配负载，但带来的问题就是成本大幅提升以及资源的浪费。②根据应用的需要调整惯量比。转盘的运动固定且简单，动态特性要求不过高。这样，把负载惯量比限制为10:1以内就能满足需要。依此，使用SERVOsoft选出减速器为8GP55-80-032-1-D19，选出的电动机为8LSA43.Ex060C000-0。减速器的选型结果如图5.39所示，电动机的选型结果如图5.40所示。

最终结果为负载惯量比为7.38:1。如果把不匹配度放得更宽些，例如，负载惯量比为20:1，则电动机选型功率将更小，成本更低。

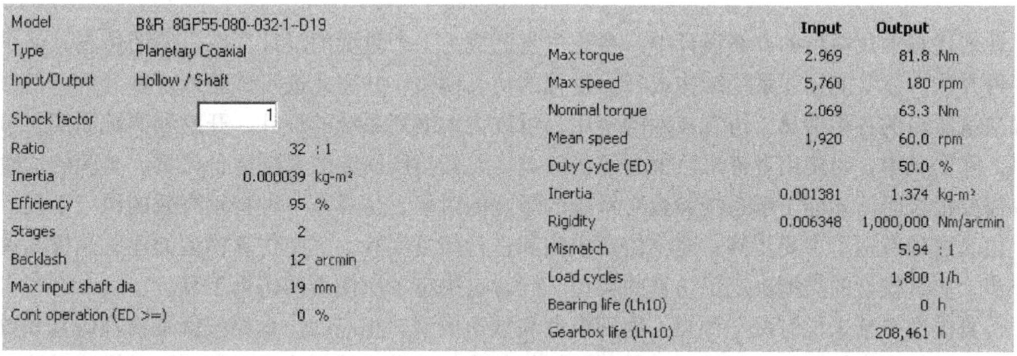

图5.39　减速器的选型结果

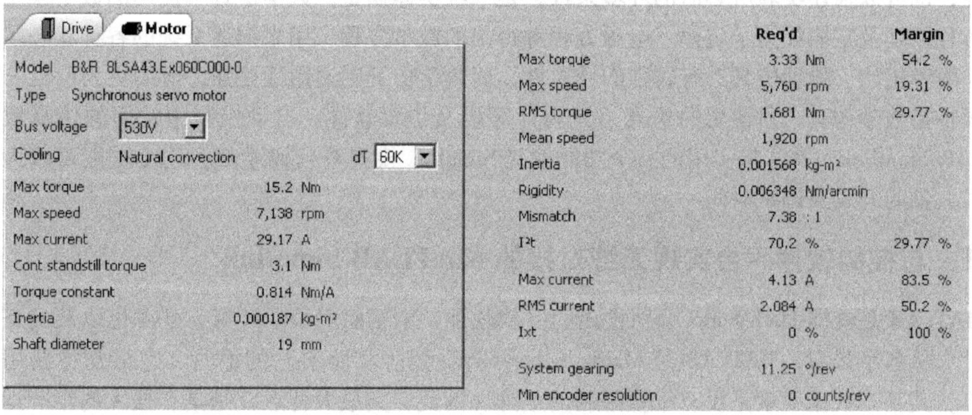

图5.40　电动机的选型结果

第 6 章

系统仿真与算法设计

6.1 自动化方案的仿真工具

6-1. 仿真生成控制代码操作流程

6-2. 仿真与控制

在现代自动化项目的方案设计中，系统仿真已成为一个重要的设计环节。所谓仿真，就是通过某种方法，建立能描述系统结构或行为过程的仿真模型，并据此进行试验或定量分析，以获得正确决策所需的各种信息。仿真技术的使用，可以大大缩短系统的设计、开发和调试周期，节省原料，降低成本，为使用者带来巨大的经济效益。尤其当所研究的系统造价昂贵、实验的危险性大或需要很长时间才能了解系统参数对系统的影响的时候，仿真是一种特别有效的研究手段。

仿真过程有两个主要步骤：建立仿真模型和进行仿真实验，其中仿真模型的建立是极其关键的一步，仿真模型的类型决定了仿真的类型，同时也决定了所使用的仿真工具。

仿真模型概括来说有两个种类：物理模型和数学模型，相应的仿真类型就是物理仿真和数学仿真。物理仿真中使用的物理模型，是用几何相似或物理类比的方法建立的，可以描述系统的内部特性，也可以描述实验所必需的环境条件，是一种实体模型。数学仿真中使用的数学模型，是根据各种原理及定律如力学定律、电磁方程等得出的数学方程，用来描述系统的各种状态及运行特性。两者相比，物理仿真具有较强的针对性，而数学仿真则通用性更强，应用更为广泛。本章的仿真特指数学仿真，所使用的仿真工具为计算机及仿真软件。自动控制中常用的仿真软件是MATLAB/Simulink，其非常实用的一个功能就是 Simulink 模型 C 代码生成，这个功能可以为工程师节省大量的开发及调试时间。

6.1.1 与控制软件平台实现无缝对接的 MATLAB/Simulink

MATLAB 是美国 MathWorks 公司推出的一款软件，主要面对科学计算、可视化以及交互式程序设计。从名字来看，MATLAB 是 Matrix Laboratory（矩阵实验室）的缩写，它最初主要用于矩阵运算，其基本数据元素是没有维数限制的矩阵。因此，其最大特点就是具有强大的矩阵运算能力，这使得用户可以解决许多工程技术上的问题，特别是那些包含了矩阵和向量公式的计算。在工业界，它是一个高效研究、开发和分析的工具。随着科技的发展，许多优秀的工程师不断地对 MATLAB 进行了完善，使其从一个简单的矩阵分析软件逐渐发展成为一个具有极高通用性，并带有众多实用工具的运算操作平台。

MATLAB 的一个重要特色就是它有一套程序扩展系统和一组称之为工具箱（toolbox）的特殊应用子程序。工具箱是 MATLAB 函数的子程序库，每一个工具箱都是为某一类学科专业和应用而制定的。例如，包括信号处理、控制系统、神经网络、模糊逻辑、小波分析和系统仿真等方面的应用。

MATLAB 工作环境如图 6.1 所示。主要包括：菜单、工具栏、当前路径、命令窗口、历史命令窗口、工作空间和开始菜单。具体功能及实用方法的参考文献很多，本书不再赘述。

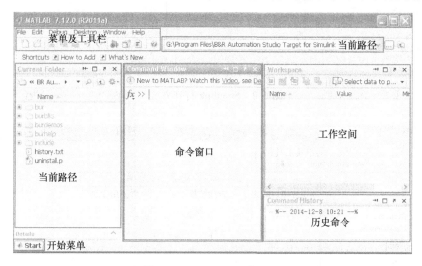

图 6.1　MATLAB 工作环境

Simulink 是 MATLAB 中的一种可视化仿真工具，它提供了一个动态系统建模、仿真和综合分析的集成环境。该环境支持连续采样时间、离散采样时间建模，还提供了一个建立模型方块图的图形用户接口（GUI），用户无须大量书写程序，而只需要通过简单直观的鼠标操作，就可构造出复杂的系统，并且可以立即看到系统的仿真结果。Simulink 具有适应面广、结构和流程清晰及仿真精细、贴近实际、效率高、灵活等优点，基于以上优点，Simulink 已被广泛应用于控制理论和数字信号处理的复杂仿真和设计中。

下面通过一个简单的例子介绍 Simulink（基于 R2011a 版本）的功能、使用方法及常用的基本模块。Simulink 可以通过三种方式打开：

1）在命令窗口中输入 simulink，并回车。

2）点击工具栏上的"simulink"图标。

3）通过 MATLAB 的开始菜单启动。

Simulink 打开方式如图 6.2 所示。使用如图 6.2 中任意一种方法打开 Simulink，Simulink 打开界面如图 6.3 所示。

Simulink 中的仿真模块是以库的形式管理的，在图 6.3 的 Simulink 界面中，左侧就是安装的 Simulink 模块库的总览。其中第一项"Simulink"是基本库，里面包含了仿真模型中最常使用的基本模块，如信号源、数学运算、连续系统、离散系统、输出示波器等，其余库则是专门针对某个领域或某个算法的专用库，如模糊控制、神经网络、信号处理等，用户可以根据需要，选择性

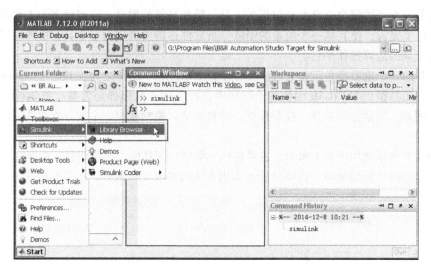

图 6.2 Simulink 打开方式

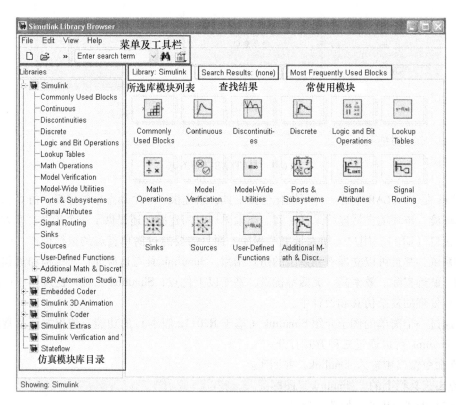

图 6.3 Simulink 打开界面

购买并安装。

使用 Simulink 进行仿真，分为模型搭建和仿真两个步骤。模型搭建就是把系统的数学模型，使用 Simulink 中的模块搭建成图形化模型。仿真就是根据图形化模型中各模块的功能、输入输出关系，按照系统的时间属性（连续、离散）计算出系统在各时刻的输出和状态值。

案例1：一个一阶系统的传递函数如式（6.1）所示，画出此系统的阶跃响应曲线。

$$G(s) = \frac{5}{2s+1} \qquad (6.1)$$

首先，根据题目描述搭建一个仿真模型。新建一个 Simulink 仿真文件，可以使用工具栏的新建按钮或菜单命令 File→New→Model，新建 Simulink 仿真文件如图 6.4 所示。

在打开的窗口中，添加仿真所需的模块。一个完整的仿真模型通常包括输入信号源、输出显示和中间系统模块。在本例中，输入已经指定为阶跃输入，系统模块为连续系统的传递函数，输出为阶跃响应。为了能直观地看到阶跃响应曲线，将系统的输出连接到一个输出示波器。连续系统的传递函数可以从基本 Simulink 库的 Continuous 中找到：Transfer Fcn。用鼠标选中此模块，拖拽（按住鼠标左键）到模型文件中。Simulink 传递函数的建立如图 6.5 所示。

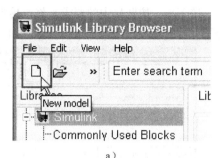

a）

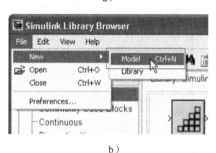

b）

图 6.4　新建 Simulink 仿真文件

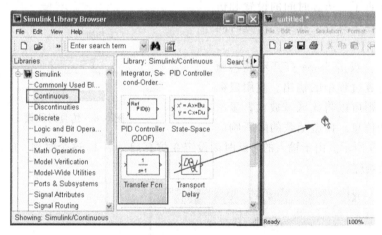

图 6.5　Simulink 传递函数的建立

然后分别将 Sources 中的 Step（阶跃输入）和 Sinks 中的 Scope（示波器）添加到模型文件中。按照输入→对象→输出的顺序连接起来。Simulink 建模如图 6.6 所示。

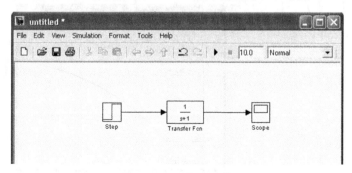

图 6.6　Simulink 建模

接下来，按题目中的要求来修改传递函数的参数。双击模块，打开模块的属性对话框，修改分子分母的系数，传递函数属性修改如图 6.7 所示。

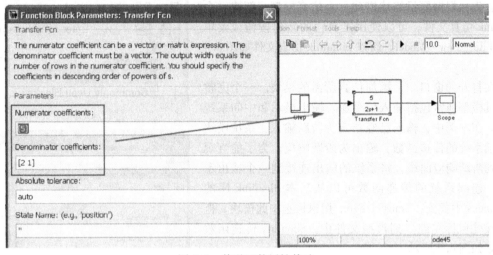

图 6.7 传递函数属性修改

仿真模型就搭建完成后，设置好仿真时间就可以启动仿真了。仿真时间的设置和仿真启动命令可以在工具栏上找到。仿真时间设定如图 6.8 所示。

仿真结束后，双击 Scope 打开示波器画面，可以看到仿真过程中的输出。使用鼠标选定一片区域，则可以将此区域放大，显示更为详细具体的信息。传递函数的阶跃响应

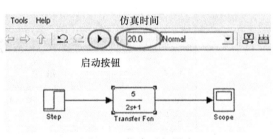

图 6.8 仿真时间设定

仿真曲线如图 6.9 所示。由于输入的阶跃时刻设定在仿真启动后 1s 这个时刻，所以系统也在 1s 这个时刻才开始响应。

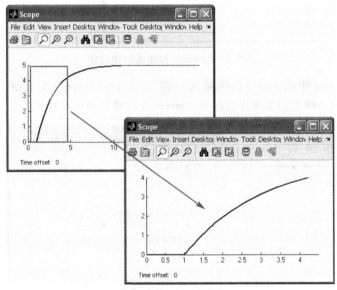

图 6.9 传递函数的阶跃响应仿真曲线

Simulink 的建模与仿真步骤如下：

1）找到需要的模块，将其拖入到模型文件中。

2）按照各模块间的输入输出关系连接模块。

3）修改各个模块参数。

4）设置仿真时间，启动仿真。

5）查看结果。

其中 1～3 步属于模型搭建，4～5 步属于模型仿真。模型搭建是模型仿真的基础，只有搭建出能正确描述数学模型的 Simulink 模型，仿真结果才有指导意义和可信度。在模型搭建的过程中，使用者要对 Simulink 的各模块有基本的了解，才能正确选出所需模块。对于初学者来说，这需要一个学习的过程及经验的积累。

下面简单介绍 Simulink 中的常用基本模块，这些模块按功能和特性归属模块库，模块库分类有助于用户查找。

1）常用模块（Commonly Used Blocks）：总结了仿真过程中的常用模块，是初学者的有力助手。这些模块分属于不同的模块库，后续在具体模块库介绍时将不再介绍。Simulink 常用模块见表 6.1。

表 6.1　Simulink 常用模块

模 块 名 称	模 块 图 标	功能说明及归属库
Constant	1	恒值常数，可设置数值。属于 Sources 库
In1	1	输入模块。属于 Sources 库
Out	1	输出模块。属于 Sinks 库
Scope		示波器，显示实时信号。属于 Sinks 库
Gain	1	增益，实现点乘或普通乘法。属于 Math Operations 库
Product	×	乘法模块，可用于标量、向量、矩阵的乘法运算。属于 Math Operations 库
Sum	+	加减求和。属于 Math Operations 库
Integrator	$\frac{1}{s}$	连续积分模块。属于 Continuous 库

（续）

模 块 名 称	模 块 图 标	功能说明及归属库
Discrete-Time Integrator	$\frac{KTs}{z-1}$	离散积分模块。属于 Discrete 库
Unit Delay	$\frac{1}{z}$	单位时间延时。属于 Discrete 库
Relational Operator	<=	比较模块。属于 Logic and Bit Operations 库
Logical Operator	AND	逻辑运算模块。属于 Logic and Bit Operations 库
Subsystem	In1　Out1	创建子系统。属于 Ports & Subsystems 库
Switch		选择器。属于 Signal Routing 库
Mux		信号合成。属于 Signal Routing 库
Demux		信号分解。属于 Signal Routing 库
Saturation		限幅模块。属于 Signal Attributes 库
Data Type Conversion	Convert	数据类型转换。属于 Discontinuities 库

2）输入信号源（Sources）：提供了不同种类、不同方式的信号源，用于向模型提供输入信号。常用输入信号源见表 6.2。

表 6.2　常用输入信号源

输入信号源名称	模块图标	功能说明
Step	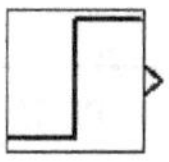	阶跃信号
Ramp	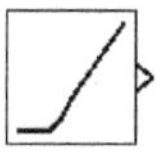	斜坡信号，信号线性增大或减小
Sine Wave	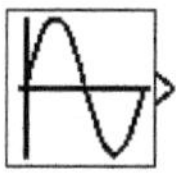	正弦波信号
Random Number	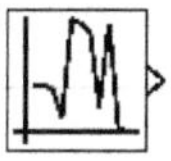	随机数信号
Signal Generator	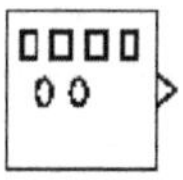	信号发生器，可产生正弦波、方波、锯齿波、和随机数信号
From File	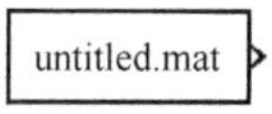 untitled.mat	从文件获取数据
From Workspace	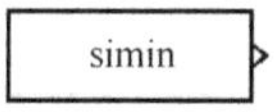 simin	从当前工作空间的矩阵变量读取数据
Clock	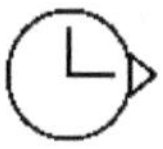	仿真时间，输出每个仿真步点的时间

3）接收模块（Sinks）：接收模块信号。常用接收模块见表 6.3。

表 6.3　常用接收模块

接收模块名称	模块图标	功能说明
Display	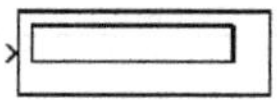	显示实时数值
XY Graph		显示 X-Y 两个信号的关系图
To File	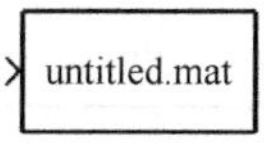 untitled.mat	把数据保存为文件
To Workspace	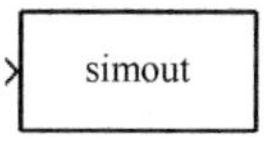 simout	把数据以矩阵形式输出到当前工作空间
Stop Simulation	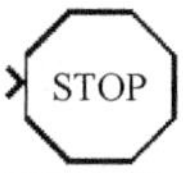 STOP	输入不为零时终止仿真，常与关系模块配合使用

4）连续控制算法模块（Continuous）：连续系统中的各种算法。常用连续控制算法模块见表6.4。

表6.4　常用连续控制算法模块

连续控制算法模块名称	模块图标	功能说明
Derivative	du/dt	微分模块
Transfer Fcn	$\frac{1}{s+1}$	传递函数
State-Space	x'=Ax+Bu y=Cx+Du	状态空间方程
Transport Delay		按设定时间把信号延时
Zero-Pole	$\frac{(s-1)}{s(s+1)}$	零-极点增益
PID Controller	PID(s)	连续 PID 控制器

5）离散控制算法模块（Discrete）：离散系统中的各种算法。常用离散控制算法模块见表6.5。

表6.5　常用离散控制算法模块

离散控制算法模块名称	模块图标	功能说明
Discrete Derivative	$\frac{K(z-1)}{Tsz}$	离散微分模块
Discrete Transfer Fcn	$\frac{1}{z+0.5}$	离散传递函数
Discrete State-Space	y(n)=Cx(n)+Du(n) x(n+1)=Ax(n)+Bu(n)	离散状态空间方程
Discrete Filter	$\frac{1}{1+0.5z^{-1}}$	离散滤波器
Discrete PID Controller	PID(z)	离散 PID 控制器

（续）

离散控制算法模块名称	模块图标	功能说明
Zero-Order Hold	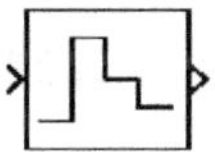	零阶保持器
First-Order Hold	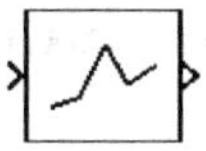	一阶保持器
Integer Delay	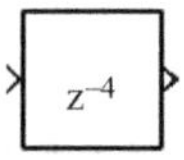 z^{-4}	整数倍采样周期的延时

6）数学运算模块（Math Operations）：各种实数、复数、多项式的数学运算。常用数学运算模块见表6.6。

表6.6　常用数学运算模块

数学运算模块名称	模块图标	功能说明
Abs	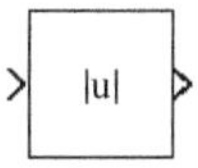 |u|	取绝对值
Divide	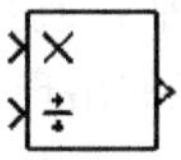 × ÷	乘除运算
Math Function	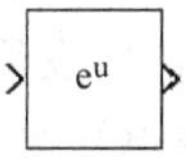 e^u	数学函数运算
MinMax	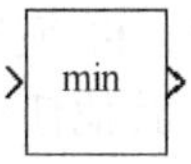 min	取最大最小值
Sign	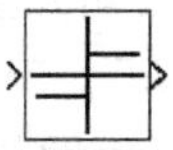	符号函数
Trigonometric Function	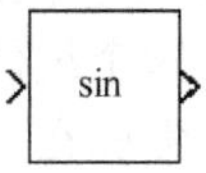 sin	三角函数

7）用户自定义模块（User-Defined Functions）：允许调用 MATLAB 函数或使用 S 函数。常用用户自定义模块见表6.7。

表 6.7 常用用户自定义模块

用户自定义模块名称	模 块 形 状	功 能 说 明
Fcn	f(u)	自定义简单的 MATLAB 函数表达式模块
MATLAB Function	MATLAB Function	可双击打开 M 文件编写 MATLAB 函数
S- Function	system	调用 S 函数

上述介绍的模块是仿真中最常用的，也是最基本的，除此以外，Simulink 基本库中还有很多其他功能的模块，能实现各种功能的仿真。而且，在 Simulink 基本库之外，还有大量的针对某个专门领域或特殊算法的功能库，大大地提升了 Simulink 的仿真能力，扩大了其使用领域。近几年来，MathWorks 公司还推出了"Simulink 自动代码生成"功能，弥补了理论仿真和实际应用之间的巨大鸿沟，进一步推动了其在工业界的应用，现在 MATLAB/Simulink 已经成为自动化领域使用最广泛的仿真软件之一。

6.1.2 Simulink 自动代码生成

Simulink 的自动代码生成是指通过 Real-Time Workshop（RTW）和 Real-Time Workshop Embedded Coder 将图形化的 Simulink 仿真模型转化为可在其他硬件平台或操作系统上执行的 C 语言代码，并且生成的 C 代码具有与原仿真模型同样的功能。此功能的出现，使得 Simulink 由纯软件仿真向硬件应用迈出了一大步。例如，在 PLC 应用中，借助于 Simulink 进行项目开发的人员，将不必再在 PLC 编程软件中编写 Simulink 模型中经过测试的控制算法，自动代码生成功能可以帮助实现这一"翻译"过程，这大大提高了编程效率，缩短了项目研发周期，也避免了编码过程中错误代码的引入，提高了控制软件的可靠性。以贝加莱（B & R）公司的 PLC 为例，Simulink 模型应用到 PLC 的过程如图 6.10 所示。

由图 6.10 可见，Simulink 模型经过 RTW 翻译后生成 C 代码，再将生成的 C 代码集成到 PLC 编程软件平台 Automation Studio（简称 AS）的项目中，与项目中其他任务一起被编译为二进制文件，最终下载到 PLC 中。这样，Simulink 中的模型就可以在 PLC 中执行了。

为了能更方便地将生成的 C 代码集成到 AS 项目中，贝加莱公司开发了 MATLAB/Simulink 和 Automation Studio 的接口组件"Automation Studio Target for Simulink"，于 2008 年推出了最初版本，并且一直追随 Automation Studio 和 MATLAB/Simulink 功能的更新而做相应配套与更新。借助于"Automation Studio Target for Simulink"，只需要简单的配置，Simulink 模型就可以一键生成到 AS 控制软件中，并且生成的 C 代码是无缝地集成在原 AS 项目中。这个组件是针对 Simulink 开发的一个 Toolbox，需要在 Simulink 中安装后才能使用。安装文件是集成在 AS 软件的安装目录中的（…\ Brautomation \ Automation Studio Target for Simulink），把 MATLAB 的当前路径切换到此路径，在 MATLAB 左侧的目录中，找到"install. p"并单击鼠标右键执行"Run"即可安装 Toolbox。Automation Studio Target for Simulink 安装如图 6.11 所示。

安装过程中，选择安装路径时不能选在 MATLAB 的安装路径下。安装完成后会弹出一个提

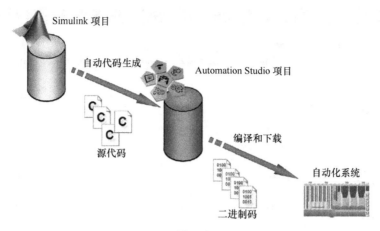

图 6.10 Simulink 模型应用到 PLC 的过程

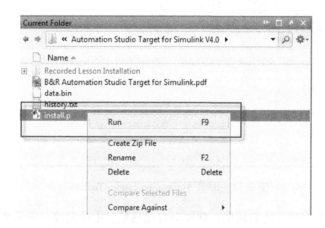

图 6.11 Automation Studio Target for Simulink 安装

示安装完成对话框。安装完成提示如图 6.12 所示。

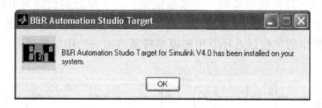

图 6.12 安装完成提示

重新打开 Simulink，新安装的 "B&R Automation Studio Toolbox"，这个 Toolbox 包含了 B&R AS 软件需要的接口和配置模块。B&R Automation Studio Toolbox 如图 6.13 所示。

成功安装后，就可以使用 Simulink 的自动生成代码功能了。

案例：PLC 控制项目中有一个一阶温控对象，需要设计 PID 控制器。假设，已经得到系统的离散传递函数如式（6.2）所示，采样周期为 100ms。要求系统的实际温度能跟随设定温度。在控制器设计调试阶段，在 PLC 中使用程序来模拟被控对象。

$$G(z) = \frac{2}{z - 0.8} z^{-2} \tag{6.2}$$

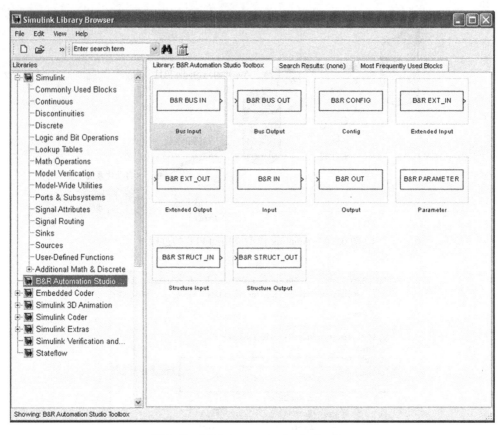

图 6.13   B&R Automation Studio Toolbox

首先，在 Simulink 中建立仿真模型，此模型应包括题目中的温控对象及 PID 控制器。考虑到温控对象在没有加热器输入时，系统会稳定在常温温度，因此给系统输出加一个 25℃ 的常温恒值。PID 控制器在 Simulink 的基本模块中就有，可以直接使用，考虑到实际中输出的执行机构是受范围限制的，因此在 PID 模块后添加一个限幅模块，上下限分别设置为 100 和 0。温控仿真模型如图 6.14 所示，由于是离散系统，因此需要为各模块设置采样时间，按照题目要求设置为 0.1s。其中，反馈回路中的单位延迟环节用来模拟传感器的一个单位的延迟（该模块的初始值设置为 25）。

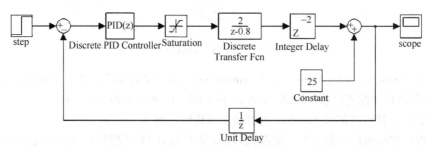

图 6.14   温控仿真模型

假设设定温度为 100，调节 PID 的参数，可以得到系统的阶跃响应曲线。考虑到对象最低温度为 25℃，因此把阶跃输入的初始值设置为 25。系统阶跃响应曲线如图 6.15 所示（P=0.02，I=0.1）。

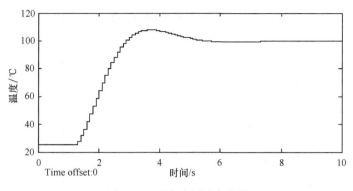

图 6.15 系统阶跃响应曲线

接下来,将这一仿真模型"搬运"到 PLC 中运行。需要将仿真中的控制器和对象模型分成两个文件分别生成代码,这样做是因为在项目开发调试阶段会使用仿真模型,而实际运行时则使用实物被控对象,PLC 中只需要控制器部分即可。

分别定义两个文件的接口,并替换成 B&R Automation Studio Toolbox 中的模块。对于 PID 控制器来说,需要"设定温度"和"实际温度"两个输入,"控制量"一个输出。同时,PID 的参数也需要实时修改。因此,分别将输入、输出替换为 Input、Output 模块,并添加 Parameter 模块。此外,文件中还要添加一个自动代码生成配置模块。控制器模型如图 6.16 所示。

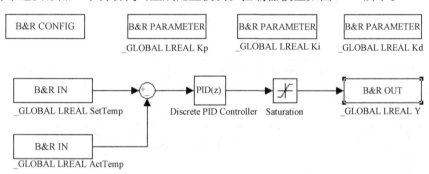

图 6.16 控制器模型

修改这些模块的属性参数。主要参数有:变量名、变量范围和变量类型。模块属性如图 6.17 所示。

输入、输出模块是直接替换掉原模块的,而参数模块却是通过变量名在模型中产生作用。参数模块如图 6.18 所示。

对于对象模型来说,有控制量输入和实际温度输出两个接口。按上述方法替换模块。对象模型图 6.19 所示。

需要注意的是,控制器模型中的输出控制量 Y 和对象模型中的输入 Y,实际上是一个变量,因此在定义模块属性的时候,所有的属性元素(变量名、数据类型、变量范围)必须一致,并且变量范围必须为 GLOBAL。同理,实际温度 ActTemp 也是如此。

这样,两个要进行代码生成的模型文件就配置好了。然后配置代码生成的模式。双击 B&R CONFIG 模块,选择一种代码生成模式,此处我们选择第一种。配置代码生成模式如图 6.20 所示。

接下来需要配置仿真参数。用菜单命令 Simulation→Configuration Parameters...打开仿真参数

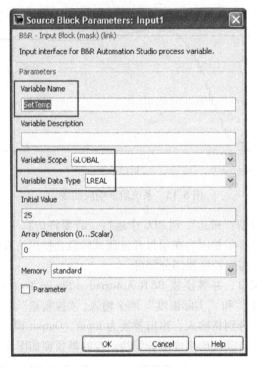

图 6.17　模块属性

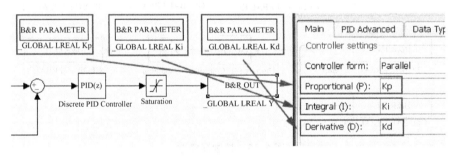

图 6.18　参数模块

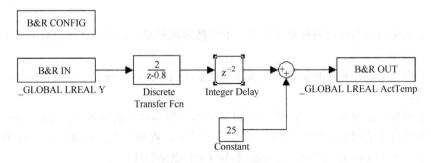

图 6.19　对象模型

配置对话框，打开仿真参数配置如图 6.21 所示。

　　有两项参数需要配置：仿真步长和生成代码的 B&R 属性设置。题目中明确给出了仿真步长为 100ms。仿真步长设置如图 6.22 所示。

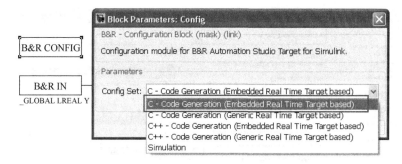

图 6.20　配置代码生成模式

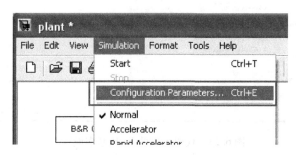

图 6.21　打开仿真参数配置

图 6.22　仿真步长设置

　　B&R 属性主要包括需要集成代码的项目路径、代码的任务名称和需要运行代码的硬件配置。代码生成的 B&R 基本设置如图 6.23 所示。

　　接下来就可以执行代码生成的命令了。点击模型文件工具栏上的"Incremental Build"按钮，启动代码生成过程。代码生成按钮如图 6.24 所示。

　　如果 AS 项目中缺少必需的库，代码生成过程中会弹出提示对话框。按提示添加需要的库，如图 6.25 所示，点击图中"OK"按钮继续代码生成过程。

　　完成后，弹出提示对话框。代码生成成功如图 6.26 所示。

　　完成上述步骤，控制器模型和对象模型都已生成到 AS 项目中，可在项目的 Logical View 中看到新生成的两个任务，并且两个任务已经添加到硬件配置中，检查任务的循环周期是否与之前设置的 100ms 相符。Simulink 模型生成的任务如图 6.27 所示。

　　GLOBAL 变量不会自动添加到项目的 GLOBAL 变量声明表中，需要手动处理。手动添加GLOBAL 变量如图 6.28 所示。

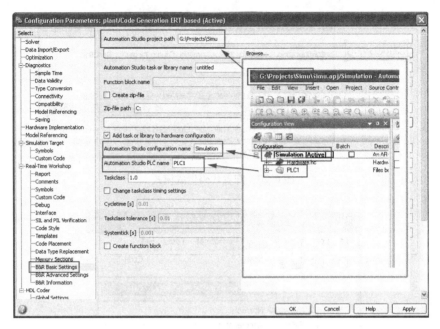

图 6.23　代码生成的 B&R 基本设置

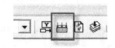

图 6.24　代码生成按钮

图 6.25　按提示添加需要的库

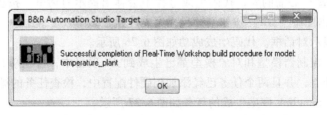

图 6.26　代码生成成功

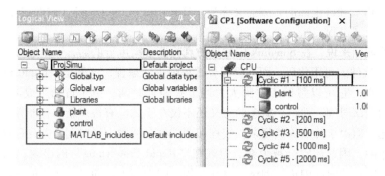

图 6.27　Simulink 模型生成的任务

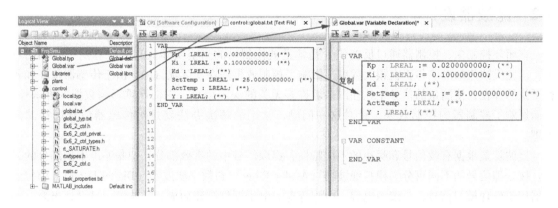

图 6.28　手动添加 GLOBAL 变量

　　然后，编译项目并执行下载。这样就把原来 Simulink 中的仿真模型"移植"到 PLC 中了。可以使用 Trace 功能来获取原仿真模型在 PLC 中的运行结果，PLC 中系统阶跃响应曲线如图 6.29 所示。

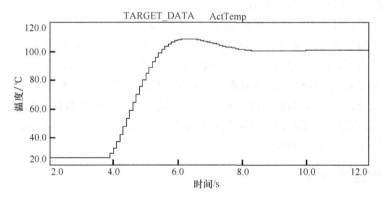

图 6.29　PLC 中系统阶跃响应曲线

　　与之前 Simulink 中纯仿真的阶跃响应曲线图对比，可以看出两者完全一样。这也证明了 Simulink 模型生成的代码与原模型的运行结果是一致的，可以放心使用。

　　在项目应用中，通常是 PLC 负责实现控制器功能，而被控对象则是一个实际存在的物理对象，如水箱里的水等。但在项目的开发或测试阶段，由于没有实物对象，或对象昂贵怕造成损失等原因，就会像上述例子一样，使用模拟对象来代替物理硬件。这种模型仿真与纯粹软件仿真不同，它是运行在 PLC 硬件里面的，故而又称为"Hardware In the Loop"（硬件在环），可以有效地避免风险和简化测试过程。

对于控制器设计来说，在 Simulink 中如果仿真验证方案可行的话，可以通过自动代码生成功能直接生成 PLC 软件的可用代码，而不再需要工程师重新编程，这就是"Rapid Prototyping"（快速模型研究）概念。它可以帮助工程师大大地节省编程时间。由于自动生成的代码没有错误，也会节省大量的调试时间。而这个概念的意义还不仅在于此。有很多新的智能算法，理论上非常适用于某些难题，但由于算法深奥复杂，编程和调试都会耗费大量时间，并且还存在最终无法在硬件上使用的风险，因此通常会被舍弃。但现在"Rapid Prototyping"的出现，无论算法多么复杂，都可以在非常短的时间内进行测试。自动化领域的大门可以向更多先进的理论和算法敞开。

6.2 滤波器设计

在闭环控制中，控制器通过反馈值（通常是被控制量的当前实际值）来计算这一时刻的输出，因此反馈值的准确与否在很大程度上影响了控制效果。在实际项目中，由于传感器精度和各种干扰的存在，使测量的信号中往往混杂着许多无关的噪声信号，它们严重影响数据的准确性，进而影响了控制器的控制效果。针对这一问题，常用的解决办法就是对传感器信号进行滤波处理。

滤波就是根据有效信号和噪声的不同特性，提取信号中的有效部分，抑制噪声干扰部分的过程。按处理信号的不同可分为模拟滤波器（Analog Filter）和数字滤波器（Digital Filter）。模拟滤波器用于处理模拟信号，一般由电容、电感等电力电子器件搭建而成，滤波器一旦设计出来，则它的滤波指标就不能随意更改，如果想要滤除其他频率的信号，则必须重新设计模拟滤波器；此外，模拟滤波器对低频信号的噪声干扰滤波效果较差，设计的灵活度比较差。数字滤波器可以看作是计算机中运行的一段信号处理程序，它的输入输出都是数字量，采用数值算法的方式来改变输入信号所含频率的相对比例，减小或消除噪声信号所占的比例，从而达到滤波的目的。相对于模拟滤波器，数字滤波器的优点主要有：

1) 数字滤波器设计简单，参数容易更改，适应性较强。

2) 数字滤波器滤波效果稳定，不会受到外部环境如温度、湿度等的影响。

3) 数字滤波器可以滤除低频信号噪声干扰，避免了模拟滤波器的缺点。

4) 数字滤波器采用程序运行，不需要增加额外的硬件，节省了成本。

按频率特性，滤波器又分为低通滤波器、高通滤波器、带通滤波器和带阻滤波器。在自动化领域，通常有效信号分布在低频段，噪声信号都分布在高频段，需要使用低通滤波器对信号进行滤波。本节主要讨论低通数字滤波器。

6.2.1 一阶惯性滤波器

一阶惯性滤波器是工程项目中最常用到的模拟滤波器，如 RC 滤波器和 LC 滤波器就是一阶惯性滤波器，传递函数可表示为

$$H(s) = \frac{1}{T_f s + 1} \tag{6.3}$$

式中，T_f 为滤波时间常数，反映系统惯性程度，T_f 越小，系统惯性越小，系统响应越快，$1/T_f$ 在波特图中代表 $-3dB$ 点，即滤波器截止频率 Ω_c（rad/s）。滤波器传递函数波特图如图 6.30 所示。

一阶惯性数字滤波器的设计方法就是将传递函数通过脉冲响应法或双线性变化法进行离散

化，将其转化为 Z 域形式。离散化表达式为

$$y(n) = (1-\alpha)y(n-1) + \alpha x(n) \tag{6.4}$$

式中，$\alpha = T_a/T_f$，T_a 表示采样周期，T_f 为滤波时间。

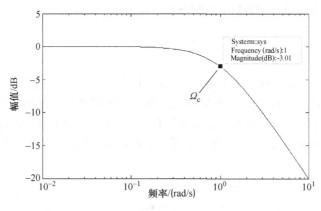

图 6.30　滤波器传递函数波特图

这种滤波的离散化表达形式很容易通过编程实现。最主要的就是计算系数 α 的值，确定任务的循环周期和所需的滤波时间，通过 α 的计算公式就可以得到，比如 10ms 的循环周期，100ms的滤波时间，则 $\alpha = 0.1$。那么滤波的计算公式就是

$$y = 0.9y_{old} + 0.1x \tag{6.5}$$

式中，x 是当前时刻采样的实际值，y_{old} 是上一时刻滤波后的值，计算得到的 y 就是这一时刻滤波后的值。

滤波效果如何直接取决于 T_f 的取值。T_f 的物理含义是，对于一个阶跃信号，在该时间达到阶跃值的 65% 左右。阶跃信号的一阶惯性滤波如图 6.31 所示，图中滤波时间为 1s，对于阶跃100 的滤波曲线。

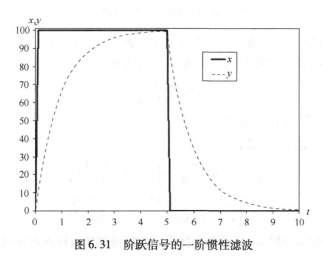

图 6.31　阶跃信号的一阶惯性滤波

从图 6.31 可以看出，滤波后的信号相较原信号是存在延迟的，T_f 越大，延迟就越厉害，滤波后的曲线也越平滑；相反 T_f 越小，信号实时性就越好，但滤波效果也会越差，曲线剩余毛刺会较多。所以滤波效果和信号实时性是一对矛盾体，要根据需要选择合适的 T_f 值。

6.2.2 高阶巴特沃斯滤波器

巴特沃斯（Butterworth）滤波器在 1930 年由英国工程师斯蒂芬·巴特沃斯提出。滤波器传递函数被称为巴特沃斯函数，它的幅度二次方表达式为

$$|H_a(j\Omega)|^2 = \frac{1}{1 + \varepsilon^2 \left(\dfrac{j\Omega}{j\Omega_c}\right)^{2N}} \tag{6.6}$$

式中，N 为滤波器阶数，Ω_c 为通带截止频率，当 $\varepsilon = 1$ 时，代表 -3dB 点。

巴特沃斯滤波器被称为最平响应滤波器，是因为它的幅度二次方函数在 $\Omega = 0$ 处，它的前 $2N-1$ 阶导数为零。滤波器阶数越大，通带和阻带特性越好，幅频曲线就会越平坦，越接近理想滤波器。例如，当截止频率为 10rad/s 时，分别取滤波器阶数为 2、5 阶，巴特沃斯滤波器波特图如图 6.32 所示。

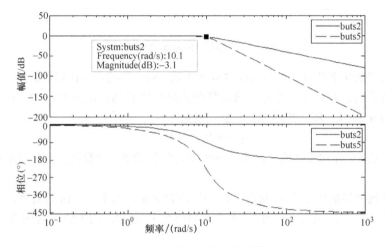

图 6.32　巴特沃斯滤波器波特图

设计巴特沃斯滤波器时，常常给定的设计指标有通带截止频率 Ω_c，通带最大衰减 $A_p(\text{dB})$，阻带截止频率 Ω_s 和阻带最小衰减 $A_s(\text{dB})$，则滤波器最小阶数为

$$N \geqslant \frac{\lg(\lambda/\varepsilon)}{\lg(\Omega_s/\Omega_c)} \tag{6.7}$$

式中，$\varepsilon = \sqrt{(10^{0.1A_p} - 1)}$，$\lambda = \sqrt{(10^{0.1A_s} - 1)}$。

传递函数的极点可通过下式计算：

$$s_{pk} = -\sin\left(\frac{2k-1}{2N}\pi\right) + j\cos\left(\frac{2k-1}{2N}\pi\right)$$

$$k = \begin{cases} 1, 2, \cdots, (N+1)/2 & N \text{ 为奇数} \\ 1, 2, \cdots, N/2 & N \text{ 为偶数} \end{cases} \tag{6.8}$$

也可以借助 MATLAB 中的 butter 函数直接得出数字滤波器的极点和零点，无须再进行复杂运算。

6.3　设计案例1——多温区系统温度控制

温度控制普遍存在于化工、冶金、机械和电力等各个工业生产领域，由于其具有非线性、大

惯性、纯滞后、强耦合等特性，容易引起系统的超调和振荡。本节通过一套多温区系统温度控制系统模型来介绍 PID 控制器在温控中的应用。由于温控模型的时间常数很大，每次实验要花费几个小时的时间，使用 Simulink 仿真可以帮助节省大量时间。

6.3.1　系统概述

多温区温控对象硬件模型如图 6.33 所示。系统共有四个温区，左边三个距离较近，分为一组，右边一个单独为一组，每个温区使用 800W 的加热棒加热，加热棒固定在散热片上靠近承载板的一端，在温区 1 的承载板上还载有 300W 的加热棒用来模拟干扰。左边一组的三个温区相互之间的距离比较近，各区的输入输出之间存在耦合现象。在散热片的底部安装有风扇，作为冷却装置，目的是加快冷却速度。右边的一个温区与左边的一组相隔较远，相互间无耦合现象，也没有安装风扇。

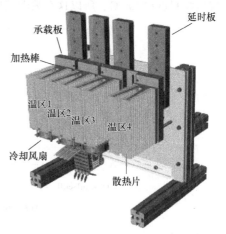

每个温区的承载板后都连有一个延时板，延时板自上而下分布有 5 个孔，温度传感器可以固定在其中任意一个小孔上。小孔距离加热棒的远近不同，可以模拟不同的时滞和惯性。最上面的小孔离加热棒最远，因此它的时滞和惯性也是最大的。

图 6.33　多温区温控对象硬件模型

使用这套模型来研究温度控制系统中单温区控制、多温区耦合控制以及双向输出（加热、冷却）控制。在以下的仿真和实验中，环境温度均设定在 25℃，采用 100℃作为设定温度，要求稳态控制精度在 1℃以内，动态过程中超调不能超过设定温度的 10%，上升时间（首次到达设定温度）在 1800s 以内。

6.3.2　建模与仿真

温区 4 由于与温区 1、2、3 相距较远，自成一体，与温区 1、2、3 不存在耦合，可以通过这个温区研究温区的独立控制。加热棒 100% 功率加热时，温区 4 的开环阶跃响应如图 6.34 所示。图中显示系统稳态温度为 135℃，系统进入稳态的时间约需 1h。

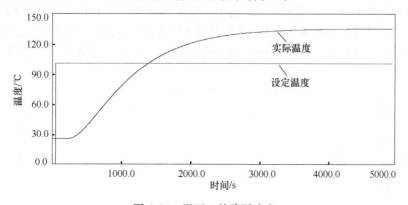

图 6.34　温区 4 的阶跃响应

这个温控系统惯性大、时间常数大，如果在实物系统上进行控制实验，实验过程漫长，多次实验会非常浪费时间，使用 Simulink 仿真可以解决这一问题。通常采用一阶惯性环节加纯延迟环节来模拟被控对象。由于温度控制区间在 80℃ 以上，根据上面的阶跃响应曲线，建立如下系统模型（环境温度假设为 0）：

$$G(s) = \frac{1.1}{800s + 1} e^{-360s} \tag{6.9}$$

由于系统响应初期温度变化缓慢，建模时将其归入纯延迟环节。Simulink 仿真阶跃响应如图 6.35 所示，与图 6.34 的实验结果比较可知，在 40℃ 以上仿真曲线和实验曲线的拟合度高，又由于温度控制点在 100℃，所以这个数学模型是有实用参考价值的。

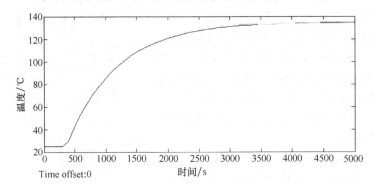

图 6.35　Simulink 仿真阶跃响应

设计采用 PID 控制器，温度控制仿真模型如图 6.36 所示。

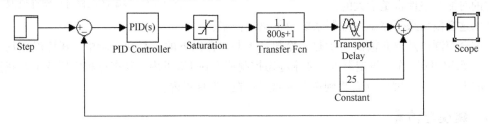

图 6.36　温度控制仿真模型

Simulink 中 PID 控制器自带自整定参数功能，可以得到一组优化的 PID 参数（$K_p = 1.116$，$K_i = 0.0015$，$K_d = 73.18$），使用这组参数进行闭环控制，得到阶跃响应曲线。Simulink 仿真闭环控制阶跃响应如图 6.37 所示。从图中可以看出，超调不到 10℃，上升时间在 1300s 左右，能够满足控制要求。同样这组 PID 参数应用于实物系统进行实测，得到的实测阶跃响应与仿真结果进行比较，结论是拟合度较高，证明了所建立的数学模型的正确性。实测闭环控制阶跃响应曲线如图 6.38 所示。

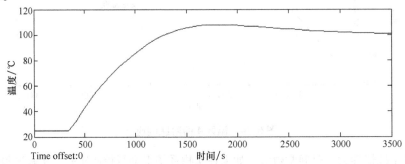

图 6.37　Simulink 仿真闭环控制阶跃响应

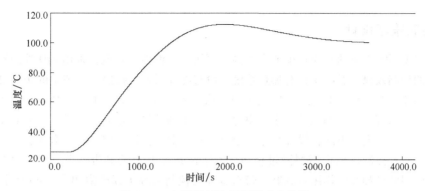

图 6.38　实测闭环控制阶跃响应曲线

按照上述方法为左面的三个温区建模并仿真。依次分别对温区 1、温区 2、温区 3 加热，获得各自的阶跃响应曲线，然后按照曲线得到各自的近似一阶惯性加延迟环节作为模型，在 Simulink 中通过仿真获得较为优化的 PID 参数，之后应用到实际的温控加热系统中。测试中，当三个温区分别加热时，使用 Simulink 中优化的参数可以获得较为理想的控制效果。但是当三个温区一起加热时，却都产生了较大的超调。

这是因为温区 1、温区 2、温区 3 相互靠近，在温区 2、温区 3 不加热的情况下，温区 1 的加热会使温区 2、温区 3 的温度升高，发生温度耦合现象。多温区的温度控制若要获得良好的控制效果，需要进行解耦控制。如果控制不进行解耦处理，而单独调整各温区的 PID 参数，应用于三温区同时加热，则控制会出现严重的超调现象。实际工业控制应用中的温控耦合现象常常出现，如在挤出机的控制系统中，挤出机管道加热时是整个管道同时加热，且管道分成多个温区。所以在建立 Simulink 模型时，应考虑这种耦合作用，为其建立传递函数，有耦合现象的三温区 Simulink 模型如图 6.39 所示。

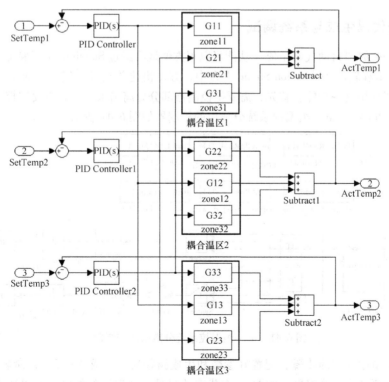

图 6.39　有耦合现象的三温区 Simulink 模型

6.3.3 控制策略设计

通常对温度系统控制的响应速度要求不高，可用一阶惯性加延迟，采用 PID 控制器就可以实现比较理想的控制效果。温区 4 只有加热系统而没有冷却系统，按照上一节中的仿真设计，使用一个 PID 控制器。对于温区 1、温区 2、温区 3，除了加热器之外，还有冷却风扇。由于加热和冷却是两组不同的系统，全功率加热和全功率冷却所产生的效果也不是简单的正负号之差。对于加热和冷却系统来说，模型不同，设计采用两个 PID 控制器，使用两组 PID 参数来进行加热和冷却控制。当然，冷却控制对象也需要测量获得。本案例系统由于风扇功率小，冷却效果较弱，因此，相邻温区间的冷却耦合作用可忽略。带有冷却的控制系统仿真模型如图 6.40 所示。图 6.40 为单个温区带有加热和冷却控制的 Simulink 仿真模型，多温区间加热控制的耦合作用并未在此体现。

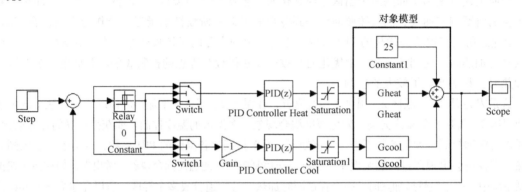

图 6.40　带有冷却的控制系统仿真模型

6.3.4 自动代码生成与系统调试

使用 Simulink 的"自动代码生成"功能可以很方便地将经过 Simulink 仿真验证的控制器生成到 B&R 的 PLC 编程软件 Automation Studio 平台中，方便快捷并且没有错误。对于这个多温区的温控模型，可以使用这一功能。首先，需要把控制器部分分离出来，并将需要监控的输入输出接口替换为"BR Block"，第一组温控系统分离出的控制器如图 6.41 所示。

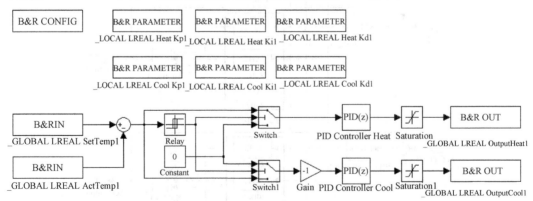

图 6.41　第一组温控系统分离出的控制器

按照 6.1.2 节中介绍的步骤，配置好参数和生成路径后，生成 AS 任务，命名为 TempCtr1。由于第一组温控系统有三个温区，而图 6.41 代表的只是一个温区的控制，所以还需要生成另外两个温区的控制任务。这三个温区的控制策略是相同的，只需要复制和粘贴就可以得到另外两个温区的生成代码，只是注意修改相应输入输出"BR Block"的名字。当然也可以将这三个温区的控制放在同一个 Simulink 模型中，这样就会把这三个控制器生成在一个任务中。同样，将第二组也就是温区 4 的控制部分也分离出来并生成相应的 AS 任务 TempCtr4，温区 4 温控系统分离出的控制器如图 6.42 所示。

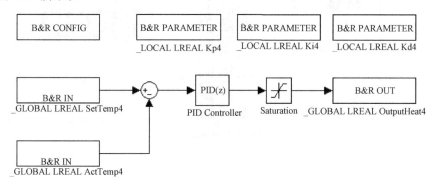

图 6.42 温区 4 温控系统分离出的控制器

鉴于温控对象的惯性和时滞特性，将控制任务配置在 100ms 中，这样，既可以满足控制要求又不会浪费 CPU 的使用率。生成的任务及循环时间配置如图 6.43 所示。

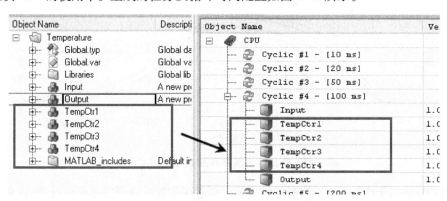

图 6.43 生成的任务及循环时间配置

控制系统硬件选型贝加莱 X20 系列 PLC CPU 和分布式 I/O 模块：X20CP1484、X20AT6402、两个 X20DO6322。X20CP1484 是 X20 系列的一款标准型 CPU，用于处理所有的控制程序。X20AT6402 是一个温度测量模块，可以连接六路热电偶型的温度传感器。两个 X20DO6322 分别用于控制加热输出和冷却输出，可以通过程序中编写 PWM 程序实现这种数字量模块产生模拟量输出的效果。温控系统的硬件配置如图 6.44 所示。

6.3.5 控制效果分析

综合上述多温区耦合控制的方法和双输出（加热、冷却）控制方法，对整个模型的四温区的温度控制进行仿真。为了得到更加贴近实际的仿真模型，需要获得各温区的加热和冷却的系统特性曲线，即各温区的加热棒 100% 功率加热和风扇 100% 打开条件下测得的温度的阶跃响应曲线，并且加热时需要各温区同时加热。实测四个温区开环加热冷却温度曲线如图 6.45 所示。

根据测得的系统特性曲线，得到各温区的数学模型，并通过 Simulink 仿真优化出各个 PID

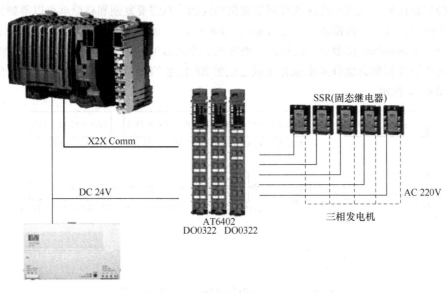

图 6.44 温控系统的硬件配置

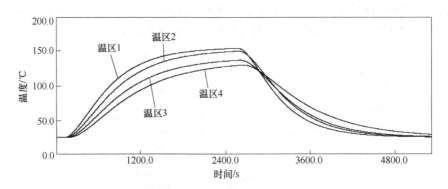

图 6.45 实测四温区开环加热冷却温度曲线

（四个加热 PID 和三个冷却 PID）控制器的参数，将这些参数应用到实际所生成的 AS 的 TempCtr 程序中，验证是否能得到较好的温度控制效果。

经实测验证，这些 PID 参数能够很好地控制各温区温度，实现超调小、响应快速。实测四个温区温度控制曲线如图 6.46 所示。

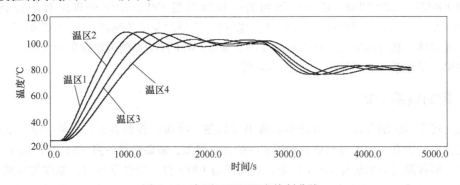

图 6.46 实测四温区温度控制曲线

6.4 设计案例2——多质量体扭转控制系统

在阻尼比较小或带有弹性部件的系统中，如长轴传动、带传动等，容易出现振荡现象，增加了控制难度。本节介绍一套带有弹簧的实验系统来模拟传动中带有弹性结构的系统，通过分析系统的特性，建立系统仿真模型，设计控制策略。

6-3. 多质量体扭转控制系统

6.4.1 系统概述

实验模型为一个24V直流电动机带动三块大小不一的质量体转动。为了模拟传动过程中的弹性元件，使用弹簧连接三块质量体。多质量体扭转控制系统模型如图6.47所示。圆柱形质量体分别通过中心轴固定在立式支撑架上，支架固定在底座上，保证它们的中心轴线在一条水平线上。质量体从左起：第一块和第二块、第二块和第三块之间通过弹簧连接，用于模拟弹性传动。第一块质量体的左端直接与电动机（带减速箱）连接，电动机驱动三块质量体转动。控制目标是第三块质量体的转动速度。

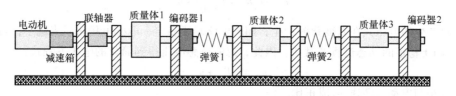

图 6.47 多质量体扭转控制系统模型

先假设质量体之间不是弹簧连接，而是通过刚度较高的轴连接，那么三个质量体是刚性连接，这个系统就可以等效为普通的电动机带负载运行。当传动过程中弹簧加入，系统的特性发生了很大的变化，系统的阶跃响应反映出这一变化。

下面来测试系统的阶跃响应。在系统静止的状态下，给直流电动机突加20V的电压，质量体开始转动，经过两个弹簧传动的质量体3在启动阶段明显可见转速不均匀，经过几秒之后，质量体3变成匀速，速度稳定在2300°/s。质量体3速度阶跃响应实测曲线如图6.48所示。可见，经过弹性传动后，系统的动态过程出现明显的振荡现象。

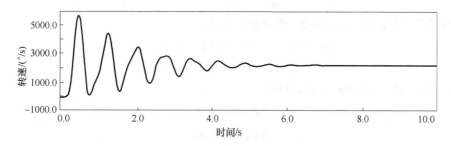

图 6.48 质量体3速度阶跃响应实测曲线

6.4.2 建模与仿真

通过建立数学模型，分析并了解系统的传动特性。系统的输入是直流电动机的24V直流电压，输出是第三块质量体的转速。系统的简化原理示意图如图6.49所示。

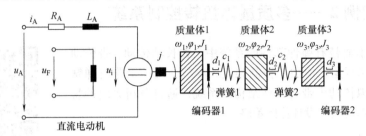

图6.49 系统的简化原理示意图

图中，ω、φ、J分别代表质量体的角速度、角位置和转动惯量；d代表质量体的阻力衰减系数；c代表弹簧的弹性系数；j代表传动比。

直流电动机的简化电路图中，u_A是电动机的输入电压，i_A是电枢电流，R_A是电机等效电阻，L_A是电动机等效电感，u_i是感应电动势。根据基尔霍夫定律，可得电动机的电压方程式：

$$u_A = i_A R_A + L_A \frac{\mathrm{d}i_A}{\mathrm{d}t} + u_i \tag{6.10}$$

式中，电感产生的电压只在i_A变化时产生，随着电路趋于稳定，电感电压将越来越小，直至变为0。而这一趋于稳定的动态过程非常快，因此，忽略电感电压得到简化的电压方程式：

$$u_A = i_A R_A + u_i \tag{6.11}$$

式中，u_i大小与电动机转速ω_A成正比。

$$u_i = k_m \omega_A \tag{6.12}$$

式中，k_m是电动机转矩常数。由于电动机和质量体1之间刚性连接，并且考虑到电动机本身带有传动比为j的减速箱，因此可得到电动机和质量体1之间的角速度关系：

$$\omega_A = \omega_1 j \tag{6.13}$$

质量体1的转矩：

$$J_1 \dot{\omega}_1 = \sum T = k_m i_A j - c_1(\varphi_1 - \varphi_2) - d_1 \omega_1 \tag{6.14}$$

式中，T为转矩，综合式（6.11）~式（6.14）可得质量体1的微分方程式：

$$J_1 \dot{\omega}_1 = -\frac{k_m^2 j^2 + d_1 R_A}{R_A} \omega_1 - c_1(\varphi_1 - \varphi_2) + \frac{u_A k_m j}{R_A} \tag{6.15}$$

对质量体2、质量体3进行转矩平衡分析，可得：

$$J_2 \dot{\omega}_2 = c_1(\varphi_1 - \varphi_2) - c_2(\varphi_2 - \varphi_3) - d_2 \omega_2 \tag{6.16}$$

$$J_3 \dot{\omega}_3 = c_2(\varphi_2 - \varphi_3) - d_3 \omega_3 \tag{6.17}$$

令$\Delta\varphi_1 = \varphi_1 - \varphi_2$，$\Delta\varphi_2 = \varphi_2 - \varphi_3$，可得：

$$\Delta\dot{\varphi}_1 = \omega_1 - \omega_2 \tag{6.18}$$

$$\Delta\dot{\varphi}_2 = \omega_2 - \omega_3 \tag{6.19}$$

取$x = \{\Delta\varphi_1, \Delta\varphi_2, \omega_1, \omega_2, \omega_3\}$作为系统的状态变量，综合式（6.15）~式（6.19）可得系统的状态空间方程式：

$$\begin{cases} \dot{x} = Ax + Bu_A \\ y = cx \end{cases} \tag{6.20}$$

式中，

$$
A = \left\{ \begin{array}{ccccc}
0 & 0 & 1 & -1 & 0 \\
0 & 0 & 0 & 1 & -1 \\
-\dfrac{c_1}{J_1} & 0 & \dfrac{-k_{\mathrm{m}}^2 j^2 - d_1 R_{\mathrm{A}}}{J_1 R_{\mathrm{A}}} & 0 & 0 \\
\dfrac{c_1}{J_2} & -\dfrac{c_2}{J_2} & 0 & -\dfrac{d_2}{J_1} & 0 \\
0 & \dfrac{c_2}{J_3} & 0 & 0 & \dfrac{d_3}{J_3}
\end{array} \right\}
$$

$$
B = \left\{ \begin{array}{c}
0 \\
0 \\
\dfrac{k_{\mathrm{m}} j}{J_1 R_{\mathrm{A}}} \\
0 \\
0
\end{array} \right\}
$$

$$
c = \{0 \quad 0 \quad 0 \quad 0 \quad 1\}
$$

在这个状态空间方程式中，k_{m} 和 R_{A} 是电动机参数，可以通过查询电动机的参数表获得，本套硬件模型所使用的电动机参数为 $k_{\mathrm{m}} = 34.6 \times 10^{-3} \mathrm{N \cdot m/A}$，$R_{\mathrm{A}} = 5.78\Omega$。$j$ 是电动机的传动比，此处 $j = 14$。c_1 和 c_2 是弹簧的弹性系数，可以通过实验法测得，由于使用了同样的弹簧，所以这两个参数是相等的，经实验测得，$c_1 = c_2 = 1.719 \times 10^{-4} \mathrm{N \cdot m/rad}$。$d_1$、$d_2$ 和 d_3 需要通过实验获得，通过调整这三个参数，使得数学模型的阶跃响应接近于实际硬件模型的阶跃响应即可。所有上述参数的单位在模型中需调整为国际标准单位。

这样就可以构建系统的数学模型。在 Simulink 中使用"状态空间方程模块"可以很容易地搭建出系统模型。测试其阶跃响应（阶跃输入设置为 20），得到的仿真曲线和实测曲线非常相似，Simulink 仿真及阶跃响应曲线如图 6.50 所示。

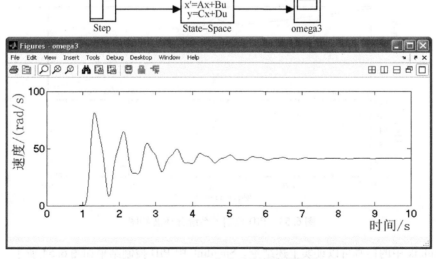

图 6.50 Simulink 仿真及阶跃响应曲线

为什么系统的阶跃响应出现振荡现象呢？系统的波特图如图 6.51 所示。系统在 0dB 以上有两个突起的尖峰，也就是说存在两个谐振点，这就是导致系统振荡的原因。

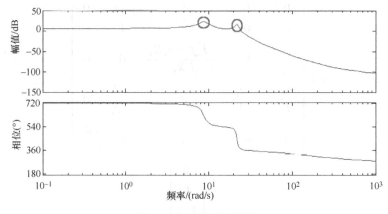

图 6.51 系统的波特图

6.4.3 控制策略设计

先尝试采用 PID 控制器对系统进行闭环控制。系统 PID 闭环控制框图如图 6.52 所示。

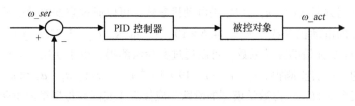

图 6.52 系统 PID 闭环控制框图

添加 PID 控制器后，系统的波特图发生变化，PID 控制下系统开环波特图如图 6.53 所示。可见，系统的穿越频率很低，这表明系统的响应很慢。如果修改 PID 参数，使整体幅频曲线上移，又会导致系统在谐振点处超出 0dB 线，使系统产生振荡现象。

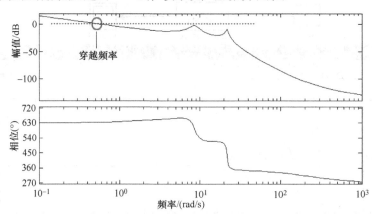

图 6.53 PID 控制下系统开环波特图

在 Simulink 中的仿真可以证实上述结论。Simulink 中 PID 控制结果如图 6.54 所示。

在 PID 的闭环控制中，系统的响应速度和抑制系统振荡是一对矛盾体。这是因为提高响应速度则会使系统振荡，而抑制系统振荡则必会使系统响应缓慢。系统产生振荡的原因是因为它含有两个谐振点，当谐振点在 0dB 线之上时，系统就会呈现振荡现象，而且超过得越多，振荡就越厉

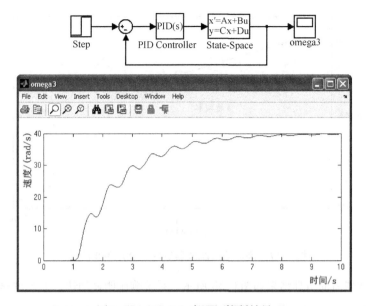

图 6.54　Simulink 中 PID 控制结果

害。那么有没有办法去除谐振点呢？借助于陷波滤波器是可选方法。

　　陷波滤波器是一种特殊的带阻滤波器，在理想情况下，它的阻带只有一个点，可以使这个点的幅值大幅衰减。这种滤波器通常用于滤除某个特定频率的干扰，可以使用它来消除谐振点的影响。陷波滤波器的波特图如图 6.55 所示。

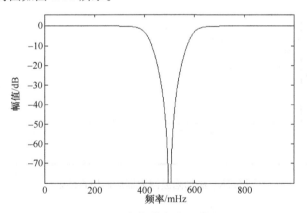

图 6.55　陷波滤波器的波特图

　　由于每个陷波滤波器只能滤除一个频率，而系统含有两个谐振点，所以在 PID 闭环控制中引入两个陷波滤波器。带陷波滤波器的闭环 PID 控制如图 6.56 所示。

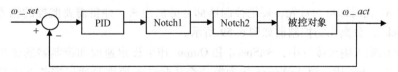

图 6.56　带陷波滤波器的闭环 PID 控制

　　添加陷波滤波器后的系统开环波特图如图 6.57 所示。两个谐振点明显被消除，这样就可以设置更大的 PID 参数，可以使系统的穿越频率变大，系统响应变快。

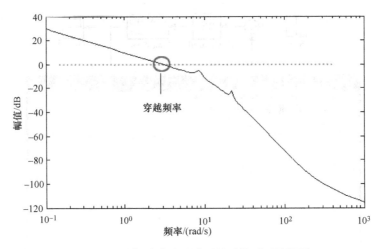

图 6.57　添加陷波滤波器后的系统开环波特图

添加陷波滤波器后的仿真结果如图 6.58 所示。系统响应明显加快，上升过程平滑。

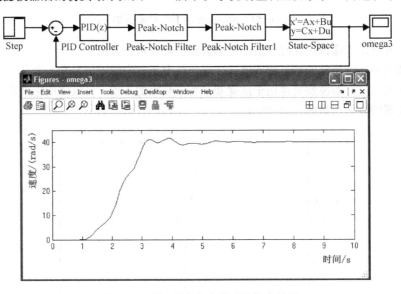

图 6.58　添加陷波滤波器后的仿真结果

6.4.4　自动代码生成与系统调试

由于已经在 Simulink 中进行了控制器的设计并实现了完整的仿真，因此不需要在 PLC 的编程软件 AS 中重新编写控制程序代码，直接使用"自动代码生成功能"将 Simulink 仿真模型中的控制器生成为 AS 代码即可。首先，要把控制器部分分离出来，并将需要监控的输入输出接口替换为"BR Block"。分离出的控制器如图 6.59 所示。

在图 6.59 的输入输出接口中，SetSpeed 和 Output 作为设定速度和控制器的输出，都不需要做特殊处理即可直接使用，而 ActSpeed 作为第三个质量体的速度是通过安装在第三个质量体上的编码器获取位置信息进而进行微分运算得到的。这一运算过程也可以在 Simulink 中实现。由于微分会对测量误差产生放大作用，因此在微分前先对采集的位置信号进行滤波。完整的控制策略如图 6.60 所示。

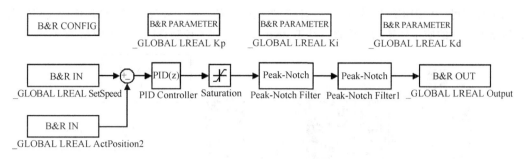

图 6.59　分离出的控制器

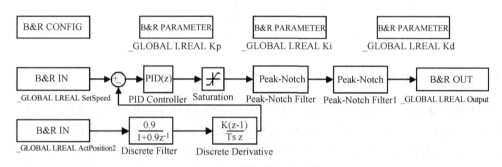

图 6.60　完整的控制策略

按照 6.1.2 节中介绍的步骤，配置好参数和生成路径后生成 AS 任务，命名为 DemoCtrl。在配置采样周期这个参数时，结合 CPU 的性能和控制精度的需求，设置任务的循环周期为 1ms。生成的任务和配置的循环周期如图 6.61 所示。

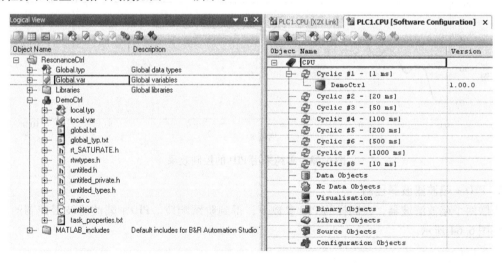

图 6.61　生成的任务和配置的循环周期

控制系统硬件选型设计为采用贝加莱 PLC 模块，X20CP1583、X20MM2436、两个 X20DC1976。X20CP1583 是 X20 系列的一款 CPU，最快循环周期可以达到 800μs，正好适合设置 1ms 任务周期的需求。X20MM2436 模块是一个直流电动机模块，可以控制额定电压在 24 ~ 39V 的直流电动机，额定电流可以达到 3A。这个模块的内部控制电路是全桥的，所以可以控制电动机两个方向转动。模块中集成了 PWM 运算，使用者只需要将所需的输出电压按比例换算到模块的输出量程即可。X20DC1976 模块是高速计数模块的一种，用于接收 5V 的 ABR 增量式编码器信号，以获取当前的质量体转动的位置。基于 B&R X20 系列的控制系统硬件如图 6.62 所示。

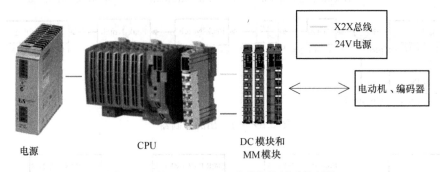

图 6.62　基于 B&R X20 系列的控制系统硬件

6.4.5　控制效果分析

将带有陷波滤波和不带陷波滤波的控制程序分别生成 AS 程序，并分别下载到 PLC 中，测试陷波滤波产生的控制效果。在实验中，设定速度均设置为 2300°/s，在保证稳态误差不超过 5% 的前提下，主要测试控制过程的动态响应部分，包括控制器的调节时间和加速过程的平滑度。

为了比较设计方案，分析控制策略对抑制系统振荡的影响，进行了三项实测对比实验。

1. PID 控制

使用 AS 的 Trace 功能记录系统的阶跃响应曲线。单纯采用 PID 的控制效果图如 6.63 所示。系统在 5s 后进入稳定状态，上升过程不平滑，有振荡现象。

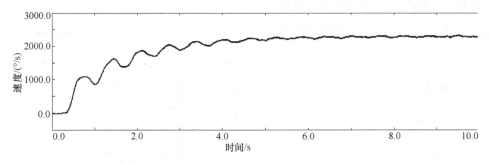

图 6.63　单纯采用 PID 的控制效果

2. PID + 陷波滤波器控制

串联两个陷波滤波器，在同样的 PID 参数下，得到阶跃响应。PID + 陷波滤波器控制的控制效果如图 6.64 所示。

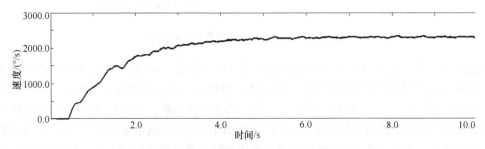

图 6.64　PID + 陷波滤波器控制的控制效果

3. 优化 PID + 陷波滤波器控制

陷波滤波器滤除系统的谐振点，加大 PID 参数使系统响应变快。优化 PID + 陷波滤波器控制的控制效果如图 6.65 所示。在其他设定值不变的条件下，系统进入稳态的时间约为 1s，调节时间大为缩短，谐振现象也得到抑制。

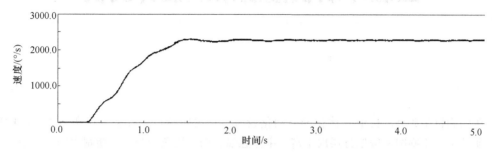

图 6.65　优化 PID + 陷波滤波器控制的控制效果

第 **7** 章
凹版印刷机控制系统设计实例

凹版印刷机是典型的机电一体化的自动化设备，其主要特点和优势是压印力大、印刷精度高、品质精美、印刷图案鲜艳且层次丰富、主体感强、细小线条清晰、印版耐力强、印速高、承印材料广泛、承印幅面宽，与胶印、柔印、丝印比较具有不可替代的独特优势。特别是高速运转方式使凹版印刷能够在短时间内完成批量产品的印刷，并且印刷质量稳定，同一批产品可实现无色差。因此，随着用户对商品包装品质和品种的要求越来越高，凹版印刷在食品、日化及医药产品包装等应用领域获得越来越广泛的应用，促进了高质量包装印刷业的迅速崛起和快速发展。

高性能、智能化的凹版印刷机控制技术涉及高精度的色标检测、实时通信、套色控制算法、电子凸轮/电子齿轮同步控制、温度控制、张力控制等技术。本章以凹版印刷设备为研究对象，结合前述章节介绍的电动机选型、项目管理、模块化软件设计，阐述无轴凹版印刷机的工程化设计方法和传动控制技术。

机组式凹版印刷机如图 7.1 所示。

图 7.1　机组式凹版印刷机

凹版印刷机控制系统复杂，诸多机电一体化设计问题在系统设计中都会遇到，这也是本书把凹版印刷机作为一个典型案例进行分析的原因。

本章案例介绍的凹版印刷机是陕西北人生产的机组式凹版印刷机，内容涉及控制系统的需求分析、选型设计、模块划分、控制策略、集成套色、软件设计等，希望通过这个案例，帮助读者掌握机电一体化设备工程化设计的基本步骤与方法。

7.1　凹版印刷机

凹版印刷机由收放料机构、进料牵引机构、印刷机构、干燥机构、给墨机构、传动系统、辅助装置等部分组成。机组式凹版印刷机组成结构如图 7.2 所示。

机组式凹版印刷机主要组成单元的功能、要求及特点如下：

1）收放料单元：滚动支承装置上安装的放料轴，采用智能化闭环控制系统，双轴双电动机驱动，高速不停机换卷，采用气胀式放卷轴，更换快捷，要求精度高，定心准确。

2）进/出料牵引单元：刚柔辊结合，保证张力区段划分，采用同步圆弧齿形带传动，使传动更加平稳。

7-1. 凹版印刷机——整机联动 + 套印纠偏

3）印刷单元：三方位调整刮刀营造最佳刮刀位置角，采用通轴装版的快速装夹机构，提高换版效率，设置快速提升装置，停机时可锁定压印胶辊。

4）干燥单元：采用二次回风设计，节约能源，整箱内负压设计，防止热风外流。

5）冷却单元：简单结构设计，减少料膜运行阻力，水冷却设计能够彻底冷却料膜，使料膜恢复原状，便于精准套印。

7-2. 运行中的凹版印刷机机组

6）主传动单元：能够低速满负荷起动，完成速率自动控制、手动增速功能，要求传动准确、平稳、控制精度高。

7）张力控制单元：采用PLC集中控制，多轴电动机闭环张力控制，能够完成自动张力设定，要求操作简单。

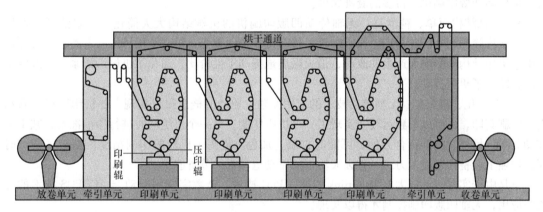

图 7.2　机组式凹版印刷机组成结构

7.1.1　无轴与有轴机组式凹版印刷机比较

无轴传动凹版印刷机取消了传统的机械长轴，每一组机械单元或机组都由独立的电动机驱动，各电动机之间通过驱动控制系统进行跟踪和同步。中央控制器计算出各虚拟的"电子轴"的位置数据，控制各传动电动机按照中央控制器发出的程序指令同步运转。由于采用了现场总线技术，使得电子轴之间互相跟随，并可实时、可靠地检测印刷色组的套准误差，并通过总线实时传输给中央控制器，然后将控制信号通过网络传递给伺服驱动器，驱动伺服电动机进行准确的相位调整，从而达到高精准套印的目的。正是由于各机组间单独驱动，省却了传递动力的机械长轴，故称为无轴传动，无轴传动也称为"电子轴"或"虚拟轴"。

传统的机组式凹版印刷机为有轴印刷，其各色组版辊是由一个电动机带动一个机械主轴进行传动，各色组版辊都通过机械的连接机构与主轴连接在一起，因此，各色组版辊能够运动同步。高质量的印刷机也要求各色组版辊的运动步调严格一致。印刷图案的套准控制需要通过控制浮动辊的运动及承印物张力来完成。

无轴和有轴的根本区别在于版辊的传动方式不同。无轴机组式凹版印刷机的各色组版辊的传动是各自独立的，它们分别由单独的电动机驱动，这样取消了机械主轴，各单元版辊可以独立控制。无轴机组式凹版印刷机控制的难点和关键技术在于各单元的严格同步，高精度的同步控制与整个机器印刷品质密切相关。

无轴印刷的图案套准控制有别于有轴印刷，它是在各轴同步的基础上，通过控制版辊的相位来实现的。无轴凹版印刷涉及版辊传动控制和套准控制，由于各个版辊独立，使版辊的控制更加复杂，也更加灵活。无轴凹版印刷的灵活性、可操作性、自动化水平得到了提高，能够适应当今印刷行业复杂生产工艺的要求，印刷品质高，生产成本低，实现了安全生产和环保生产。

无轴传动凹版印刷机具有的优点如下：

1）快速预套准：机械传动凹版印刷机在换版后及运行前都要进行预套准调整，以减少开机套印的废品量，但其操作烦琐，时间长，精度不高，印刷废品率高。而对于无轴传动凹版印刷机，安装印版滚筒时无须将其恢复至"零位"，系统能够计算出各印版滚筒需要旋转的相位，伺服电动机自动将印版滚筒转到"零位"，真正实现高精度预套准。

2）高精度、高速套准：无轴传动配合智能型驱动器及高速微处理器，各电子轴之间可通过高速的现场总线进行数据传输，协同工作，能够对印版滚筒进行精确控制。系统的闭环控制设计和快速响应能力使设备在高速运转状态下也能保持极高的控制精度，在高印刷速度下也能获得比机械轴传动凹版印刷机高得多的套准精度。

3）机械结构简单、精度高：无轴传动凹版印刷机的机械结构大大简化，如取消了补偿机构、印版滚筒的驱动齿轮、齿轮箱、带轮、传动带、传动轴等，提高了机械的稳定性，大大降低了由于机械结构的影响而产生的废品，最大限度地提高了性价比，简化了机械润滑系统，降低了噪声，减少了机械振动。

4）自动化、智能化：无轴传动技术的应用使独立驱动的概念得以实现，各机组既可以联动进行印刷套印，也可以单独运转，实现了一个机组印刷，另一个机组同时进行印前准备，减少了辅助时间。另外，机器组合方便，可随时扩展、加色，提高了机器的印刷精度，缩短了调试时间，增强了设备的适应能力，可省去大功率的驱动电动机，节省能源。

正是由于实时工业以太网Powerlink技术、PLC技术、全数字伺服驱动器ACOPOS技术的发展与应用，无轴凹版印刷控制才得以实现。

7.1.2 无轴与传统长轴印刷机比较

随着高速数字伺服技术与工业实时通信网络技术的发展，目前最先进的凹版印刷机普遍采用"电子轴""虚拟轴"或"无轴传动"技术，克服了传统的机械传动技术带来的诸多问题，大幅度提升了印刷效率、精度与品质。

由于无轴传动可以完全取代精密机械齿轮，省去了许多机械部件，如驱动装置、变速装置、轴、齿轮、蜗轮蜗杆机构、额外的牵引机构等，使设备的制造成本和使用费用大大降低，避免了传动中的机械共振，降低了维修成本。

无轴传动印刷机结构简单、运行平稳，机械磨损和机械振动小，运转和操作、安装调试、维护保养等以色组为单位，操作方便。

采用无轴传动技术，可以避免传统印刷机长轴驱动带来的机械误差累积导致的印刷质量难以保证的缺点，计算机控制有利于多台电动机同步控制，提高整机传动控制精度和运转平稳性，也便于实现印刷机的计算机操作台集中控制和远程控制。

采用无轴传动的印刷机色组选择灵活，每个印刷色组都可以独立更换印版，纸路选择比传统的有轴印刷机灵活，张力控制问题可由专用的电动机控制策略和软件方案解决，使得印刷张力更恒定。

由于无轴凹版印刷机独立的机组配置，驱动方式灵活，各单元可分别进行单独操作和调节，增加或撤销一个印刷机组容易且方便，增加了生产的灵活性，提高了生产效率。同时，无轴传动控制技术能够方便实现设备的维修和系统的升级、扩展。

无轴传动系统采用的监控和诊断软件可监控任意一个与电子轴相连的印刷滚筒，实时分析印刷过程中的负载，方便地实现模块化生产和调试。

但是，无轴传动控制系统的复杂度高，涉及的技术水平先进，对设备设计、制造、维修及操作人员提出了更高的要求。

无轴传动技术与传统长轴技术比较见表7.1。

表7.1 无轴传动技术与传统长轴技术比较

变量名称	机械长轴传动	无轴传动
速度	200m/min	450m/min
精度	±0.1mm（一般±0.15mm）	±0.1mm
噪声	较大	较小
误差	机械磨损造成误差较大	可理解为无机械误差的传动
二次印刷	无法实现	可实现
预套准	无此功能	可实现
不同版周涂布	较难实现	可实现
不良品率	较高	低
机械复杂度	高	简化机械结构
维护	机械维护复杂	简化结构，降低维护复杂度
能耗	高	低
机械结构	复杂	简单
远程控制	无此功能	可实现

无轴传动技术为印刷机带来了全新的技术变革，速度、精度得到提升，不良品率也降低了。无轴传动技术在凹版、柔版、卫星式柔版、表格纸、标签印刷、新闻纸塔式轮转等印刷机械领域得到广泛应用。

无轴传动对于系统电气控制与传动、网络通信等各个方面均提出了更高的要求，其套色技术是系统的核心技术。

7.2 凹版印刷机控制需求分析

凹版印刷机主要由放卷单元、前牵引单元、印刷单元、后牵引单元、收卷单元构成，其中印刷单元可根据客户的需求提供不同的色组数。凹版印刷机主要性能参数见表7.2。

表7.2 凹版印刷机主要性能参数

参数名称	参数指标	参数名称	参数指标
最高印刷速度	400m/min	最大张力设定	40kg
加速时间	10s	版辊最小直径	180mm
停机时间	10s	版辊最大直径	450mm
纸张克重范围	20~40g/m²	减速比	1:9
印刷幅宽	1200mm	放卷与收卷模式	中心收卷
套印精度	±0.1mm		

1. 收放料单元

异步电动机变频器驱动系统控制放卷单元，它通过摆辊反馈控制电动机转速，使摆辊稳定在中间位置，达到稳定张力的控制效果。实际张力由连接摆辊的汽缸压力决定。

（1）收放料的基本操作步骤

1）张力投入：用户按下张力投入按钮，收放料机构运动将摆辊控制到中间位置。

2）联动：用户按下联动按钮，收放料跟随主机运动，启动 PID 控制摆辊在中间位置。

3）放料接料：用户按下接料准备按钮，放料架转动。如果此时 A 轴在工作，则当检测开关检测到 B 轴到位后，停止放料架转动。计算 B 轴直径，B 轴开始转动到主机线速度，准备接料。用户按下接料按钮，压滚下压将 AB 轴材料黏合，同时裁刀出刀将 A 轴材料切断，B 轴 PID 投入运行，A 轴减速停止，完成接料。

4）收料接料：按下收料准备按钮，收料架转动。如果此时 A 轴在工作，则当检测开关检测到 B 轴到位后，停止放料架转动。B 轴直径为纸芯直径，B 轴开始转动到主机线速度，准备接料。用户按下接料按钮，压滚下压将材料黏合到 B 轴，同时裁刀出刀将 A 轴材料切断，B 轴 PID 投入运行，A 轴减速停止，完成接料。

（2）收放料控制系统的主要控制要求

1）初始卷径具备手/自动两种模式。手动模式时，初始卷径以用户输入为准；自动模式时，初始卷径通过摆辊摆动进行计算。

2）自动卷径计算发生突变时，变频器的输出不能跳变，需要一个逆向计算过程，要求 PID 函数具备设定输出功能。

3）放卷自动裁切的三种模式：

* 计圈数裁切：按裁切按钮，压辊下压，到达指定圈数后出切刀裁断。
* 弧面裁切：按裁切按钮，当检测到弧面开关时压辊下压，再一次检测时出切刀裁断。
* 变频器编码器反馈裁切：按裁切按钮，系统根据压辊下压时间计算何时出压辊，根据切刀出刀时间及设定料尾长度计算何时出切刀。

收放卷单元 I/O 及注释说明见表 7.3。

表 7.3 收放卷单元 I/O 及注释说明

DI 变量	
收料正转	手动控制塔台正转
收料反转	手动控制塔台反转
收 A 工作位	当接料工作轴由 B 轴转到 A 轴时，塔台开始旋转，当检测到此信号时表示新卷 A 轴到达工作位，塔台停止旋转，然后准备出大臂动作
收 B 工作位	当接料工作轴由 A 轴转到 B 轴时，塔台开始旋转，当检测到此信号时表示新卷 B 轴到达工作位，塔台停止旋转，然后准备出大臂动作
收料预备	开始塔台旋转等自动操作
收料解除	收料接料解除。在收料接料过程中，用户可以按下此按钮解除接料流程
收料接料	在预驱同步后，按下该按钮，进行裁切动作。首先裁切压辊出，根据卷径和当前速度计算转 1.5 圈的时间，然后出切刀，根据切刀动作时间返回切刀，回压辊，回大臂，裁切结束
收料换轴	在机器联动后不能进行轴切换，空转或者停止状态可以进行轴切换
收料光栅	该信号上升沿出现时，塔台不能旋转，给出报警信号
收料复位	按下该按钮后，塔台的报警复位，塔台可以旋转
放料正转	手动控制放料塔台的正转
放料反转	手动控制放料塔台的反转

（续）

DI 变量	
放 A 大臂	当接料工作轴由 B 轴转到 A 轴时，塔台到位后，放料大臂出，当检测到此信号时，表示大臂到位，执行下一步动作。塔台继续旋转直至卷径检测光电眼被挡住或者最小卷径检测有信号。当光电眼被卷径检测挡住后，新轴开始预驱动
放 B 大臂	当接料工作轴由 A 轴转到 B 轴时，塔台到位后，放料大臂出，当检测到此信号时，表示大臂到位，执行下一步动作。塔台继续旋转直至卷径检测光电眼被挡住或者最小卷径检测有信号。当光电眼被卷径检测挡住后，新轴开始预驱动
放料预备	开始手动状态时的轴切换
放料解除	接触轴切换，只要大臂退回即可
放料接料	在新轴达到同步状态后，可以按下该接料按钮
放料换轴	在非机器联动状态下，进行放料轴的轴切换
放料光栅	该输入检测到信号后，光栅报警
放料复位	按下该按钮后，光栅报警消除
放料光电眼	在接换料过程中，塔台旋转，该信号有输入后，塔台停止旋转，开始计算实际卷径
放料弧面	放料弧面检测光电眼
上刀小卷	使用上裁刀时的最小卷位置，到达该位置后，塔台禁止旋转，接料接触
下刀小卷	使用下裁刀时的最小卷位置，到达该位置后，塔台禁止旋转，接料接触
DO 变量	
收料正转	控制对应的继电器，手动输入和接换料时控制该 DO 的输出
收料反转	控制对应的继电器，手动输入和接换料时控制该 DO 的输出
收 A 启动	使用程序控制，不用 I/O
收 B 启动	使用程序控制，不用 I/O
收料大臂	检测到对应输入的工作位置时，大臂抬起，切换料结束或者接料接触后大臂缩回
收料压辊	功能同名
收料切刀	功能同名
收料同步	新卷的速度达到主机速度后，该指示灯亮起；裁刀结束或者接料解除后熄灭
收料光栅	当光栅检测到信号后，光栅报警，进行闪烁指示
收料回转架警示	当自动接料时，塔台开始旋转，该输出闪烁，提示进行自动接换料
收料抱闸	预留，在塔台旋转时接通
收料36 寸选择	当上位界面为 3 寸时，该 DO 不输出；为 6 寸时，该 DO 输出
收料上下裁刀	上位界面选择上裁刀时，该 DO 不输出；选择下裁刀时，该 DO 输出

2. 引入引出单元

引入引出单元结构形式与收放料单元相似，也是控制摆辊在中间位置。由于不发生直径变化现象，故控制相对简单。PID 的输出直接加到输出转速上，所采用的控制算法与收放料单元一致。

引入引出单元的基本操作如下：

1）联动：用户按下联动按钮，压辊下压，引入引出单元按照设定时间从静止加速到联动速度。由于压辊压在驱动轴上，故印刷材料会随着引入引出机构运动，达到联动速度后就处于联动状态。当色组压辊下压后，PID 控制投入运行。

2）同步测试：这个功能是指引入引出单元不投入 PID 控制，与版辊一起转动，用户通过外部转速表来监测引入引出速度与版辊速度是否一致。

3. 色组单元

色组单元的控制是印刷机械的关键技术，内容涉及同步控制、套色控制、横向控制、张力控制等，这些都是印刷机械的核心技术。

（1）同步控制

同步控制是指所有色组版辊与主轴保持 1:1 同步，通常用虚轴（虚拟轴）作为主轴，因为虚轴的位置速度和加速度最为平滑。控制系统支持将主轴放在引入引出单元、色组单元或主控 PLC 上，以使所有色组同时收到虚轴的位置。通常为了编程的便捷，将虚轴放在引入色组单元。

（2）张力控制

张力控制通常也称为涂布控制，是指在色组单元控制张力。

张力控制有两种控制方式：

1）无摆辊方式：在这种方式下，手动调整该色组的同步比例来调整张力。

2）有摆辊方式：其控制方式与引入引出控制相同。纸张印刷时常常使用多色涂布，这时无轴系统的优点便体现出来。不需要修改任何机械部件，直接在人机界面输入涂布辊周长，便可以实现多色组不同直径的印刷。可以对任意色组设置软涂布方式，对首尾两色有摆辊的色组可以设置硬涂布方式。软涂布方式可以在开机情况下微调同步系数，即调整了张力。

（3）横向控制

横向控制指控制印刷色组的横向位置。由于印刷机在加减速和切换料的时候常常发生横向跑偏，手动修正时间比较长，浪费多，因此，通过检测色标的宽度进行横向的自动修正。横向控制要求每个色组的控制参数可以分别设定，每个色组也可以手动横向移动，碰到限位开关的时候终止此方向的移动。

（4）单标记印刷

在锁定色标的时候只看一个色组的色标信息，通常这种印刷方式用于印刷很浅的色标，或者光油，此时光电眼无法检测到该色组的色标信息，只能通过前一个色组的色标信息进行套印。由于只看一个色标信息，故印刷精度会降低。单标记要求可以在开机的情况下进行选择，可以锁定之前任何一个色组。

（5）套色控制

对于机组式凹版印刷机，一种颜色为一个色组，多色图案由多个单色图案叠印而成。只有将各版辊上的单色图案精确套印在一起，才能印刷出合格精美的产品。套色控制是指通过调整色组的前后位置进行套印，恢复原始图案。套色控制是印刷机的核心技术，设备验收的第一原则就是套色精度是否合格。套色控制通过虚轴实现，每个色组都有一个虚轴，作为从轴（附加轴）作用在色组上，即色组主轴在同步的基础上叠加套色虚轴运动。

套色精度受多种因素影响，即便是有多年工作经验的调机人员也很难快速、准确地判断出问题的所在。影响套色精度的因素很多，如导辊跳动，阻力过大；水冷辊滞后，水流不畅，阻力过大；刮刀磨损，刮刀压力不合适，刮刀位置不合适；色组锥头压力不合适；印刷压辊压力不合适；张力控制误差；胶辊磨损，或胶辊下压不平行；烘箱温度不合适；排风不通畅造成料膜抖动；控制系统参数不合适；墙板平行度不足等。但是，影响套印精度最关键的因素在于张力控制精度，许多外部因素，例如，卷筒纸的质量，环境的温度、湿度，收放卷的自动拼接，印刷速度变化等，这些最终都会反映为纸张张力不稳定，从而使套印精度超出正常范围。为了使印刷过程稳定，必须保持纸带的张力恒定不变并保持适当的大小，因为张力过大会造成卷材的拉伸变形甚至断裂，张力过小会使卷取材料产生皱褶或处理尺寸不准，从而影响印刷质量。张力不稳定还会使带材跳动，会导致套印不准或重影。

对于整个印刷机械的控制系统，套色控制是最困难的。由于印刷色组之间压辊将各色组之间的张力进行了隔断，色间基本张力又是从前向后传递而来，调整任何一个色组都会影响后面色组的张力，色组张力之间存在耦合关系，为了在调整一个色组的时候对其他色组不造成影响，需要进行解耦控制。

4. 整机逻辑 I/O 及功能说明

1）报警按钮：按下任一色组上的报警按钮后，对应的总报警输出。

2）排风启动：按下全体排风，进行排风启停切换。排风启动时，首先是星形联结运行，延时设定时间后，开始三角形联结运行。如果是变频器进行排风控制，那么排风启动这个输出作为变频器的运行使能条件。排风变频器的频率是由色组的使用个数和风量决定，由客户自己设定。如果排风关闭，那么应该先关闭加热，然后再关闭热风，延时设定时间到时再关排风。急停不控制排风电动机。

3）全体热风启停：排风启动后，按下全热风，色组上的风机输出开始运行，而且必须在设定的间隔时间进行顺序启动，防止全热风运行是每个色组热风运行的条件，并不控制实际的全热风机。

4）全体加热：在排风启动，全热风启动条件下，按下全体加热，在色组热风启动条件下，色组的加热按照设定的间隔启动。

5）启动按钮：机器停止状态下，按下启动按钮，进行报警响铃，在 3s 后再次按下启动按钮，机器进入空转状态，否则机器继续处于停机状态。在空转状态时，按下启动按钮，机器速度达到空转速度。在联动状态时，按下启动按钮，机器运行到自动运行速度。

6）色组冷风：色组冷风输出，根据实际的冷风输入来控制。但在急停状态下，色组冷风全部关闭。

7）空转按钮：在启动按钮按下、响铃结束后，按下该按钮，机器进入空转状态，版辊匀墨。在联动状态下，按下空转按钮，机器进入空转状态。

8）联动按钮：在空转状态时，按下联动按钮，机器开始走料，并且达到主机速度。

9）减速按钮/加速按钮：在空转或者联动状态下，按下加速或者减速按钮时，相应地增加或者降低机器速度，有最高限速。

10）版夹紧报警：任一处于联动状态的色组有版夹紧信号就报警，要停机。

11）气压低报警：有低气压输入时，报警输出，且有报警提示显示。

12）预热风：全热风打开后，按下预热风开关，预热风启动。

13）LEL 电磁阀：每色的排气电磁阀，用于将要测试的气体排出，这样可以将原先测试的采样气体排出，巡检电磁阀送来的气体流过检测头。采样电磁阀是检测头的工作信号，可以一直工作。如果检测的浓度过高，需要进行控制，如回气电磁阀减小，排气电磁阀开度变大。

14）收牵/放牵压辊手动：手动模式时，直接输出压辊的控制。既不手动也不自动时，压辊直接离开。收放卷在计算卷径时压下，算出卷径后离开。自动时，机器联动时就合压，放牵合压后延时一段时间投入张力控制，收牵在色组有合压后才会投入张力控制。

15）收放牵压辊指示：在收放牵压辊合压时，对应的指示灯亮起或熄灭。

16）检视灯：对应的输入连接到输出上。

17）色组调整，向左向右：在非急停状态下，按下向左按钮，向左横向输出；按下向右按钮，向右横向输出。

18）色组压辊：手动、自动模式，曲线拖拽时动作。

19）全体离压，全体合压：对于在自动模式下的色组进行顺序的离压和合压。全体离压、合压的指示灯，表明全体离压、合压的状态。

7.3　凹版印刷机控制系统的硬件配置

考虑到高速印刷机对于响应速度的需求，需要选择高性能的主控制器和高速位置响应的驱动系统，选择贝加莱公司的 PLC 控制系统。无轴传动凹版印刷机控制系统如图 7.3 所示。

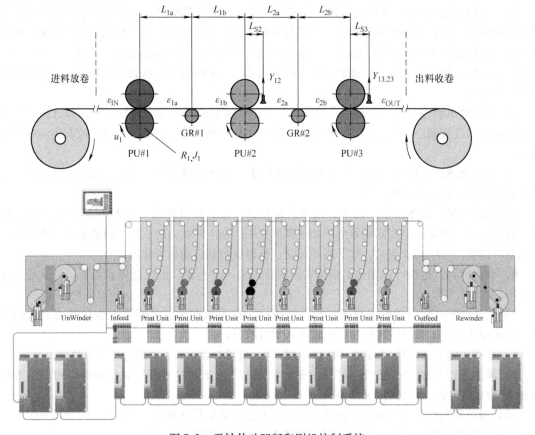

图7.3　无轴传动凹版印刷机控制系统

7.3.1　主控制器及 I/O 模块选型设计

控制系统硬件结构如图 7.4 所示。控制系统由 PLC、人机界面 Power Panel、伺服驱动器 ACOPOS 和伺服电动机组成。

1. 主控制器 PLC 选型

因为色标检测需要大量的数据通信，解耦函数也需要大量浮点型数据计算，所以要求 CPU 速度高。选择了贝加莱公司的 X20 系列的 PLC，CPU 模块为 CP1585，其主频为 1.0GHz，最小任务周期为 200μs，指令执行周期为 4.4ns。

2. 人机界面 Power Panel 选型

人机界面 Power Panel 采用贝加莱公司的 4PP320.1505-31，这是一款 15.1 英寸触摸屏，采用铝合金外壳，支持32位真彩色。

3. 单个印刷单元 I/O 选型

凹版印刷机每个印刷单元均需本地 I/O 模块，凹版印刷机单个色组 I/O 硬件配置见表7.4。

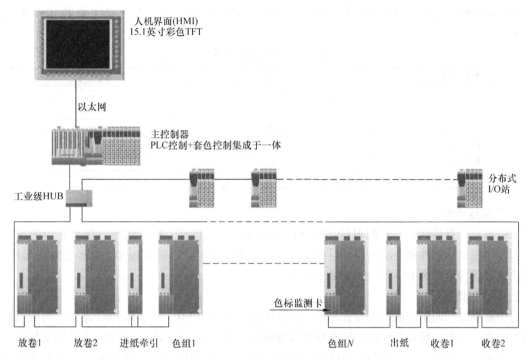

图 7.4 控制系统硬件结构

I/O 信号涉及启动、停止、空转、联动、紧急停止、张力投入、加速及减速等。

表 7.4 凹版印刷机单个色组 I/O 硬件配置

模块型号	I/O 性质描述	模块数量
X20AI4622	4 路模拟量输入	1
X20AO2622	2 路模拟量输出	1
X20DI9371	12 路数字量输入	1
X20DO9322	12 路数字量输出	1

7.3.2 电动机、减速器、编码器及驱动器选型设计

1. 电动机选型

电动机参数见表 7.5。电动机的选择应当满足以下条件：

1）转速可以达到要求。

2）转矩可以达到要求。

3）惯量比在 10~20 之间。

表 7.5 电动机参数

参数名称	参数值	参数单位
线速度	300	m/min
加速时间	10	s
最大张力	40	kg
版辊直径	180	mm
版辊筒质量	50	kg
版辊转动惯量	0.06225	$kg \cdot m^2$

据此要求选择 8LS 系列自冷型电动机，参考贝加莱公司电动机选型手册，选择电动机

8LSA56. ee030ffgg，该电动机功率为 4.4kW，额定转矩为 14N · m。电动机主要技术参数见表 7.6。

表 7.6 电动机主要技术参数

参数名称	参数值	参数单位
额定功率	4.4	kW
额定转矩	14	N · m
额定转速	3000	r/min
转动惯量	0.000166	kg · m²
额定电流	8.6	A
峰值电流	45	A

2. 减速器选型

减速器可以提高转矩，匹配惯量。印刷机要求减速器精度高，所以选择一级行星齿轮减速器。因为印刷机动态性能要求不高，但精度要求高，所以惯量比不需要很小，从经济性上考虑，惯量比通常选择范围为 10~20，减速比为 1:5。

3. 编码器选型

对于高精度的凹版印刷设备而言，其印刷精度最大偏差为 ±0.1mm。0.1mm 是人的肉眼可以分辨的界线，因此，行业里以此为标准衡量印刷精度。为满足这个精度，必须确保其传动精度要比这个参数高一个数量级，而测量精度应该再高一个数量级。由于 Endat 接口是海德汉专为编码器设计的数字式、全双工同步串行的数据传输协议，具有传输速度快、功能强大、连线简单、抗干扰能力强等优点，是编码器、光栅尺数据传输的通用接口，所以选择高精度的 Endat 编码器。选择编码器的参考因素如下：

1）Endat 编码器每线可以分辨出 16384 个脉冲，考虑到干扰及噪声，精度除以 16，即每线 1000 个有效脉冲。

2）要求精度为 ±0.05mm，即一共 100μm，通常要求控制精度比要求精度高一个数量级。

3）仅考虑位置跟踪偏差非常小的情况。

考虑以上三个因素，编码器选型参数见表 7.7。

表 7.7 编码器选型参数

编码器选择	减速比	每圈增量数	常用版周/mm	每个增量误差/μm	要求精度100μm 控制精度10μm
512 线	1:5	2560000	900	0.35	可以满足精度
32 线	1:5	160000	900	5.6	可以满足精度
旋变	1:5	81920	900	10.98	接近要求精度
512 线	1:1	512000	900	1.76	可以满足精度
32 线	1:1	32000	900	28.1	不能达到要求精度

设计中，高速机选择 512 线 Endat 编码器，中、低速机选择 32 线或旋变编码器。

4. 驱动器的选型

根据电动机额定电流、功率选择驱动器。由于驱动器功率选择样本没有电动机那么连续多样，如果需求功率介于两个驱动功率之间，偏向选择功率大的那个驱动器。对于薄膜印刷机，选择 ACOPOS1180，额定电流为 18A，功率为 9kW；对于纸张印刷机，选择 ACOPOS1320，额定电流为 32A，功率为 16kW。

7.4 集成套色系统

基于 PLC 的自动套色印刷控制系统能高速准确地进行采样和运算,版辊每转动一圈就能够及时修正一次,以适应套色偏差的快速变化,从而确保消除套色偏差的积累,实现高速、准确地套色。

凹版印刷机中每个色组只印刷一个颜色,多个色组印刷的颜色重叠印刷在一起后形成最终图案。套色印刷如图 7.5 所示。

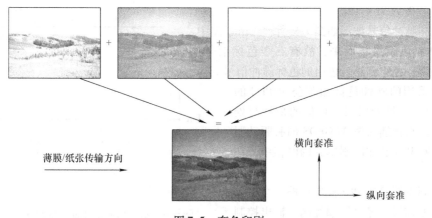

图 7.5 套色印刷

当套色偏差小于 ±0.2mm 时,就超出了人的肉眼可分辨界限,因此,凹版印刷行业通行的印刷标准为套色偏差小于或等于 ±0.1mm。为了便于传感器检测,每一个色组都会印刷一个色标,通过光电传感器检测色标,得到套色偏差,通过反馈进行调整,修正套色偏差。套色偏差控制原理如图 7.6 所示。

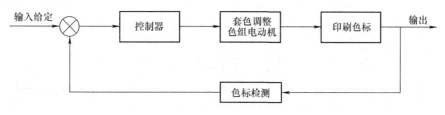

图 7.6 套色偏差控制原理

7.4.1 套色系统硬件组成

套色系统硬件由光电传感器、套色模块和主 PLC 组成。

光电传感器由 1 个平行光源、2 个透镜和 2 个光电管组成,因此,在反射面上聚焦有 2 个焦点,这 2 个焦点相距为各色标中心距,2 个光电管分别接收 2 个焦点的反射光。在印刷过程中,各色色标线通过焦点面时,强度发生变化的反射光照射在光电管上,光电管将反射光光强度的变化转换成电流的变化,再将这种电流变化信号转换成电平信号送入套色模块进行处理。光电传感器工作原理如图 7.7 所示。

套色模块类似于一个比较器,当模拟量值低于所设的门槛值时输出为 1。

对于双眼的光电眼来说,它的两个光电眼信号分别相应地输入到色标检测模块的两个模拟量输入通道，为了使两个通道不同峰值的信号都能最好地数字化，在设置色标检测模块的两个通道的门槛值时，要随着数字化信号峰值的变化而变化。

色标检测模块两个通道的门槛值如图7.8所示。图中两条虚线是色标检测模块的两个模拟量输入通道的门槛值，门槛值的计算公式为

$$门槛值 = 峰值 + (基值 - 峰值) \cdot \lambda \quad (7.1)$$

式中，λ 取值是根据现场条件和光电眼的质量来调整，一般设为 0.5。

色标检测脉冲信号波形如图7.9所示。由于图中信号是从第三色组采集而来，故有三个色标信号，它们分别是第一色组到第三色组的色标脉冲信号。

本案例采用的硬件是贝加莱公司 PLC 的 8AC132 模块，这是专门用于色标的采样与处理模块，可以直接插入至 ACOPOS 伺服驱动器的插槽中，在并安装在印刷单元的电柜中，在现场直接接入。

套色控制系统采用 PID 控制策略，主 PLC 接受套色偏差信号，经过解耦控制，输出控制信号控制相应的伺服电动机。由于任何一个色

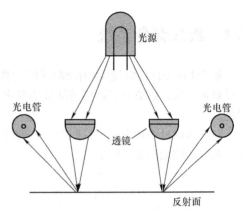

图 7.7 光电传感器工作原理

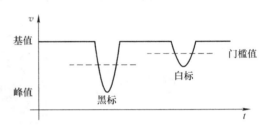

图 7.8 色标检测模块两个通道的门槛值

组单元的调整都会影响到其后面所有的色组，解耦的目的就是为了调整某一个色组单元时，避免影响其他色组。因此，套色的关键技术是解耦控制。

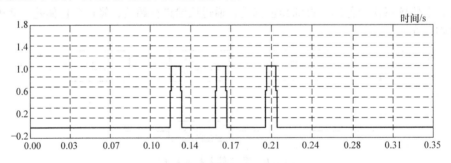

图 7.9 色标检测脉冲信号波形

7.4.2 膜料张力控制

对于凹版印刷机，只有稳定的张力控制才能确保套印精度。由于印刷过程中路径较长，张力的微小变化都会对套印精度造成不良影响，因此，稳定的张力控制是套色控制的关键技术。

凹版印刷机的膜料张力控制涉及印刷色组前后放料、引入、引出、收卷的张力控制和印刷时色组间由于纠偏与解耦的需要而进行的张力控制。

物料张力产生的原因在于外界因素迫使其发生弹性形变，由胡克定律可得

$$T = EA\varepsilon = EA\frac{L - L_0}{L_0} \quad (7.2)$$

式中，T 为物料张力；E 为弹性模量；A 为截面积；ε 为形变率；L 为连续色组未拉伸的物料长度；L_0 为连续色组拉伸后的物料长度。

正常印刷时，凹版印刷机各个版辊是同步的，它们之间的张力为引入单元的设定张力。当第 i 个版辊速度发生变化时，其与前后两个版辊间物料的张力都会发生变化，这样就造成了一个色组的调整影响了所有色组。

假设在 dt 的时间内，卷入第 i 个版辊承印物的长度为 dL。

$$dL = (v_i - v_{i-1})\,dt \tag{7.3}$$

式中，v_i 为第 i 个版辊处的线速度；v_{i-1} 为第 $i-1$ 个版辊处的线速度。

则时间 t 内卷入第 i 个版辊承印物的长度 ΔL 为

$$\Delta L = L - L_0 = \int_0^t (v_i - v_{i-1})\,dt \tag{7.4}$$

将式（7.4）代入式（7.2）中可得

$$T = \frac{EA}{L_0}\int_0^t (v_i - v_{i-1})\,dt \tag{7.5}$$

在不计加减速及前色张力影响的前提下，由式（7.5）可知，张力和速度差是一个积分环节。

7.4.3　解耦测试

解耦测试是印刷机最重要的功能测试项目之一，测试前要保证机械运行稳定才能得到正确的结果。解耦测试的最少色组为 4 色组。

1. 稳定性测试

锁定标记后，所有色组关闭自动套色，看套色偏差是否稳定，当所有色组偏差波动小于 $\pm 0.1\,\mathrm{mm}$ 时认为进入稳定状态，可以开始解耦测试。

2. 解耦效果测试

将第 2、3、4 色组开环，对第 2 色组手动调整 $1\,\mathrm{mm}$，记录第 2、3、4 色组偏差，如果第 3、4 色组套印偏差变化小于 $50\,\mu\mathrm{m}$，说明解耦控制工作正常。

3. PID 控制效果测试

将第 2、3、4 色组闭环，手动调整第 2 色组运动 $5\,\mathrm{mm}$，记录第 2 色组偏差，系统响应快速且超调量小于 10%，则说明 PID 效果满足要求。

7.5　收料系统控制方案设计

凹版印刷机收放料机构是凹版印刷机的重要组成部分，一方面要保证卷料能够连续供料或收卷，另一方面要对料带进行张力控制，保证印刷品的套准精度。现代凹版印刷机印刷速度越来越高，料带规格或厚薄变化也越来越多，因而对收放料机构的控制要求也越来越高。

7.5.1　卷绕控制系统

凹版印刷机的卷绕控制系统由牵引辊传动控制系统和卷绕张力控制系统组成。牵引辊传动控制卷绕材料匀速运动，卷绕张力控制要保证整条卷绕材料的张力均匀，否则会造成成卷质量差，严重者甚至会损坏卷绕材料。典型的张力控制方式为开环转矩控制、直接张力控制和摆辊控制。

1. 开环转矩控制

开环转矩控制的卷绕控制系统结构如图 7.10 所示。卷绕控制系统开环转矩控制的特点如下：

1）收卷轴和牵引辊都是驱动辊。

2）线速度由牵引辊或主轴决定。

3）材料无滑动传输。

4）收卷直径可测，若不可测，则必须借助于其他信息计算得出。

5）收卷电动机输出所需的负载转矩。

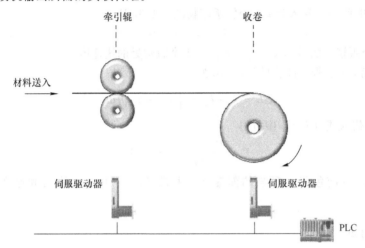

图 7.10　开环转矩控制的卷绕控制系统结构

卷绕控制系统开环转矩控制是通过控制电动机的输出转矩来控制卷料张力稳定。

卷料张力与收卷半径的关系式如下：

$$F = T/R \tag{7.6}$$

式中，F 是材料上的张力；T 是提供张力 F 所需的转矩；R 是收卷半径。

由式（7.6）可知，随着收卷过程的继续，收卷半径 R 将逐渐变大，要保持 F 恒定，则电动机输出转矩 T 也应相应增大。

开环转矩控制方式中没有张力的检测环节，无法监测和反馈印刷过程的实际张力，因此也无法获得高的控制精度。

2. 直接张力控制

直接张力控制的卷绕控制系统结构如图 7.11 所示。卷绕控制系统直接张力控制的特点如下：

1）收卷轴和牵引辊都是驱动辊。

2）线速度由牵引辊或主轴决定。

3）材料无滑动传输。

4）收卷直径可测，若不可测，则必须借助于其他信息计算得出。

5）材料张力可测。例如，在系统中添加称重传感器，用于产生一个正比于压力的模拟量信号输出。

6）收卷电动机控制材料的张力。

直接张力控制方式中添加了张力检测机构，可以直接检测卷料张力，针对张力进行闭环控制，控制器的输出用于调节收卷电动机的速度，通过速度的调整实现卷料的张力调节。

3. 摆辊控制

摆辊控制的卷绕控制系统结构如图 7.12 所示。卷绕控制系统的直接摆辊控制的特点如下：

1）收卷轴和牵引辊都是驱动辊。

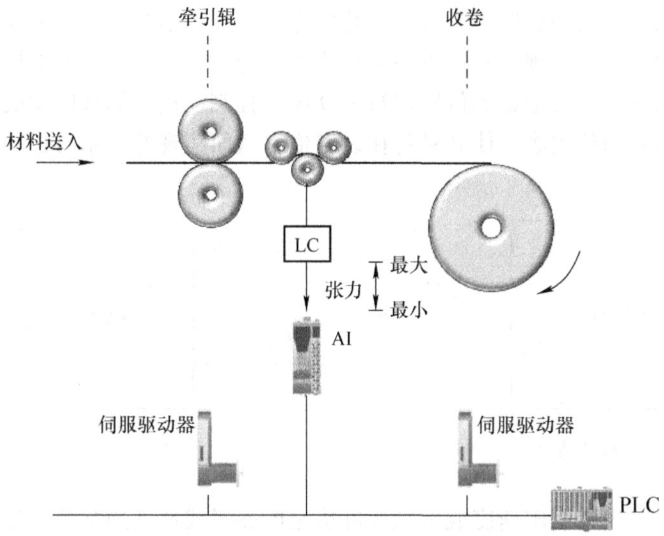

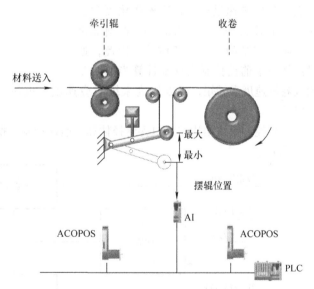

图 7.11　直接张力控制的卷绕控制系统结构

2）线速度由牵引辊或主轴决定。

3）材料无滑动传输。

4）收卷直径可测，若不可测，则必须借助于其他信息计算得出。

5）摆辊位置可测。

6）收卷电动机控制摆辊位置。

在牵引辊和收卷轴之间添加一个摆辊，摆辊受到卷料张力和摆辊重力的作用。另外，摆辊臂上还受到一个外力/转矩的作用，当三力平衡时，摆辊停在某一个固定位置，如果张力变大，摆辊受到向上的力变大，摆辊就会上升；反之，如果张力变小，摆辊就会下降。控制摆辊维持在初始位置，就可以控制卷料张力的恒定。

需要注意的是，摆辊臂上所受的外力/转矩可以由任意方式产生，如电动机、液压装置、气动装置或者就是一个简单的机械重力，但通常是外部装置产生的恒定力，因此它和材料的张力控制无关。

图 7.12　摆辊控制的卷绕控制系统结构

7.5.2　张力控制系统的设计

摆辊控制是凹版印刷机张力控制中较为常用的一种控制方式，以这种结构为例分析张力控制系统的设计具有典型意义。

开环转矩控制、直接张力控制和摆辊控制都需要测量或计算收卷直径。这是因为卷径会随着收卷过程持续发生变化，而卷径的变化又会影响到收卷电动机的速度、收卷轴负载的转动惯量，进而影响到摆辊控制。卷径的获取通常采用计算的方法，卷径估算如图 7.13 所示。

张力控制的主要目的是实现收卷过程中卷料张力的稳定。在摆辊控制结构中，摆辊位置代表了当前系统中卷料的张力。对摆辊的位置进行 PID 闭环控制，通过调整电动机速度，纠正位置偏差，就可以调整卷料张力的大小，使其稳定在设定值，从而实现卷料张力控制。摆辊位置控制结构如图 7.14 所示。

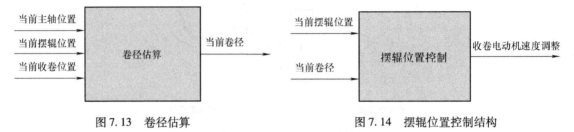

图 7.13　卷径估算　　　　　　　　图 7.14　摆辊位置控制结构

收卷系统运行时，由牵引辊速度或主轴速度决定的卷料线速度通常是恒定的。对于收卷轴来说，由于收卷半径随时间变化，若要保持线速度恒定，则收卷轴的设定速度也随时间变化。另外，考虑到收卷轴上转动惯量、收卷轴速度、卷径都在不断地变化，为了保证张力均匀恒定，对应到收卷电动机上，电动机的设定输出转矩也相应按需求不断变化。特别是在加减速过程中，这种变化更为快速。用于保证速度和张力的 PID 控制器是基于误差控制的，具有滞后性，因此，通过添加一个前馈控制设计来计算当前时刻

图 7.15　前馈控制结构

的收卷轴速度和转矩，可以提高系统响应速度，也使系统运行更加平稳。前馈控制结构如图7.15 所示。

收卷控制系统结构主要包含卷径估算、前馈控制、摆辊位置控制、驱动控制四个部分，如图 7.16 所示。

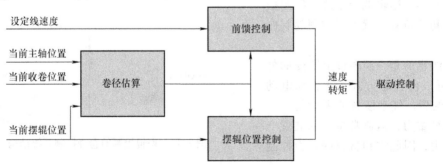

图 7.16　收卷控制系统结构

7.5.3　收卷控制策略

1. 卷径估算

初始卷径可由用户设定，或在开机时通过调整摆辊到达中间位置，测量获得初始卷径。根据主轴当前位置、收卷轴当前位置以及摆辊距离中位的偏差计算出卷径值。

卷径 D 的计算公式：

$$D = \frac{\Delta LinePos + \Delta DcrPos}{\Delta WndPos \cdot \pi} \quad (7.7)$$

式中，$\Delta LinePos$ 为主轴距离初始位置的距离；$\Delta WndPos$ 为收卷轴距离初始位置的距离；$\Delta DcrPos$ 为摆辊距离中间位置的偏差。

卷径计算需要摆辊的位置信号，这是一个模拟量信号。工程上通常对所有的模拟量输入都要进行滤波处理，以减少信号噪声，但要注意设计滤波时间不能过长，以免影响真实的摆辊位置信号。另外，由于输入误差的存在，卷径计算值也会存在误差。由于离散计算得到的卷径计算值的变化是阶梯状的，为了获得平滑的卷径变化曲线，对于卷径计算值也要进行滤波。

对卷径计算值和摆辊位置信号的滤波可以使用一阶惯性滤波算法，需要强调的是，一阶惯性滤波在实际项目中是非常实用和有效的滤波方法。

2. 摆辊 PID 控制

在收卷 PID 控制系统中，输入是摆辊设定位置与实际位置之差，输出为卷料线速度，而不是收卷电动机转速。电动机转速可以通过卷料线速度和卷径计算得到。这样设定带来的好处是可以将 PID 的输出与卷径计算分开处理。当摆辊位置产生相同的偏差时，控制器输出与卷径无关，这便于分析系统的输出响应，便于对系统进行控制。

3. 前馈控制

前馈控制系统用于计算收卷电动机的设定速度和设定转矩，此外，还要计算收卷电动机的控制参数。在不同卷径下负载与收卷电动机的惯量比不同，卷径变化越大，这个惯量比的变化范围也就越大。如果仅靠相同的电动机控制参数进行调整，其调整范围有限。首先，卷径变化会造成电动机响应发生变化，例如，在不同卷径下，电动机的阶跃响应曲线不同。如果电动机控制参数一成不变，则会造成控制响应发生变化。为了保持系统的一致性，应该在不同的卷绕阶段设置不同的驱动器控制参数，以适应电动机负载变化，加快电动机响应速度。例如，在大卷径下，增加驱动器的速度环比例系数，减少积分时间，使电动机的响应指标满足设计要求。

7.6　凹版印刷机的软件设计

对于凹版印刷机的软件设计，采用第 3 章中介绍的软件项目的流程方法、第 4 章中的软件标准化与模块化设计方法，对整个系统的软件进行需求分析、模块化划分、编程与测试等规划设计，进行应用软件的开发。

7.6.1　模块化软件设计的需求分析

在进行软件模块化设计之前，必须明晰每个模块的功能要求，细化功能需求，尽力避免设计缺陷，避免返工，提高编程效率。

1. 参数与设定

（1）参数种类与配方

参数配方是所有参数的集合。凹版印刷机主要参数种类如下：

1）版辊参数：与印刷版辊相关的所有参数称为版辊参数，包括色标信息、版辊相位信息、加减速参数、色组模式等。因为使用了很多版辊，所以设计保存 600 组版辊参数，可以通过人机界面保存、提取、删除、浏览版辊参数。

2）控制参数：用来控制设备的参数，这些参数与版辊无关，只需要保存一组，通常情况下不需要修改。没有界面支持，每次修改完毕后自动保存，每次上电自动调用。控制参数包括：收放料控制参数，包括PID参数、锥度参数；引入引出参数，包括PID参数；套色控制参数、包括报警限制参数、偏差曲线显示配置参数，横向控制参数。

（2）设备参数

设备参数指用来配置设备的参数，一旦设备成型，这些参数将不再变化。参数值保存一组，没有界面支持，每次修改完毕后自动保存，每次上电自动调用。设备参数见表7.8。

表7.8 设备参数

序号	参 数
1	最高速度，最高加速度，主轴位置
2	色组数量，减速比，三环参数
3	引入引出使能，减速比，周长
4	横向使能，减速比，螺距，电动机转速

（3）用户管理

用户管理指每个用户有自己的密码和用户名，不同用户的管理权限不同。用户等级管理见表7.9。

表7.9 用户等级管理

序号	密码等级	管理人员	备注
1	一级密码	机器操作员，机长	
2	二级密码	班长，领班，高级操作员	
3	三级密码	设备管理员，厂级领导	终端用户最高密码
4	四级密码	系统管理员，调试工程师	

管理界面可以处理用户登录、退出功能。三、四级密码可以添加或删除新用户，用户退出时点击退出按钮。为了防止高等级密码登录的用户退出后低等级密码用户重新输入密码，增加了退出到前一用户按钮，即用户切换按钮。为了简化程序设计，没有设计上下翻页的功能，所有用户均在一页列表中显示。

（4）IP设定

为了支持远程监控，需要进行IP地址设定设计。IP设定具有的功能见表7.10。

表7.10 IP设定具有的功能

序号	功 能
功能1	上电自动读取IP、子网掩码、网关
功能2	设置默认IP、子网掩码、网关
功能3	设置其他IP、子网掩码、网关
功能4	为防止用户输入错误导致通信失败，断电后恢复默认IP、子网掩码、网关

（5）屏幕校正

考虑到触摸屏在长时间使用后可能发生触摸偏移的情况，所以需要设计屏幕校正功能。触摸屏校正设计在初始页面，用户在初始页面的任何一点连续触摸1s便进入触摸屏校正程序。

2. 软件界面结构安排

软件界面结构设计考虑的内容如下：

1）HMI：人机交互界面。

2）HMI Module：界面相关任务。

3）PCC：PLC 任务，主要包含开机流程、逻辑动作处理、模式处理、报警处理。

4）Motion Module：伺服控制任务。

软件界面结构如图 7.17 所示。

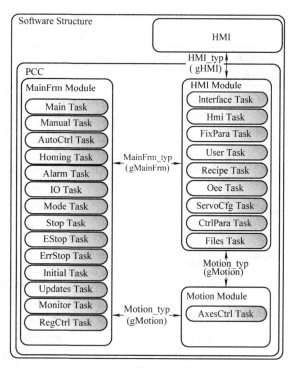

7.6.2　用户界面和程序框架设计

凹版印刷机系统软件结构框架和用户界面设计步骤如下：

1）确定上位界面风格。

2）确认页面层级安排及各页面内容。

3）将上位程序分割成多个任务模块，模块划分按照互相依赖程度最小的原则及面向对象的原则进行。这样每个任务模块只处理一部分内容，便于后续测试和维护。

4）将下位程序分割成多个任务模块，模块划分按照互相依赖程度最小的原则进行。

1. 上位界面风格

上位界面也可以称为全局界面或公用

图 7.17　软件界面结构

界面。设计选择灰色作为底色，这也是工程设计采用 Windows 编程时通常选择的底色。最上面的公共部分显示用户名、版辊参数名、印刷速度、当前时间、通信状态、设备当前状态、报警状态信息。上位界面风格设计如图 7.18 所示。

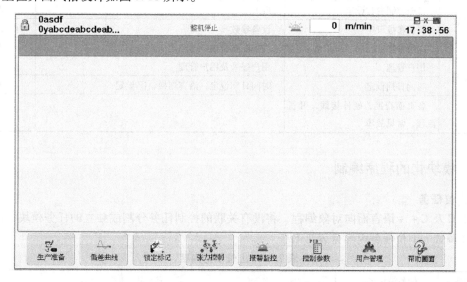

图 7.18　上位界面风格设计

2. 页面层级设计

将页面设计为两级，一级页面按钮安排在最下方，一共有 8 个，它们分别是生产准备、偏差曲线、锁定标记、张力控制、报警监控、控制参数、用户管理、帮助。每个一级页面下有二级页面，在屏幕上方。页面层级设计见表7.11。

表7.11　页面层级设计

一级页面菜单	二级页面菜单	基 本 功 能	密码级别
初始化页面		设备启动，触摸屏校正	0
1－生产准备	基本参数	设定参数，显示收料长度	1
	高级参数	色组单独设定，设定特殊功能	1
	配方	浏览所有用户配方	1
	相位操作	快速保存恢复工作相位	1
	预对版	用于两种预对版方式	1
2－偏差曲线	当前误差动态显示	第一种瞬时偏差，第二种偏差曲线，横向偏差修正，一个页面有 12 个画图，根据色组设定自动切换	0
	历史偏差曲线	显示历史偏差	1
3－锁定标记	锁标	锁标	
	单轴操作	版修正相位	
4－张力控制	牵引	监控摆辊状态	1
	牵引参数设定	PID 参数	2
	收放料	摆辊状态，锥度设定，当前直径	1
	收放料参数设定	PID 参数	2
5－报警监控	报警	显示当前报警，确认伺服报警	0
	历史报警	保留最近的 1000 个报警	0
	电动机状态 印刷单元状态	电动机温度、电流 印刷单元 I/O 监控	0
	I/O 页面	主 PLC I/O 监控	0
6－控制参数	套色控制参数设定	控制参数	1
	横向控制参数设定	PID	2
	料长参数设定	设备参数	3
	高级参数	设备配置参数，减速比	3
7－用户管理	用户管理	用户登录及用户管理	0
	时间日期设定	时间日期设定，语言切换，IP 设定	3
8－帮助	各页面帮助，硬件接线，开机流程，常见故障		0

7.6.3　模块化的程序编制

1. 上位任务

采用 C 及 C++语言面向对象编程，将没有关联的控制任务分割成独立的任务模块，以便后续测试和调试。上位任务内容见表7.12。

表7.12　上位任务内容

上位任务	任务模块名称	完 成 功 能
色标示教	Teach	模拟量信号画图，锁定色标操作，将锁定位置发送给下位程序
报警管理	Alarm	处理报警信息
用户管理	User	管理用户
IMA 通信	IMA	通信任务，断线重连

（续）

上位任务	任务模块名称	完 成 功 能
历史偏差	ErrorCurve	套色偏差和横向偏差画图
当前偏差	ErrorBar	将套色偏差和横向偏差通过棒状图显示
IP 设定任务	VisIPCfg	设定上位 IP 地址
页面控制	PicCtrl	上位切换到不同页面时，控件显示
屏幕校正	VisInit	初始页面延迟进入主页面，屏幕校正
计算预套色	CalSpru	计算由于更改版周长造成的料长变化

2. 下位任务

下位任务内容见表 7.13。

表 7.13　下位任务内容

下位任务	任务模块名称	完 成 功 能
循环通信	CycPru	获取伺服轴位置、速度等参数
主轴控制	Master	控制主轴任务，启动停止，加减速，S 曲线
色组控制	PruCtrl	控制色组实轴，初始化，编码器参数
套色任务	RegCtrl	控制色组虚轴运动
X67 模块配置	X67Cfg	配置套色模块参数
信号处理	X67Out	横向及纵向套色偏差信号处理
引入引出任务	Feed	控制引入引出
主逻辑	Main	开机流程，启动、空转、联动、加速、减速等
收料放料	Winder	控制收放料
横向任务	SideCtrl	控制横向套色
相位记录	AngleCtrl	监控色组相位，保存或恢复相位
报警	Alarm	报警处理，停机或急停
用户参数	RcpUser	参数保存、提取或删除
控制参数	RcpCtrl	保存一组
设备参数	RcpFix	保存一组
参数初始化	Init	参数初始化，保证开机后所有参数正常
色组逻辑	PruLogic	料长计算，压辊避让，裁切避让

3. 相互关联的任务数据流向图

分析相互关联的任务数据流向有助于了解多个任务之间的相互关系，例如，套色相关任务数据流向如图 7.19 所示，套色任务流程如图 7.20 所示。

7.6.4　套色信号处理任务描述文档

套色信号处理是一个算法比较集中的任务，编写程序前需要在文档中将整个流程描述清楚，然后再动手编程。

1. 任务描述流程

信号处理任务描述如图 7.21 所示。

信号处理函数 Signal 流程如图 7.22 所示。

2. Signal 函数模块编程实例

由于任务模块种类繁多，仅以 Signal 函数模块编程为例，其余不再赘述。

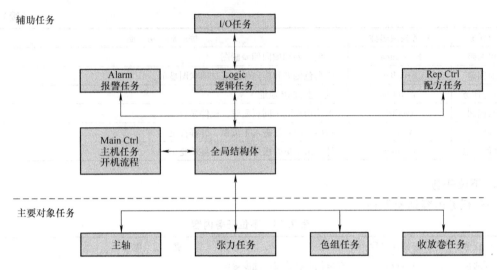

图 7.19　套色相关任务数据流向

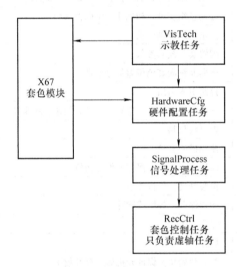

图 7.20　套色任务流程

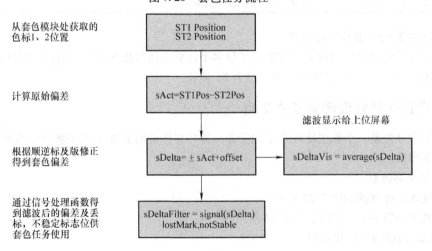

图 7.21　信号处理任务描述

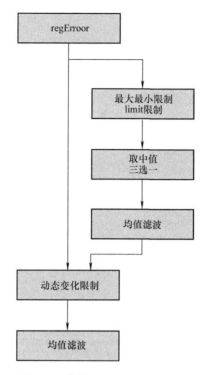

图 7.22　信号处理函数 Signal 流程

Signal 函数模块功能与流程在图 7.20 中已经表明。

Signal 函数模块编程如下：

```
/* * * * * * * * * * * * * * * * * * * * * * * * * * * * * * * * * * * * * * * * */
/* * * * * * * * * * * * * * * * * * * *信号处理函数* * * * * * * * * * * * * * * * */
/* * * * * * * * * * * * * * * * * * * * * * * * * * * * * * * * * * * * * * * * * */
void SignalFilter( signal_process_typ * x )
{
    if( x - > enable = = 0 )                          /* function init */
    {
        x - > av. valid = 0;
        x - > enableOld      = x - > enable;
        x - > output  = 0;
        return;
    }
    else if( ( x - > enable = = 1 && x - > enableOld = = 0 ) | | x - > reset = = 1 )      /* internal var init
when function start */
    {
        /* choose init */
        x - > choose. input[0]  = x - > input;
        x - > choose. input[1]  = x - > input;
        x - > choose. input[2]  = x - > input;
        x - > choose. index_err = 0;
        /* av init */
```

```
    x − >av. index = 0;
    x − >av. valid = 0;
    x − >av. err[0] = 0;
    x − >av. err[1] = 0;
    x − >av. err[2] = 0;
    x − >av. err[3] = 0;
    x − >av. err[4] = 0;
    x − >av. err[5] = 0;
    x − >av. err[6] = 0;
    x − >av. err[7] = 0;
    /* slope init */
    x − >slope. limitDyc = x − >slope. limit;
    /* av2 init */
    x − >av2. index = 0;
    x − >av2. valid = 0;
    x − >av2. err[0] = 0;
    x − >av2. err[1] = 0;
    x − >output = 0;
    x − >reset = 0;
}
x − >enableOld = x − >enable;
/* * * * * * * * * * * * * * * * * * * * * If jump too big ignor this value * * * * * * * * * *
* * * * * * * * * * * * */
x − >notTrust = 0;
if( x − >reg_err_old ! = 0)
{
    if( abs( x − >reg_err_old − x − >input) > 3000)
    {
        x − >reg_err_old = x − >input;
        x − >notTrust = 1;
        return;
    }
}
x − >reg_err_old = x − >input;
/* * * * * * * * * * * * * * * * * * limit * * * * * * * * * * * * * * * * * * * * * * * * * */
if( x − >input < = x − >limit. min && x − >limit. min ! = 0)
{
    x − >limit. y = x − >limit. min;
}
else if( x − >input > = x − >limit. max && x − >limit. max ! = 0)
{
    x − >limit. y = x − >limit. max;
}
else
```

```c
{
    x - > limit. y  =  x - > input;
}
/ * * * * * * * * * * * * * * * 3 choose 1 * * * * * * * * * * * * * * * * * * * /
if( x - > choose. enable  = = 1 )
{
    x - > choose. index_err + + ;
    if( x - > choose. index_err  > = 3 ) x - > choose. index_err  = 0;
    x - > choose. input[ x - > choose. index_err]  = x - > limit. y;
    / * * * * * * * * * * * get max min mid * * * * * * * * * * * * /
    x - > choose. err_max = x - > choose. err_min = x - > choose. err_mid  = x - > choose. input[0];
    / *  get min and max value  * /
    for( x - > i = 0; x - > i < 3; x - > i + + )
    {
        if( x - > choose. input[ x - > i]  > = x - > choose. err_max)
        {
            x - > choose. err_max  = x - > choose. input[ x - > i];
            x - > choose. index_max  = x - > i;
        }
        if( x - > choose. input[ x - > i]  < = x - > choose. err_min)
        {
            x - > choose. err_min  = x - > choose. input[ x - > i];
            x - > choose. index_min  = x - > i;
        }
    }
    / *  get mid value  * /
    for( x - > i = 0; x - > i < 3; x - > i + + )
    {
        if( x - > i !  = x - > choose. index_max && x - > i !  = x - > choose. index_min)
        {
            x - > choose. err_mid  = x - > choose. input[ x - > i];
            x - > choose. index_mid  = x - > i;
        }
    }
}
else
{
    x - > choose. err_mid  = x - > limit. y;
}
/ * x - > choose. err_mid is the output * /
/ * * * * * * * * * * * * * * * * * * * * * Average * * * * * * * * * * * * * * * * * * * * * * /
x - > av. index + + ;
if( x - > av. index  > = x - > av. num)
{
```

```
        x - > av. index = 0;
        x - > av. valid = 1;
}
x - > av. err[x - > av. index] = x - > choose. err_mid;
x - > av. total = 0;
for(x - > i = 0;x - > i < x - > av. num;x - > i + + )
{
        x - > av. total + = x - > av. err[x - > i];
}
if(x - > av. num! = 0 && x - > av. valid = = 1)
{
        x - > av. y = x - > av. total/x - > av. num;
}
else
{
        x - > av. y = x - > input;
}
/ * x - > av. y is the output * /
/ * * * * * * * * * * * * * * * * * * * * * slope limit * * * * * * * * * * * * * * * /
x - > slope. value = x - > input;
if(x - > slope. limitMax ! = 0)              / * do not limit * /
{
        if( gActData. general. vSet ! = 0) x - > slope. limitDyc = ( REAL) gRcpUser. general. sImage * 2000/
gActData. general. vSet;
        else                                    x - > slope. limitDyc = x - > slope. limitMax;
        if(x - > slope. limitDyc < 200)          x - > slope. limitDyc = 200;
        if(x - > slope. limitDyc > x - > slope. limitMax)   x - > slope. limit = x - > slope. limitMax;
        else                                    x - > slope. limit = x - > slope. limitDyc;
        if(( x - > input - x - > av. y) > x - > slope. limit)   x - > slope. value = x - > av. y + x - >
slope. limit;
        if(( x - > input - x - > av. y) < - x - > slope. limit)     x - > slope. value = x - > av. y - x - >
slope. limit;
}
else
{
        x - > slope. value = x - > input;
}
/ * x - > slope. value is the output * /
/ * * * * * * * * * * * * * * * * * * * * * * * * * * * * * * * * * * /
x - > choose. input[x - > choose. index_err] = x - > slope. value;
x - > av. err[x - > av. index] = x - > slope. value;
/ * * * * * * * * * * * * * * average * * * * * * * * * /
if(x - > av2. num < 2)
{
```

```
    x - > av2. y = x - > slope. value;/ * if av. valid = 0 x - > slope. value = x - > input * /
}
else
{
    x - > av2. index + + ;
    if( x - > av2. index > 1)
    {
        x - > av2. index = 0;
        x - > av2. valid = 1;
    }
    x - > av2. err[ x - > av2. index] = x - > slope. value;
    x - > av2. total = x - > av2. err[0] + x - > av2. err[1];
    x - > av2. y = x - > av2. total/2;
}
/ * x - > av2. y is the output * /
x - > output = x - > av2. y;
}
/ * void SignalFilter( signal_process_typ * x ) * /
```

7.6.5　人机界面设计

人机界面是控制系统的重要组成部分,它规定了操作人员如何控制和操纵系统。好的人机界面应该为用户提供统一、规范的交互界面,从而提高工作效率,尽量规避可能的人为操作失误。界面设计总体原则、窗体布局、界面配色、控件风格、字体、交互信息等都以操作人员能够更好地掌控机器、避免失误为目的进行设计。

1. 生产准备

准备参数界面为操作人员提供机器自动升速、加减速时间等生产运行准备参数,以便能够在开机时确保准确的印刷。准备参数界面如图 7.23 所示。

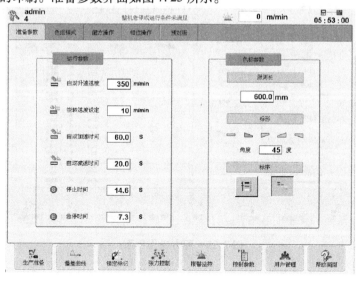

图 7.23　准备参数界面

2. 色组模式

色组模式界面为用户提供套色的可选模式。色组模式界面如图 7.24 所示。

图 7.24　色组模式界面

3. 配方操作

配方操作界面如图 7.25 所示。

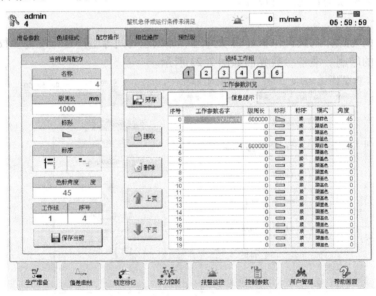

图 7.25　配方操作界面

4. 相位操作

相位操作界面如图 7.26 所示。

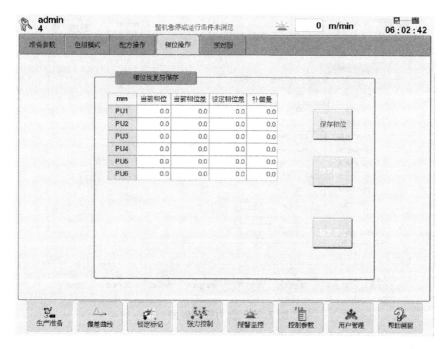

图 7.26　相位操作界面

5. 偏差曲线

偏差曲线界面如图 7.27 所示。

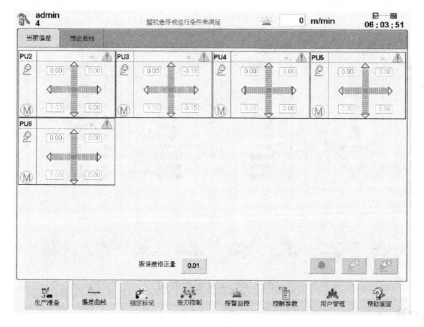

图 7.27　偏差曲线界面

6. 张力控制

张力控制界面如图 7.28 所示。

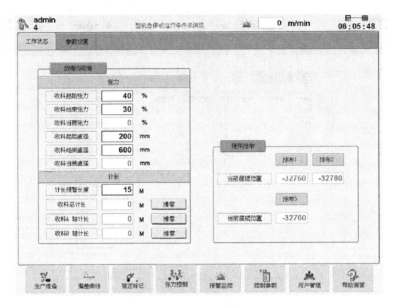

图 7.28　张力控制界面

7. I/O 监控

I/O 监控界面如图 7.29 所示。

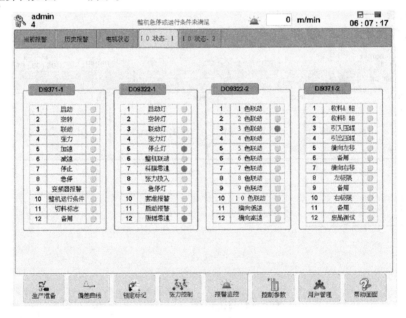

图 7.29　I/O 监控界面

8. 控制参数

控制参数界面如图 7.30 所示。

9. 帮助

对于现场机器操作人员而言，需要学会如何更快地熟悉操作系统、更好地操作机器、在机器故障时如何分析问题，在线的帮助系统可以为其提供帮助。帮助界面如图 7.31 所示。

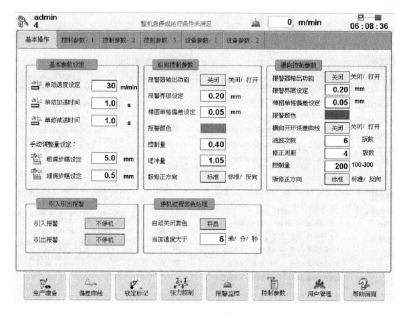

图 7.30 控制参数界面

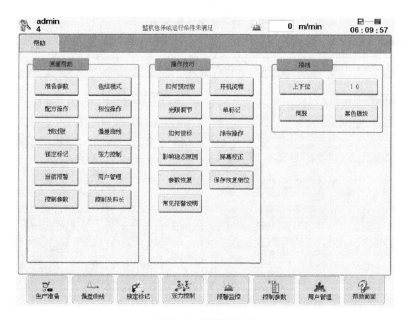

图 7.31 帮助界面

10. 准备参数

准备参数界面如图 7.32 所示。

11. 开机流程

开机流程界面如图 7.33 所示。

12. 套色接线

套色接线界面如图 7.34 所示。

图 7.32 准备参数界面

图 7.33 开机流程界面

7.6.6 软件整合测试

完整的控制软件系统编制完成之后，需要进行整合仿真测试。软件整合测试包括逻辑测试和算法测试，通过后才能够在实际机器设备上进行全面的现场调试。由于在印刷机械上测试需要花费大量时间及费用，故在实验室的测试平台上先行整合测试。

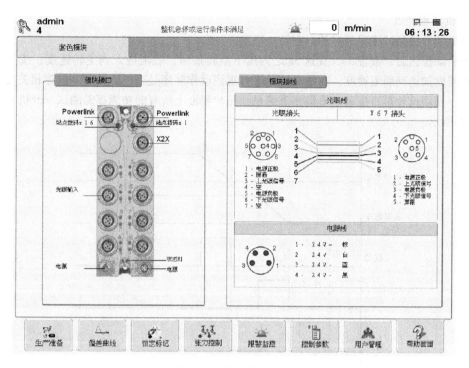

图 7.34 套色接线界面

1. 测试项目

在实验室试验平台的测试项目有 15 项，测试项目见表 7.14。

表 7.14 测试项目

序号	测试内容	说明	结果
1	开机测试	启动→空转→联动，测试动作是否正确	√
2	停机测试	测试停止时间是否正确	√
3	加减速测试	测试加减速时间是否正确	√
4	急停测试	测试急停时间是否正确，是否有报警	√
5	版周测试	修改版周长后，测试转速是否正确	√
6	色标信息测试	包括顺逆色标、亮暗色标、单标记、矩形色标、三角色标、跟踪前色、跟踪基准色、测试这些方式偏差符号是否正确	√
7	测试反向印刷	测试色组方向、转速	√
8	测试涂布方式	涂布周长是否有效，涂布微调是否有效，摆辊反馈是否正确，PID 模块是否工作正常	√
9	测试手动横向	是否可以按照设定移动	√
10	配方操作功能测试	测试配方操作页面所有按钮工作是否正常	√
11	相位操作测试	显示相位是否稳定	√
12	测试报警	报警是否正常	√
13	测试控制参数，设备参数读写，保存	修改参数，是否可以保存；重新上电，是否丢失	√
14	IP 地址测试	修改 IP 地址，测试远程监控是否能够实现	√
15	高/低速版修正测试	锁标后，查看低速套色偏差和高速套色偏差是否有变化	√

2. 开机流程测试

印刷机的开机测试流程是启动→空转→联动。

按下启动按钮后，报警3s，在这3s之内按下空转按钮，版辊进入到空转速度；按下联动按钮，膜料速度加速到版辊速度。在仿真试验平台观测动作顺序是否正确，通过追踪相关变量，检测相关程序模块设计是否准确。值得注意的是，用户界面上所有的功能都需测试。开机流程时序如图7.35所示。

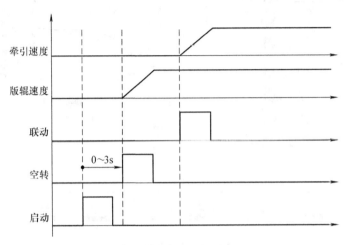

图7.35 开机流程时序

3. 高/低速版修正测试

光电眼、检测模块、内部算法均存在时间延迟，可能导致相同的色标在低速与高速时检测出现偏差，这部分偏差需要通过版修正来纠偏。高速印刷时版修正会带来大量废品，故希望这部分偏差越小越好。

这个测试项目只能在实验室测试平台上进行，因为要对同样的色标进行检测。实际印刷时由于高速与低速印刷的颜色及清晰度可能发生变化，对结果会产生影响，故不能在实际印刷中测试。

高/低速版修正测试的过程为：低速开机→锁定色标，色组开环→打开软件追踪套色偏差→加速到最高速度300m/min→等待稳定后停止变量追踪→上载追踪的变量，分析数据。

高/低速版修正测试结果如图7.36所示。

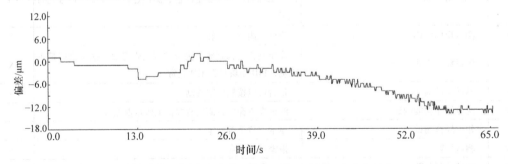

图7.36 高/低速版修正测试结果

图7.36中，横坐标为时间，单位为s；纵坐标为偏差，单位为μm。图中前10s速度为30m/min，20~55s为加速过程，55~60s速度为300m/min。偏差每变化一次说明版辊转动了一

周，故在高速下偏差变化的时间短，频率变化高。

由图 7.36 可见，加速过程中纵向偏差逐渐变小，加速停止后，偏差稳定，高速与低速纵向偏差变化了 $10\sim12\mu m$。

通常无轴凹版印刷机要求的套色精度是 $\pm0.1mm$，即 $\pm100\mu m$。纵向偏差在高速与低速时有 $10\sim12\mu m$ 变化，如果该印刷机有 9 个色组，那么有 8 个色组需要套色，如果采用跟踪前色的方式，累积起来是 $80\sim96\mu m$，为了减少这部分偏差造成的影响，用户可以手动输入版修正来补偿这些偏差。

第 8 章 智能机器设计案例

8.1 智能机器与智能制造

智能机器是能够在各类环境中自主地或交互地执行各种拟人任务的机器，它能执行通常与人类智能有关的智能行为，如判断、推理、证明、识别、感知、理解、通信、设计、思考、规划、学习和问题求解等思维活动。智能制造需依托于大量的智能机器才能得以实现。

智能制造是驱动未来工业发展的引擎，其通过改进与管理现有生产力、生产成本、生产质量等生产因素，融合大数据、云计算、物联网、信息物理系统等前沿技术，实现产品柔性加工与经济的可持续增长。

8.1.1 智能制造定义

纵观全球，随着新一代信息技术、控制技术等的成熟和应用，整个工业体系正从自动化向信息化、智能化转变，新一轮的工业革命如火如荼地展开，智能制造已经成为众多国家装备制造业发展的主攻方向。主要工业制造国家纷纷制定并推出了本国制造业发展战略，例如，德国的"工业 4.0"和"国家工业战略 2030"、美国的"先进制造业伙伴计划"及"工业互联网"、日本的"再兴战略"、韩国的"新增长动力战略"、新加坡的"国家智慧生产"等。

8-1. 智能机器——复杂加工

8-2. 智能机械手

学术界和一些国际组织给出了各种关于智能制造的定义或描述：

1）智能制造是一种完全集合化可协作的制造系统，能够实时响应来自工厂、供应网络和客户中不断变化的需求。

2）智能制造主要将新一代信息通信技术集成应用到制造系统，来促进实时响应工厂、客户及供应链等变化的需求和条件。

3）智能制造是一种新的制造范式和技术手段，通过采取、集成新一代信息通信技术、智能科学技术、大型制造技术、系统工程技术和相关产品技术等，来实现各种制造系统要素的集成和优化。

4）智能制造是一种应用物联网技术及相关信息技术来实现横纵向集成的、能加强生产力的、满足个性化需求的制造系统。

5）智能制造是由智能机器和人类专家共同组成的人机一体化智能系统，能够将智能活动嵌入到生产制造过程中，并通过人与智能机器的合作共事来扩大、延伸和部分地取代人类专家在制造过程中的脑力劳动。

6）智能制造是制造企业能够在任何需要的时间和场合有合适形式的合适数据、有合适知识的合适员工、有合适的技术和运作。

7）智能制造是基于新一代信息通信技术与先进制造技术深度融合，贯穿于设计、生产、管理、服务等制造活动的各个环节，具有自感知、自学习、自决策、自执行、自适应等功能的新型生产方式。

8）智能制造面向产品的全生命周期，通过信息化在制造中实现泛在感知。智能制造技术是在现代传感、网络、自动化、拟人化智能技术等先进技术的基础上，以智能化的感知、人机交互、决策和执行技术，实现设计、制造与制造装备的智能化。

9）智能制造就是在任何时间、任何地点、按人们和机器所需要的形式使用实时数据和技术。

从这些定义与描述可以看出，智能制造的本质特征如下：

1）智能制造是采取各类感知技术和数据分析技术适应用户需求所发生的本质变化，实现制造系统的柔性化生产、分布式控制和动态配置等，最终实现制造对象或产品的智能化、制造过程的智能化、制造工具的智能化。

2）智能制造的本质主要体现在“智能”一词。智能化和自动化的最大区别在于知识的含量，以及对大量数据的处理和反馈，智能制造是基于科学而非仅凭经验的制造。

3）智能制造是先进制造过程、系统与模式的总称。其通常指广义上包含所有相关生产活动的制造系统，而非狭义的智能制造技术。现在各种新型制造范式，如云制造、基于物联网的制造等实质上都隶属于智能制造领域，是智能制造的不同实现模式和方法。

4）当前，智能制造是一种增强而非完全颠覆传统制造的制造范式。在当前发展阶段，智能制造是对传统制造的一种逐渐的改进和增强，而非彻底颠覆，因此两者不会有明确的界限和区分。

5）智能制造是新一代信息通信技术与先进制造技术的深度融合，贯穿于设计、生产、管理、服务等制造活动的各个环节，具有自感知、自学习、自决策、自执行、自适应等功能的新型生产方式。

6）智能制造是高度集成的、协同制造的系统，它能对不同工况下的各种问题实时响应，以满足不同工厂、不同客户的多样性需求。

8.1.2　智能制造内涵

中国、德国、美国战略视角下智能制造的内涵如图8.1所示。我国对智能制造的描述更为全面，德国、美国在其制造业战略中对智能制造的理解更偏重其互联与数据应用方面的特质，对于基于工业制造技术的数控机床、工业机器人等智能制造装备，并没有在智能制造相关发展战略或概念中详细提及。三者的交集为工业互联网概念中所有有关智能制造的描述，包含传感、监测与控制，新型制造模式，以及工业大数据三个方面。

智能制造涵盖的内容十分丰富，存在着大量的技术要素，涉及众多应用领域，牵扯价值链的方方面面。一方面，虽然对智能制造没有给出明确统一的定义，但智能制造离不开智能装备、智能机器的设计与实现；另一方面，智能制造内涵下的关键领域和核心是制造业的数字化、网络化、智能传感与控制、智能检测与测量、智能决策、工业大数据分析。

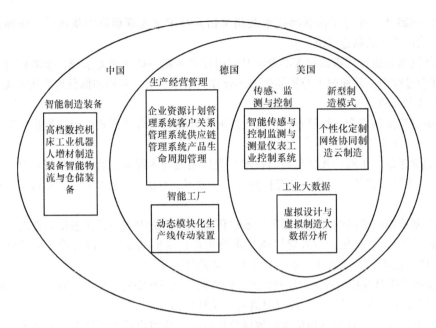

图 8.1 中国、德国、美国战略视角下智能制造的内涵

8-3. 机器视觉

8-4. 算法模型 – 抛球控制

8.1.3 控制对象及任务的变迁

技术进步给工业控制带来巨大变化。控制对象及任务的变迁如图 8.2 所示。

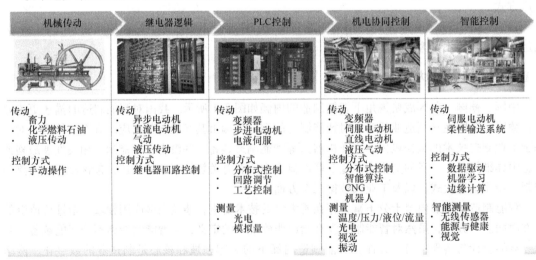

图 8.2 控制对象及任务的变迁

为了跟上智能制造的步伐，为了适应更为复杂的生产场景，提高生产运营管理水平，生产制造企业对机器本身的需求也变得越来越复杂和严苛，而这种复杂及变化必须借助智能的方法来实现。在创新性技术的研发中，数字化设计、智能化集成的手段越来越多地应用于机器开发，包括基于模型的开发、工业人工智能在机器研发中的应用等。新的工具与方法为复杂机器的设计带来便利，缩短开发周期并降低研发成本。

8-5. 岸桥 – 吊装集装箱实景

8-6. 岸桥 – 吊装集装箱动画

8.2 岸桥防摇系统

岸边桥式起重机（简称"岸桥"）是在码头前沿进行集装箱装卸作业的专用设备，世界上许多集装箱码头都使用岸桥来承担船舶集装箱的装卸任务。

集装箱装卸桥如图 8.3 所示。岸桥的主要运动过程：行走小车下方通过钢丝绳连接吊具，吊具起吊集装箱沿岸桥的主梁轨道往返于海陆侧进行装卸船作业。当小车到达指定装卸位置后，空载或满载的吊具须下降执行对箱锁销或对位松销操作。如此循环往复，完成集装箱的装卸。

图 8.3 集装箱装卸桥

岸桥的整体结构如图 8.4 所示。岸桥的运动机构主要有起升机构、俯仰机构、小车运行机构、大车行走机构。

1）起升机构：实现集装箱吊具吊梁升降运动，由驱动机构、钢绳卷绕机构、吊具安全保护装置构成。

2）俯仰机构：实现前大梁绕大梁铰点做俯仰运动，由驱动机构、钢绳卷绕机构、安全钩以及保护装置构成。

3）小车运行机构：使集装箱或吊具和上架进行水平往复运动，由小车总成、小车驱动机构、钢绳卷绕机构、安全保护装置构成。

4）大车行走机构：实现整机沿着码头轨道水平运动，由设在门框下的四组行走车及驱动系统组成。

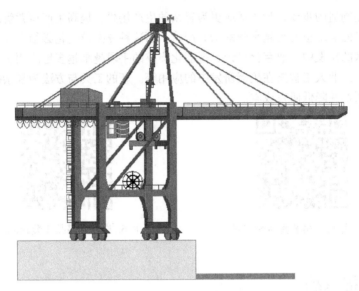

图 8.4　岸桥的整体结构

8-7. 岸桥 – 吊装集装箱控制　　　　8-8. 岸桥防摇控制解说动画

8.2.1　岸桥防摇

作为装卸集装箱的专用设备，岸桥的装卸能力和速度直接决定了码头的作业效率。现今岸桥正朝着装运的大型化、吊装的高速化、控制系统的智能化、绿色节能以及装卸的自动化等方向发展。特别在吊装过程趋于高速化方面，小车运行速度和主起升速度有了大幅度的提高。正是由于速度的提高，加大了吊具和所吊的集装箱（简称"吊载"）的摆动，增加了小车定位的难度，从而延长了装卸工作的循环时间，严重降低了岸桥的装卸效率，无法满足集装箱高效装卸的要求。据统计，集装箱吊装的 30% 左右的时间是消耗在"让集装箱稳定"的过程中，即如何让集装箱平稳地定位到所要吊装的位置上。因此，为保证岸桥能高速且有效运行的同时，确保小车准确定位，抑制吊载的摆动，使集装箱在较短时间内到达目标位置，从而提高岸桥的装卸效率、增强现场作业的安全性及实现码头的自动化装卸成为亟待解决的重要问题。

由于小车和吊具通过柔性钢丝绳连接，当岸桥作业时，驱动电动机牵引着行走小车在主梁轨道上往返运动，当小车由高速经减速制动后，吊载因惯性而在小车运行方向上产生摆动，其摆幅大小会随小车运行速度的提高而增大。另外，在集装箱的吊装过程中，钢绳内在特性、风、岸桥机械结构等因素都会导致钢绳扭摆，这种扭摆使得岸桥的定位时间延长。岸桥吊装过程中吊载的摆动与扭动如图 8.5 所示。

有试验数据显示，当小车运行速度达到 180m/min 以上，小车制动停车后，若无任何防摇装置，吊载的摆幅可达将近 2m，需经 30s 左右的时间才能停止摆动。小车停车后，空载吊具需完成对箱锁销操作,满载吊具需完成对位松销操作。由于吊载的摆动严重增加了对位操作的难度,延长了装卸循环时间,因此,为了减小或消除吊载的摆动,提高小车位移操作的精度,必须对吊具加装防摇装置。

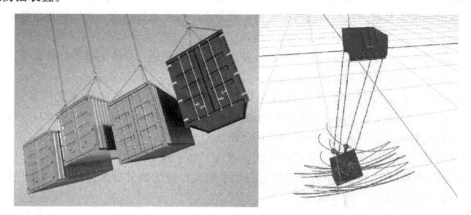

图 8.5 岸桥吊装过程中吊载的摆动与扭动

8.2.2 防摇系统类型

为了解决这个问题,工程技术人员开发了机械防摇、液压防摇、电液混合防摇等装置,但随着集装箱货运量的不断增大,要求岸桥效率进一步提升且维护成本进一步降低,这不仅需要更高的小车运行速度,还需要吊装系统稳定控制。

1. 机械防摇

传统机械防摇分为两大类型:①通过机械手段来消耗摆动能量以达到最终消除摇摆的目的,但这种方法没有将防摇和小车的运行控制结合起来考虑;②通过增加悬挂系统刚性来达到抑制摇摆的目的。具体的方法有:交叉钢丝绳防摇、分离小车防摇、翘板梁式防摇等。这两种防摇类型的结构都比较复杂,可靠性较差,维修保养的工作量大,特别当起升高度较大时的防摇效果并不是很理想。机械防摇在满载时的防摇效果较明显,在空载时吊载摆幅衰减得较慢。

机械防摇系统具有以下弊端:

1)机械磨损:对于重负载的机械运行系统,机械磨损高,且工作在海岸边,维护工作量大。

2)不灵活:复杂的场景,专门设计的机械系统,安装、调试需要人工参与。

3)无法提供数据反馈与记录:与电子系统相比,传统机械系统的问题需要人工巡检,不能对故障及时反馈、记录和分析。

4)价格高昂。

5)缺乏安全保护。

2. 液压防摇

传统液压防摇系统由控制阀组、油箱、防摇充压控制阀、储能器等部件构成。工作原理是依据吊索产生的拉力触发液压系统进行调节,控制吊索拉力达到防摇效果。这种防摇系统价格昂贵,维护困难。液压防摇系统实物如图8.6所示。

图 8.6 液压防摇系统实物

3. 电子防摇

电子防摇是通过各种传感器和检测元件将

检测到的信息（如小车位置或速度，吊载摆角或角速度等）传送至控制系统的处理器，通过控制算法求算最佳控制参数，控制电动机的输出，调节小车速度或加速度，实现吊载在整个运行过程中的摆动不超过设定角度，减小了吊载摆幅。

与机械防摇相比，电子防摇优点有附加设备少、防摇时间短、基本不增加额外重量，能将小车的运行控制和吊载的防摇综合进行考虑。

20 世纪 90 年代的岸桥，小车运行速度最快为 180m/min，吊载提升速度可以达到 50 ~ 90m/min；如今的岸桥，小车运行速度最快为 400m/min，吊载提升速度可以达到 90 ~ 150m/min。装卸效率的提高对防摇控制系统提出了更高的要求。

采用建模仿真的方法来开发电子防摇系统，考虑了如下几个因素：

1）繁复昂贵的调试过程：岸桥本身的运行功率较大，现场调试需人力配合，现场进行各种工况的测试，花费时间长，成本高昂。

2）软件的复用：防摇系统的开发不仅可以用于各种岸桥，也可以用于大型堆场的天车、重型履带吊。因此，采用建模仿真实现"可复用的组件"成为必需。

3）持续的改进：建模可以为后续系统的开发进行积累，持续地进化迭代可以使系统得到进一步改进。虽然前期建模需要一些投入，但可使企业长期获益。

8.2.3 基于建模的岸桥电子防摇系统

基于建模的岸桥电子防摇系统开发步骤如下：

1）建立防摇系统的多输入多输出数学模型。

2）借助于 MATLAB/Simulink 仿真工具建立仿真模型。

3）设计控制结构与策略，优化控制参数和模型，仿真验证模型准确性和控制效果。

8-9. 仿真建模与控制 – 防摇

4）通过贝加莱 PLC 操作系统平台的代码生成工具，将 MATLAB 仿真模型生成 C 语言控制代码，下载到 PLC 中，在 PLC 中进行半实物仿真，进一步测试并优化模型，验证控制效果。

5）到现场岸桥实物设备上进行调试，解决工程实际问题，校验调试优化控制参数，验证模型的准确性、控制策略的有效性、控制效果的精确性和稳定性。

6）设计定型，批量生产。

1. 系统建模

将现实世界中的岸桥防摇系统转化为数学模型，研究对象的运动特征和建模目的，对问题进行必要且合理的简化，获得数学物理模型，设计控制策略，分析系统的动态、静态性能。

数学模型是连接现实世界与数学世界的桥梁。使用数学方法推理和演绎实际问题，进行分析和解答，实质是描述系统各变量间相互关系及动态性能的方程式。

控制理论中有两种系统建模方法：

1）机理建模法：分析研究对象的运动规律，借助于物理、化学知识，采用数学手段建立系统内部的输入 – 输出状态关系。

2）系统辨识法：是一种试验分析法，主要应用在对系统运动机理不清楚，无法掌握内部运动规律情况的场合。先凭经验建立模型结构（具有一定阶次的动态方程），再对实际系统的输入、输出数据进行处理以确定模型参数。

岸桥防摇系统是一个典型的动力学系统。通常研究动力学问题有两种途径：

1）矢量力学：应用牛顿运动定律，分析系统中各个相关联的力和运动规律，研究各部分之间的相互作用关系。

2）分析力学：把系统视为一个整体，利用如动能、势能之类的纯量来描述函数。

本案例采用机理建模的方法，建立防摇控制系统的输入输出模型，并基于模型设计了含有前馈及反馈环节的控制系统。

（1）岸桥摆动力学模型

岸桥的任务是装卸集装箱，有两个自由度的运动：①水平方向，小车在电动机驱动下在陆侧和海侧间来回运动；②升降方向，在电动机驱动下将集装箱吊起或者下放。

集装箱由吊具抓放，吊具与小车之间通过多组钢丝绳牵连。由于钢丝绳的柔性，小车运动过程中，吊具及吊载会产生摆动。该摆动系统的阻尼较小，一旦摆动，自然衰减需要的时间长，降低了装卸效率，防摇成为需求。

防摇的实现是通过控制电动机的输出使负载轨迹按照设定的轨迹规划运行，防摇控制要求吊载运行全过程摆动不得超过设定角度。

岸桥力学模型示意图如图 8.7 所示。图中，小车质量为 m_T，负载质量为 m_L，电动机作用到小车上的推力为 F_T，电动机作用到绳子上的拉力为 F_C，小车的位移为 x_T，摆动角为 θ，绳长为 l_H。

在极坐标下，建立摆动的坐标系：

定义单位矢量 $\vec{\tau}$ 为 θ 角变化的方向，即切向运动方向，并定义 θ 角沿逆时针的方向为正方向。定义单位矢量 $\vec{n}$ 为绳长变化的方向，即径向运动方向，并定义绳长变长的方向为正方向。由运动形式可知，这两单位矢量正交。

极坐标系下变绳长单摆示意图如图 8.8 所示。

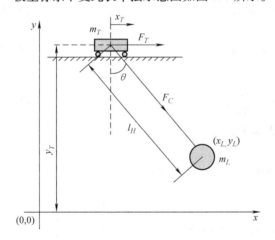

图 8.7　岸桥力学模型示意图

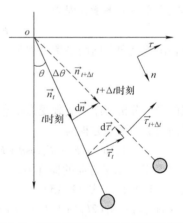

图 8.8　极坐标系下变绳长单摆示意图

假设 t 时刻物体的摆角为 θ，$t+\Delta t$ 时刻，物体沿正向摆动了 $\Delta\theta$ 角。径向和切向单位矢量的改变量为 $\mathrm{d}\vec{n}$ 和 $\mathrm{d}\vec{\tau}$。当 Δt 趋于 0 时，$\Delta\theta$ 也趋于 0。$\mathrm{d}\vec{n}$ 和 $\mathrm{d}\vec{\tau}$ 的方向分别趋于 $\vec{\tau}$ 和 $-\vec{n}$，即 $\dfrac{\mathrm{d}\vec{n}}{\mathrm{d}\theta}=\vec{\tau}$，$\dfrac{\mathrm{d}\vec{\tau}}{\mathrm{d}\theta}=-\vec{n}$。

径向矢量随时间的变化为

$$\frac{\mathrm{d}\vec{n}}{\mathrm{d}t} = \frac{\mathrm{d}\vec{n}}{\mathrm{d}\theta}\frac{\mathrm{d}\theta}{\mathrm{d}t} = \dot{\theta}\vec{\tau} \tag{8.1}$$

切向矢量随时间的变化为

$$\frac{\mathrm{d}\vec{\tau}}{\mathrm{d}t} = \frac{\mathrm{d}\vec{\tau}}{\mathrm{d}\theta}\frac{\mathrm{d}\theta}{\mathrm{d}t} = -\dot{\theta}\vec{n} \tag{8.2}$$

负载的位置在极坐标系中可以表达为

$$\vec{s} = l_H\vec{n} \tag{8.3}$$

负载的速度为

$$\vec{v} = \frac{\mathrm{d}}{\mathrm{d}t}\vec{s} = \frac{\mathrm{d}}{\mathrm{d}t}l_H\vec{n} = \dot{l}_H\vec{n} + l_H\frac{\mathrm{d}\vec{n}}{\mathrm{d}t} = \dot{l}_H\vec{n} + l_H\dot{\theta}\vec{\tau} \tag{8.4}$$

负载的加速度为

$$\vec{a} = \frac{\mathrm{d}}{\mathrm{d}t}\vec{v} = \frac{\mathrm{d}}{\mathrm{d}t}(\dot{l}_H\vec{n} + l_H\dot{\theta}\vec{\tau}) = \ddot{l}_H\vec{n} + \dot{l}_H\frac{\mathrm{d}\vec{n}}{\mathrm{d}t} + \dot{l}_H\dot{\theta}\vec{\tau} + l_H\ddot{\theta}\vec{\tau} + l_H\dot{\theta}\frac{\mathrm{d}\vec{\tau}}{\mathrm{d}t} = (\ddot{l}_H - l_H\dot{\theta}^2)\vec{n} + (2\dot{l}_H\dot{\theta} + l_H\ddot{\theta})\vec{\tau} \tag{8.5}$$

负载的切线方向和径向方向的加速度分别为

$$a_\tau = 2\dot{l}_H\dot{\theta} + l_H\ddot{\theta} \tag{8.6}$$

$$a_n = \ddot{l}_H - l_H\dot{\theta}^2 \tag{8.7}$$

负载在切线方向和径向方向的惯性力分别为

$$F_\tau = -m_L(2\dot{l}_H\dot{\theta} + l_H\ddot{\theta}) \tag{8.8}$$

$$F_n = -m_L(\ddot{l}_H - l_H\dot{\theta}^2) \tag{8.9}$$

由于小车的运动，负载水平方向的惯性力为

$$F_x = -m_L\ddot{x}_T \tag{8.10}$$

小车在水平向的平衡方程为

$$F_c\sin\theta + F_T = m_T\ddot{x}_T \tag{8.11}$$

起降在吊绳径向方向的平衡方程为

$$F_H - F_c = \frac{J_H}{R_H^2}\ddot{l}_H \tag{8.12}$$

负载的受力分析。岸桥负载受力示意图如图8.9所示。

水平向负载的平衡方程为

$$F_c\sin\theta + F_x + F_\tau\cos\theta + F_n\sin\theta = 0 \tag{8.13}$$

式中，F_x 为负载在水平方向的惯性力。

将式（8.11）代入式（8.13）得

$$(m_T + m_L)\ddot{x}_T + m_L(2\dot{l}_H\dot{\theta} + l_H\ddot{\theta})\cos\theta + m_L(\ddot{l}_H - l_H\dot{\theta}^2)\sin\theta = F_T \tag{8.14}$$

切线方向平衡方程为

$$F_x\cos\theta + F_\tau + m_Lg\sin\theta = 0 \tag{8.15}$$

整理得

$$\ddot{x}_T\cos\theta + (2\dot{l}_H\dot{\theta} + l_H\ddot{\theta}) + g\sin\theta = 0 \tag{8.16}$$

径向方向平衡方程为

$$F_c + F_x\sin\theta + F_n - m_Lg\cos\theta = 0 \tag{8.17}$$

整理得

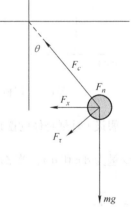

图8.9 岸桥负载受力示意图

$$-m_L\ddot{x}_T\sin\theta - m_L(\ddot{l}_H - l_H\dot{\theta}^2) + m_Lg\cos\theta = F_c \tag{8.18}$$

将式（8.18）代入式（8.13）得

$$F_H = \frac{J_H}{R_H^2}\ddot{l}_H - m_L\ddot{x}_T\sin\theta - m_L(\ddot{l}_H - l_H\dot{\theta}^2) + m_Lg\cos\theta \tag{8.19}$$

综合式（8.15）、式（8.16）、式（8.19）得负载运动方程为

$$\begin{cases} F_T = (m_T + m_L)\ddot{x}_T + m_L(2\dot{l}_H\dot{\theta} + l_H\ddot{\theta})\cos\theta + m_L(\ddot{l}_H - l_H\dot{\theta}^2)\sin\theta \\[4pt] \ddot{x}_T\cos\theta + (2\dot{l}_H\dot{\theta} + l_H\ddot{\theta}) + g\sin\theta = 0 \\[4pt] F_H = \frac{J_H}{R_H^2}\ddot{l}_H - m_L\ddot{x}_T\sin\theta - m_L(\ddot{l}_H - l_H\dot{\theta}^2) + m_Lg\cos\theta \end{cases} \tag{8.20}$$

小车位移 x_T、摆动角 θ、绳长 l_H 与负载位置的关系，即负载模型为

$$x_L = x_T + l_H\sin\theta \tag{8.21}$$

$$y_L = y_T - l_H\cos\theta \tag{8.22}$$

（2）控制器设计

岸桥防摇控制系统结构框图如图 8.10 所示。系统架构含有前馈控制和反馈控制环节。

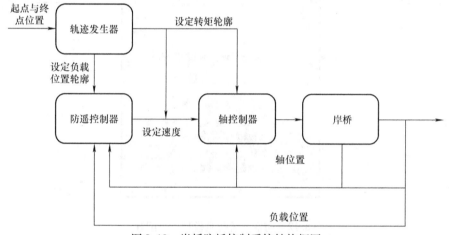

图 8.10 岸桥防摇控制系统结构框图

工作原理：以规划的负载路径信息作为设定输入，以测量系统的信息作为反馈输入，以小车和升降的设定速度作为控制输出，建立控制器的输入输出结构。小车和升降的速度输出经过速度环控制后，输出控制力作为控制对象的输入量。

（3）控制代码

借助于 PLC 操作系统平台的代码自动生成工具，将在 MATLAB 中建立的 Simulink 仿真模型一键生成为 C 语言控制代码，直接下载到 PLC 中运行。自动生成 PLC 控制代码如图 8.11 所示。

防摇系统仿真模型接口配置如图 8.12 所示。通过设定 Simulink 仿真功能块的输入输出接口以及接口参数，可以将 Simulink 功能块直接生成为 Automation Studio 中的一个任务，下载到 PLC 中运行。

（4）系统测试

将设计好的功能块在实验平台上进行各项功能测试，用以进一步优化参数与模型，验证控制策略和控制性能。XY 平面负载运动性能测试结果如图 8.13 所示，X 向负载位移测试结果如图 8.14 所示。

由于采用了仿真工具和模块化设计方法，使防摇系统开发过程便捷、高效。

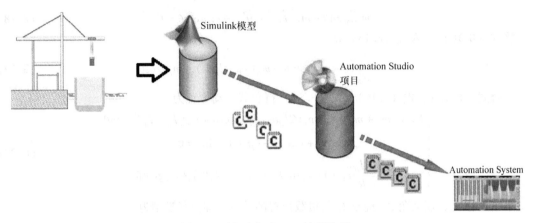

图 8.11　自动生成 PLC 控制代码

图 8.12　防摇系统仿真模型接口配置

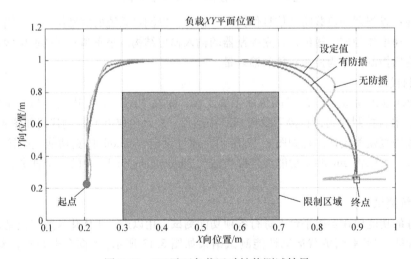

图 8.13　*XY* 平面负载运动性能测试结果

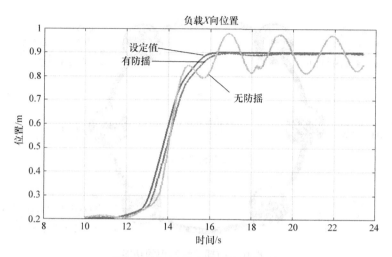

图 8.14 X 向负载位移测试结果

2. 系统硬件设计

防摇控制系统硬件架构如图 8.15 所示。系统由 GPS、传感测量模块、基于 Intel X86 的 PLC、变频器、功率驱动模块、电动机等组成。

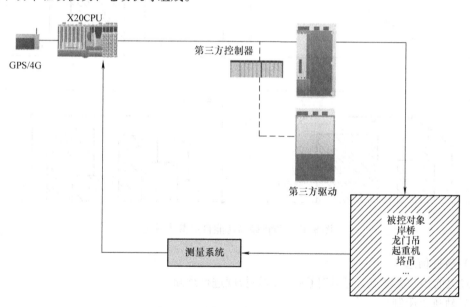

图 8.15 防摇控制系统硬件架构

3. 功能开发

基于建模的装备功能开发需要满足复杂环境下的各种工况需求。防摇系统实现的功能如图 8.16 所示。

（1）防止碰撞功能

岸桥在港口运行时，工作轨迹下方会有人员、货物、建筑物等，因此，系统必须能够自由地设定安全区，使得集装箱吊装过程能够根据安全区进行自主的参数适应。防止碰撞功能自主参数适应如图 8.17 所示。

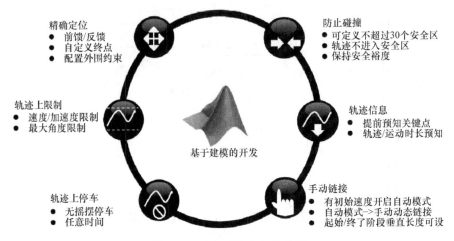

图 8.16 防摇系统实现的功能

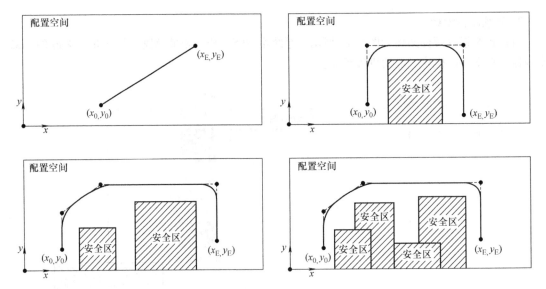

图 8.17 防止碰撞功能自主参数适应

（2）轨迹信息

通过提前预知关键点，可以对轨迹和时间长度进行预知。

（3）轨迹上限制

该系统还可以在轨迹上进行速度、加速度、最大摆动角度的限制，以保护岸桥在负载、风速较大等环境下的安全作业，确保人员生命与财产安全。轨迹上限制如图 8.18 所示。

（4）轨迹上停车

轨迹上停车是根据需要可以在任意时间由操作人员进行无摇摆的停车。即便重新启动仍然可以保障无摇摆启动运行，从而保证装卸效率。轨迹上停车如图 8.19 所示。

（5）手动链接

对于任何自动化系统，设计必须考虑系统手动/自动均可运行并可动态切换，同时保证动态链接过渡平滑。手动链接如图 8.20 所示。

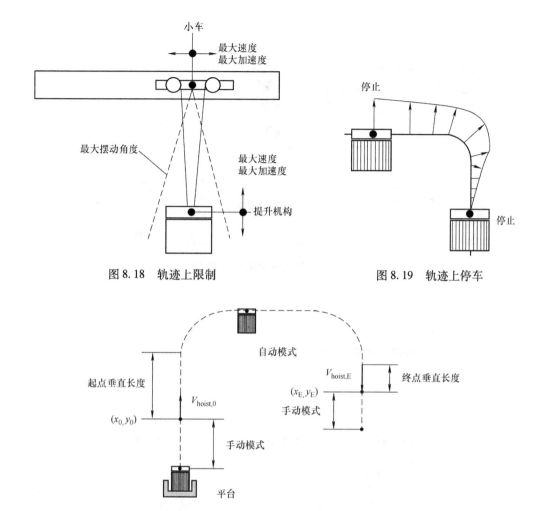

图 8.18　轨迹上限制　　　　　图 8.19　轨迹上停车

图 8.20　手动链接

（6）轨迹信息

系统根据当前速度、重量等信息，提供预警、轨迹预知，让操作人员更为清晰地得到预判并对潜在危险及时干预。

8.2.4　建模仿真开发的优势

岸桥防摇系统的开发借助了建模仿真，开发过程顺利，优良的控制性能在实际工程应用中得到了验证。

岸桥防摇系统开发中建模仿真的优势如下：

1）降低测试验证成本：早期工程问题在仿真中得到解决，不必到现场调试验证。

2）虚拟调试：工程师可以在虚拟环境中对各种工况场景进行测试，降低现场调试耗时。

3）软件复用：基于建模的防摇系统模型不仅可以应用于岸桥，也可以应用于天车、起重设备等，实现软件的复用。

岸桥防摇防扭系统仿真、建模仿真开发的优势分别如图 8.21、图 8.22 所示。

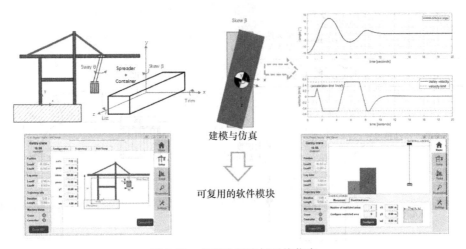

图 8.21　岸桥防摇防扭系统仿真

图 8.22　建模仿真开发的优势

8.3　多线切割机

设备的状态监测与预诊断，是工业界的一个常见难题。在很多业界领域，关键设备的一次突发故障，往往就会造成巨大的经济损失。因此，工业界一直在追求智能的监测与预诊断解决方案，从而能够在设备发生故障之前进行干预，如提前检修、更换部件等，以避免真正故障的发生。

8-10. 多线切割机

但是，工业场景的复杂性、多干扰、数据纷杂等特点都加大了对设备健康状况进行准确评估的难度。人工智能算法，由于其从数据中自动挖掘信息的出众能力，在预诊断的领域中已经成功占据了一席之地。本节以多线切割机为例，介绍两种高性能的智能监测与预诊断方案。

8.3.1　多线切割机的简介

这样的风景想必很多读者欣赏过——在美丽的蓝天白云下，原野上大片的光伏电池板，孜孜不倦地吸收着太阳的能量，将之转换为电能供给千家万户。光伏电池板的核心组件——硅片，是由这样一种关键设备生产而成：多线切割机。光伏电池板与待切割的硅棒如图 8.23 所示。

图 8.23　光伏电池板与待切割的硅棒

多线切割机主要是通过金属丝的高速往复运动，可以将硬脆的硅棒进行精细切割，使得硅棒被切割为数百片薄薄的硅片。金属丝在水平面上进行往复运动，同时在垂直方向上与硅棒相对运动，从而稳定、精细地切割硅棒。多线切割机及其工作原理示意图如图 8.24 所示。

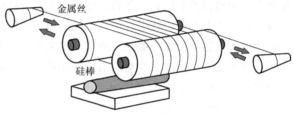

图 8.24　多线切割机及其工作原理示意图

将硅棒切割成厚薄均匀、切壁光滑的硅片，依赖于多线切割机的稳定运行。但在实际的生产过程中，难免会有设备出现故障的情况。在切割状态下，设备突发故障导致的突然停机，对于昂贵的硅棒会造成不可修复的损伤，会导致直接报废。这样的突发停机带来的材料损失及停机检修的停产损失是巨大的。如何能够在故障发生之前就进行预警，使得工程师们能够在工作间隙对设备进行及时的干预、维修，就成为了避免经济损失、保障生产的关键。

两种针对多线切割机的状态监测与预诊断的解决方案如下：

1）基于常见信号的智能预诊断：基于设备已有数据，利用温度、电压、电流等常见信号进行故障预诊断。其优点是无硬件成本，预诊断性能良好。

2）基于振动信号的智能预诊断：需要安装振动传感器，通过对振动信号的时频分析，实现设备的高精准预诊断。

8.3.2　基于常见信号的智能预诊断

在多线切割机的系统中，通常有着多种传感器在实时监测着设备的运行，如温度、电流、电压等信号。但是，这些数据如何能够转化为明确的设备健康状态信息呢？传统做法是需要专家去分析曲线，人工进行判断。这样的方式效率低、实时性不高，而且需要依赖于专家的经验。本节中给出了一种能自动分析数据、进行设备健康状况判断的智能算法，以达到专家判断的效果。

多线切割机在不同工况下的多通道信号，均呈现出明显的趋势一致性，却又在绝对值上差异明显。这就意味着，简单的对数据的绝对值进行判断，难以反映设备的健康状况。所以，需要智能算法去挖掘、提炼出曲线的趋势信息，并对此趋势进行判断，提取特征量，即可抓住设备的细微异常，从而实现对故障的提前预警。多线切割机的实测数据如图 8.25 所示。

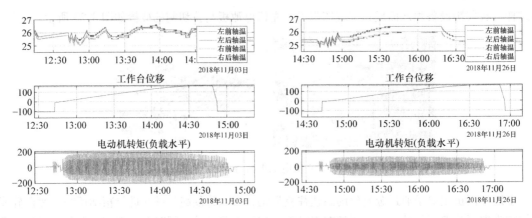

图 8.25　多线切割机的实测数据

　　基于多年积累的行业专家知识，首先对多台设备的数据进行恰当的特征提取，以提炼出数据中与设备健康状况最相关的信息。之后，使用人工智能算法对数据进行自动聚类，使得特征相似的数据聚成一簇，而不相似的数据聚类成不同的簇。可以推断，在多台相似类型的设备中，大部分设备是健康的，数据特征是类似的。所以，聚类结果中有着大量样本点的簇可以视为健康簇。那些游离于健康簇之外的样本、少量点组成的小簇，则指征着设备的异常工作状态。智能预诊断算法流程及异常检出样例如图 8.26 所示。

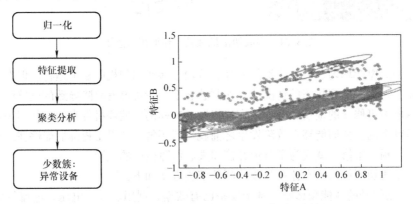

图 8.26　智能预诊断算法流程及异常检出样例

　　为了验证方案的实际效果，在工厂中采集了数千个样本，对此方案进行性能测试，得出检出率及误报率。

　　检出率及误报率的数学定义：设测试样本集中，缺陷的总数量为 β，正确检出的缺陷数量为 α，测试样本集中图片总数量为 κ，出现误报的图片数量为 δ，则检出率（ϵ_1）和误报率（ϵ_3）的定义如下：

$$\epsilon_1 = \frac{\alpha}{\beta} \times 100\%$$

$$\epsilon_3 = \frac{\delta}{\kappa} \times 100\%$$

　　最终，在实际工厂采集的 4700 个测试样本上，本方案的综合故障检出率为 90% 左右，而误报率则低于 0.2%，实现了一个性价比极高的监测与预诊断方案。该方案已经成功应用于现场设备，在生产过程中提供可靠的设备预警。

8.3.3　基于振动信号的智能预诊断

在一些高可靠性、安全性要求的应用场合，故障的检出优先级高，企业愿意付出相应的成本。可以额外加装振动传感器，进行高频的振动信号采集，以精准监控设备的健康状况。安装了振动传感器的多线切割机如图8.27所示。

振动信号蕴含着丰富的时频信息，能够较全面地采集到设备的状态信息。但是，随之而来的问题是如何从这些数据中提炼出故障信息。振动监测信号如图8.28所示。工程师的任务是，如何能够把这些检测信号量化成数学表达，使得计算机能够自动处理这些数据，提炼出故障特征信息，控制机器做出相应的响应。

图 8.27　安装了振动传感器的多线切割机

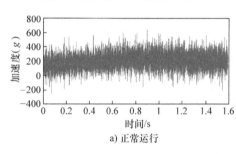

a) 正常运行

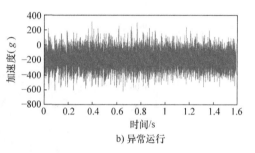

b) 异常运行

图 8.28　振动监测信号

一种基于时频分析及人工智能算法的振动信号分类算法，可实现对复杂振动信号的准确分类，从而对多线切割机的异常状态实现精准的检出。基于振动信号的故障检出算法流程如图8.29所示。

首先，对振动信号进行短时傅里叶变换，提取出时频信息，将原始的一维时域振动曲线转换为三维的时频图。短时傅里叶变换后的振动信号如图8.30所示。在图8.30中，横坐标为时域，纵坐标为频域，深浅维度则代表着能量大小，越浅代表此时频点能量越大。

在时频图上，正常数据的高亮部分与异常数据的亮度分布是不同的。利用图像处理的特征提取方法，可以进一步地提取高亮的分布信息。最后，将提取的特征值输入到基于支持向量机的分类器中，则分类器可自动输出设备健康状况，即正常或异常。

在实际测试中，对多线切割机上采集到的大批振动数据进行

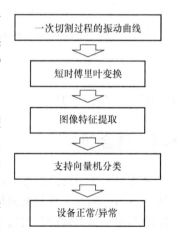

图 8.29　基于振动信号的
故障检出算法流程

相应处理，得到特征向量集合，并进行分类。基于支持向量机的数据分类如图8.31所示。在图8.31中，浅色为正常，深色为异常，支持向量机分类器可精准地将数据分为两类，从而检出故障数据。

经过短时傅里叶变化及图像特征提取后，正常与异常的振动信号之间的区别被提炼得明确、清晰，易于分类。后续采用的人工智能分类器，不需要过于复杂的架构，即可实现几乎100%的

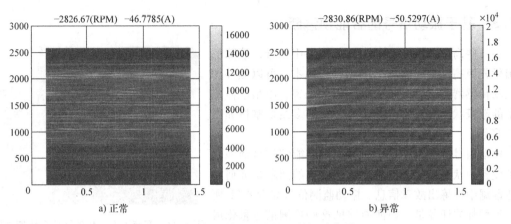

图 8.30　短时傅里叶变换后的振动信号

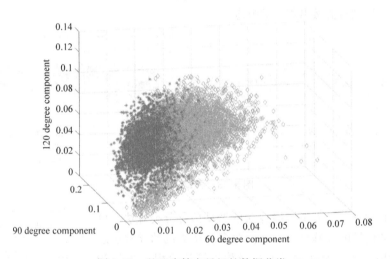

图 8.31　基于支持向量机的数据分类

检测精度，为多线切割机提供了一个高可靠的预诊断方案。

8.4　烫金机

8-11. 烫金印刷

本节针对烫金机，介绍一种基于物理模型的智能自适应温度控制算法，用模型对目标温度实现精准的计算，仿佛安装了虚拟的温度传感器，从而向控制策略提供有效的反馈信号。此算法已经在烫金机上得到了成功的应用与验证。

8.4.1　烫金机工作过程

烫金是一种将电化铝箔烫印到承印物表面的工艺过程，烫金机就是完成烫金工艺的设备。烫金在印刷、包装行业有着广泛的应用，由于其效果精美，色彩鲜艳，所以被广泛地应用于精美高档的包装、商标、书刊封面等物体上。烫金印刷品如图 8.32 所示。

小小的精致的烫金，需要巨大复杂的机器来实现。烫金机实物如图 8.33 所示。烫金机是一个复杂的系统，需要精准的温度、压力和烫金速度控制的互相配合，方可达到完美的烫金效果。

图 8.32 烫金印刷品

这当中，烫金速度与压力是离线设置与调节的，所以温度的实时控制是影响烫金质量的关键。在烫金速度、压力一定的前提下，烫金温度如果控制得过高或过低都会导致烫金质量问题。

烫金温度与烫金效果如图 8.34 所示。如果温度过低，熔化不充分，会造成烫印不上或烫印不牢，使得烫金图案缺笔断划、印迹发花。如果温度过高，熔化过度，烫印图文周围的电化铝也熔化脱落而产生糊版，使印迹出现雾斑状或起泡。因此，必须要对烫金机的温度进行实时、精准、稳定的控制，才能保障烫金质量。

图 8.33 烫金机实物

a) 烫金温度过低　　　　　　　b) 烫金温度合适　　　　　　　c) 烫金温度过高

图 8.34 烫金温度与烫金效果

8.4.2 基于物理模型的自适应温度控制

对于无法直接测温的目标，如何进行精准的温度控制是一个工业界常见的难题。在很多应用场景中，可能是空间过小，可能是无法走线，可能是工作环境特殊，种种原因使得无法用安装温度传感器的方式来对需要控温的目标进行温度测量。通常情况是这些目标的温度又是动态变化的，受工况、环境干扰较大。摆在工程师面前的问题是如何对未知的对象实现不受干扰的、稳定的精准温度控制。

烫金核心部件的关键组件如图 8.35 所示。核心烫金部件主要由三层组成：加热板、蜂窝板与烫金块。烫金过程中，纸张会带走大量的热量，而加热板会补充热量，通过蜂窝板传递给烫金块，从而保持烫金块的温度。所以，如何实时给出加热板的精准控制量，是烫金块温度稳定的关键。

由于空间及机械限制，烫金时无法长期安装传感器。传统上，业界使用一种较为呆板的

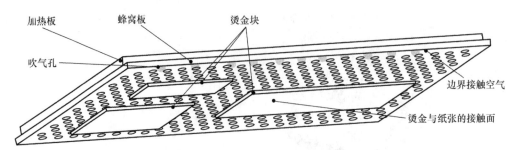

图8.35 烫金核心部件的关键组件

"查表法"进行温度控制。在每一台机器出厂之前,厂内临时加装传感器,测量加热区与烫金块之间的稳态温差,并进行记录。在烫金生产中,查询之前的温差表,进行加热区的温度控制。

"查表法"进行温度控制方案的缺点如下:

1)工作量大,对每一台机器都需要至少一周以上的实验。

2)受环境温度影响大,春夏秋冬都做一批实验,生成相应的温差表。

3)受工况影响大,在烫金速度不同的时候,温差值不准确,烫金质量不佳。

4)特殊的工况,如热量需求高的大面积烫金,烫金效果不稳定。

一种基于物理模型的自适应温度控制方案成功地解决了烫金机的温度控制问题。首先,对加热板的热量经蜂窝板向烫金块的传递过程进行热传导建模,在模型中考虑所有干扰传热的主要因素,如烫金速度、环境温度、烫金块大小、是否吹风等。因此,基于此模型可以计算出烫金块的准确温度,从而为温度控制提供反馈值。之后,控制策略中,在基于物理模型的温度反馈控制基础上,结合前馈控制以补偿干扰引起的温度波动。自适应烫金温度控制流程如图8.36所示。

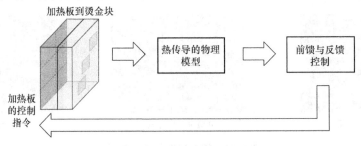

图8.36 自适应烫金温度控制流程

所建立的物理模型可以精准地计算加热板到烫金块的热传导,因此无论工况变化或干扰,烫金块的实时温度都可以经由模型获取,从而为温度控制提供了准确的参考。

8.4.3 烫金温度控制实测效果

为验证自适应温度控制的实际效果,进行了大量的烫金测试。测试包括不同环境温度、不同干扰、不同工况下的长时间测试。难度较高的是大面积烫金及高速烫金,在此类工况下,烫金造成的热量损失较大。图8.37和图8.38展示了传统方案及自适应温度控制的大面积烫金对比效果。传统查表法的大面积烫金效果如图8.37所示,自适应温度控制的大面积烫金效果如图8.38所示。

对比可见,查表法的烫金效果较差,出现了明显的漏印、白点等情况;而自适应温度控制的烫金效果则稳定、质优,烫印色彩鲜艳有光泽,符合高标准的质量要求。

自适应温度控制下的平稳温度变化如图8.39所示。图8.39显示的是工厂生产过程中测试的

图 8.37　传统查表法的大面积烫金效果

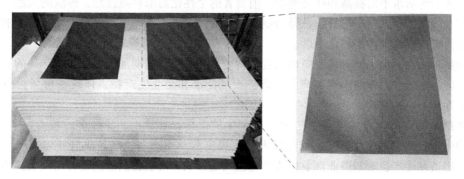

图 8.38　自适应温度控制的大面积烫金效果

温度曲线，是从机器启动开始烫金直到温度稳态的过程。可以看出，从机器刚开始烫金时，由于烫金带走热量，烫金块的温度开始下降，而控制策略令加热板快速响应，对烫金块进行及时的加热补温。之后，烫金块的温度平滑地过渡到稳态，在此过程中未出现温度大幅跌落的现象，保障了持续高速烫金的烫印质量。

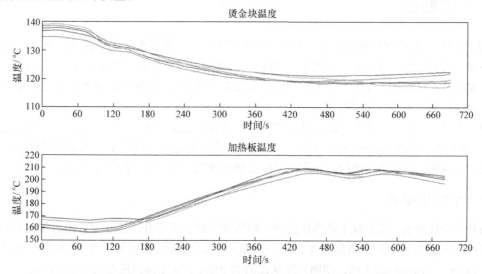

图 8.39　自适应温度控制下的平稳温度变化

　　综上所述，采用了自适应温度控制算法的烫金机，能够适应不同的环境温度、工况变化、操作干扰，稳定实现高难度的大面积烫金，是智能算法应用于工业现场的一次成功的尝试。

第 9 章

柔性电驱输送系统设计

随着人们生活水平的提高和社会进步，消费者的个性化需求日益强烈，传统的大批量、品种单一的流水线生产模式已经与日新月异的制造业发展需求脱节，企业在满足个性化需求的同时需要规划如何进行大规模的定制化生产。

市场需求正在逐渐由相对稳定向动态变化转变，产品更新周期加速，客户对产品的需求更加多元化，产品需求愈发倾向于以客户为导向。市场需求和企业生产特点体现在市场竞争日益激烈、变化性和不可预测性上。

柔性制造是应对"大规模定制"生产而产生的，具有批量小、品种多的特点。中小批量、多品种的生产模式通过柔性制造系统可以大幅度提高劳动生产率、产品质量并缩短产品生产周期。柔性制造和生产会对制造业商业模式产生巨大的影响，对机器制造的设计与流程提出崭新的和更高的要求。

目前，柔性制造系统渗透到制造业的各个领域，并促进生产方式变革。柔性制造系统能够支持企业在最短的生产周期内识别响应市场需求的变化，以较短的开发周期和较低成本制造出品种多样的高质量产品。

9.1 柔性制造

"人们可以订购任何颜色的汽车，只要它是黑色的"。发明了流水线运作的汽车大王亨利·福特的这句话鲜明地表明了对"个性化"的拒绝。实现工业生产的个性化是非常困难的。对于传统、成熟的大规模流水线生产，个性化会带来很多"麻烦"，会直接影响到企业生产中最为关心的指标：质量、成本和交付能力。

20 世纪 70 年代，企业生产制造过程中对柔性的需求促使一种新的制造方式——柔性制造系统（Flexible Manufacturing System, FMS）的诞生。柔性制造系统被要求在保证质量的前提下不断改变产品性能，调整产品结构，并在此基础上做到提高生产效率，降低生产成本。

9.1.1 个性化需求

随着自动化技术、信息技术的高速发展，经济实力的快速提升，工业制造能力得以大幅度增强。以饮料灌装为例，传统机器仅达到 12000 瓶/h，新型机电控制技术使得灌装产能提升到 108000 瓶/h；以印刷机械为例，印刷速度从以前的 200m/min 提高到现在的 500m/min。

技术发展和大规模制造使得生产成本下降，产品质量稳定且提高，但随之出现的问题是

1）产能过剩：产业快速达到了饱和状态，企业很难再获得持续的发展，沉积的成本越来越高，导致企业处于高位风险，无法长期盈利。

2）同质化竞争：标准化产品带来的同质化竞争使得企业风险加大，通过价格竞争使盈利能力下降，如果出现新的产业变化，则企业无法生存。

富裕起来的人们个性化需求出现，而且这种势头越来越猛烈。一方面，这种客观需求越来越多样化的趋势限制了大量生产方式的发展，迫使制造业不得不朝低成本、高品质、高效率、多品种、中小批量、自动化生产方向转变。另一方面，科学技术的迅猛发展推动了自动化程度和制造水平的提高，使制造业的柔性化转变在技术上成为可能。

个性化需求会沿着产业链传导到各个上游环节，直接影响到生产制造企业。机械制造商、系统集成商需要给出快速应对的机械与测试的工程集成方案。柔性量产，可以解决大规模生产和私人定制之间的矛盾。自动化工程师则需要设计满足个性化要求的生产线和控制系统。个性化需求在产业链中的传递如图9.1所示。

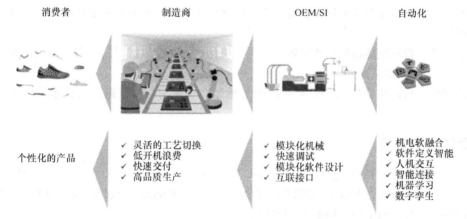

图9.1 个性化需求在产业链中的传递

柔性制造涉及以下四个技术领域：

1）自动化加工技术：机电设备的自动化加工技术是柔性制造的基础支撑。

2）物流输送技术：被加工的物料在不同单元之间进行智能输送，以实现物流的自由流动。

3）信息技术：为协同及调度提供保障。

4）软件技术：通过软件建模、配置来应对生产的变化需求，解决灵活性问题。

9.1.2 制造柔性及分类

制造柔性是可以根据不同维度进行定义的多维概念，与设备布局、企业文化、管理组织结构、信息系统和工艺技术等多个因素相关。制造柔性可以从战略、作业时间、生产单元等不同层面进行描述与分类。

根据企业制造环境的范围将制造柔性分为外部柔性和内部柔性。外部柔性主要包括新产品柔性、交付柔性、产品组合柔性、产量柔性和改进柔性。外部柔性因消费者需求波动而变化，建立良好的外部柔性对企业树立竞争优势至关重要。内部柔性包括加工路线柔性、机械柔性和物料处理柔性。内部柔性与企业生产效率相关，与市场需求和外部环境不确定性无关。

以企业的生产单元作为研究对象，制造柔性分类为：过程柔性、产量柔性、品种柔性以及物料处理柔性，其中产量柔性和品种柔性属于满足消费者需求这一外部驱动维度，过程柔性和物料处理柔性属于配合企业生产制造的内部驱动维度。

理想的柔性制造系统应该具有以下八种柔性：

1）设备柔性：指系统中的加工设备具有适应加工对象变化的能力。衡量指标是当加工对象的类、族、品种变化时，加工设备所需刀、夹、辅具的准备和更换时间，硬、软件的交换与调整时间，加工程序的准备与调校时间等。

2）工艺柔性：指系统能以多种方法加工某一族工件的能力。工艺柔性也称加工柔性或混流柔性，衡量指标是系统不采用成批生产方式而同时加工的工件品种数。

3）产品柔性：指系统能够经济而迅速地转换到生产一族新产品的能力。产品柔性也称反应柔性。衡量指标是系统从加工一族工件转向加工另一族工件时所需的时间。

4）工序柔性：指系统改变每种工件加工工序先后顺序的能力。衡量指标是系统以实时方式进行工艺决策和现场调度的能力。

5）运行柔性：指系统处理其局部故障，并维持继续生产原定工件族的能力。衡量指标是系统发生故障时生产率的下降程度或处理故障所需的时间。

6）批量柔性：指系统在成本核算上能适应不同批量的能力。衡量指标是系统保持经济效益的最小运行批量。

7）扩展柔性：指系统能根据生产需要方便地模块化进行组建和扩展的能力。衡量指标是系统可扩展的规模大小和难易程度。

8）生产柔性：指系统适应生产对象变换的范围和综合能力。衡量指标是前述 7 项柔性的总和。

9.1.3 柔性制造类型

柔性制造主要包括柔性制造单元（Flexible Manufacturing Cell，FMC）、柔性自动生产线（Flexible Manufacturing Line，FML）、柔性制造系统（Flexible Manufacturing System，FMS）、柔性制造工厂（Flexible Manufacturing Factory，FMF）。

1. 柔性制造单元

柔性制造单元由一个或多个加工中心、工业机器人、物料运送存储设备或数控机床组成，可根据不同工件的生产加工需要自动更换刀具以及夹具。柔性制造单元具有较高的机器灵活性，较低的人员参与性和加工灵活性，通常适用于小批量、形状复杂、工序简单、加工时间长的零件生产。

2. 柔性自动生产线

柔性自动生产线主要由加工设备、运储设备、辅助设备以及计算机控制系统所组成，负责生产线设备资源管理与调度、生产计划与进度管理、生产线状态监控等工作。其加工设备可以是通用的加工中心、数控机床，也可采用专用机床或数控专用机床，对物料搬运系统柔性的要求比柔性制造系统低，但生产率更高。它是离散型生产中的柔性制造系统和连续生产过程中的分散型控制系统（DCS）的结合，其特点是实现生产线柔性化及自动化。柔性生产线的价值主要体现在生产线系统的灵活性，其灵活性是指系统在最短时间内以最低成本、最小精力和最少性能的改变来响应变化的能力。

3. 柔性制造系统

柔性制造系统是通常由计算机进行控制和管理，并包括两台及以上机床和一套物料运输系统（传输装置和自动装卸装置）的高度自动化制造系统。该系统主要可在不停机的情况下实现中小批量、形状复杂、多品种的零件生产及管理。

4. 柔性制造工厂

柔性制造工厂是将多条柔性制造系统连接起来，配以自动化立体仓库，用计算机系统进行联系，采用从订货、设计、加工、装配、检验、运送至发货的完整 FMS。它包括了 CAD/CAM，并使计算机集成制造系统（CIMS）投入实际，实现生产系统柔性化及自动化，进而实现全厂范围的生产管理、产品加工及物料储运进程的全盘化。柔性制造工厂是自动化生产的最高水平，反映出世界上最先进的自动化应用技术。它是将制造、产品开发及经营管理的自动化连成一个整体，以信息流控制物质流的智能制造系统（IMS）为代表，其特点是实现工厂柔性化及自动化。

9.1.4　柔性制造系统

柔性制造系统作为先进制造系统的代表，适合工件形状复杂、工序多、定制化的制造场景，主要解决柔性加工车间中制造执行层与设备层的一系列难题。

1. 柔性制造系统定义

我国对柔性制造系统的标准定义为：柔性制造系统是由数控机床、物流传送设备和计算机控制系统组成的自动化制造系统，它包括多个柔性制造单元，具有根据制造任务不同和生产环境变化迅速做出调整的能力，主要应用于多品种、中小批量产品的制造。

欧洲机床工业合作委员会（CECIMO）对柔性制造系统的定义是，能够以最少的人工干预，对范围内任意工件进行加工，具有调度生产和产品通过系统路径的功能，并能够产生报告和系统操作数据的自动化制造系统。该系统通常应用于中小批量产品族和不同批量零件的混合加工，柔性能力受制造系统设计时产品族和零件族的限制。

柔性制造系统以多台（种）数控机床或数组柔性制造单元为核心，通过自动化物流系统将其联接，统一由主控计算机和相关软件进行控制和管理，组成多品种变批量和混流方式生产的自动化制造系统，它有统一的信息控制系统、物料储运系统和一组数字控制加工设备，能适应加工对象变换。

2. 柔性制造系统组成

柔性制造系统由三部分组成：自动加工系统、物流运输系统、控制管理系统，这三个子系统的共同作用产生了柔性制造系统的能量流、物料流和信息流。

1）自动加工系统：由多台高度自动化数控机床和加工设备（加工中心、切削中心及其他由计算机控制的机床）组成，基于成组技术将尺寸相同、形状相近、材料和工艺类似的工件在相同一台或多台机器设备上集中进行加工制造的系统。

2）物料运输系统：由多种运输装置（轨道、传送带等）和装卸装置（起吊机器和工业机器人等）构成，实现物料的存放和运输以及工件、加工所用刀具传输的系统，该子系统在柔性制造系统的三个子系统中最为重要。

3）控制管理系统：由计算机控制系统和软件系统组成。计算机控制系统主要负责对柔性制造系统工件加工和物料运输过程中的信息进行收集和处理，并输出机器设备和物料系统进行自动操作所需的信息，还可通过电控、气压或液压等控制装置对机器设备和物料系统分级进行控制。软件系统包括生产过程分析与调度、工艺设计规划、系统管理和监控等软件，是柔性制造系统对生产制造进行有效管理的重要组成部分。

9.1.5　柔性制造中的精益生产

柔性制造系统是为了解决传统的生产方式在多品种、中小批量产品生产过程中出现的生产效率低、周期长、成本高、质量差等问题而出现的，其伴随着社会经济和科学技术的进步而不断发展。

精益生产（Lean Production）是通过系统结构、人员组织、运行方式和市场供求等方面的变革，使生产系统能很快适应用户需求的不断变化，并能使生产过程中一切无用、多余的东西被精简，最终达到包

9-1. ACOPOStrak OEE
综合效率

括市场供销在内的生产的各方面最好结果的一种生产管理方式。与传统的大生产方式不同，其特色是多品种、小批量。

精益生产方式的基本思想是，在需要的时候，按需要的量，生产所需的产品。其核心是追求零库存和快速应对市场的变化，尤其是认为高库存是"祸害"。因为库存提高了经营的成本，库存掩盖了企业的问题。

精益生产的终极目标是"零浪费"，具体表现在以下七个方面：

1）"零"转产工时浪费（多品种混流生产）：加工工序的品种切换与装配线的转产时间浪费降为"零"或接近为"零"。

2）"零"库存（消减库存）：将加工与装配相连接流水化，消除中间库存，变市场预估生产为接单同步生产，将产品库存降为零。

3）"零"浪费（全面成本控制）：消除多余制造、搬运、等待的浪费，实现零浪费。

4）"零"不良（高品质）：不良不是在检查位检出，而应该在产生的源头消除它，追求零不良。

5）"零"故障（提高运转率）：消除机械设备的故障停机，实现零故障。

6）"零"停滞（快速反应、短交期）：最大限度地压缩前置时间，消除中间停滞，实现"零"停滞。

7）"零"灾害（安全第一）：安全事故会造成多种损失。

精益生产的关键衡量指标是质量、成本、交付，需要避免生产过程中的六大浪费，这些浪费会影响精益生产的质量、性能、可用性指标，个性化会使得这些机器与生产线的浪费进一步放大。精益生产中设备的六大浪费见表9.1。

表9.1　精益生产中设备的六大浪费

六大损失类别		设备综合效率损失类	事件原因	
停机损失	停机时间	可用率损失	计划的停机	
	停止时间		刀具损坏、非计划维护、设备故障/异常、制程异常	重大的设备故障或突发事件引起的停工
换装调试损失		可用率损失	设备/工艺改变、原料短缺、人力不足、大调整、设备预热	
暂停机损失		性能损失、速度稼动率损失	不通畅的制程、传感器关闭、产品在线流通受阻、清洁、检查	低于正常产能或设计产能之下的工作造成的损失
减速损失		性能损失、速度稼动率损失	低于设计产能运行、设备磨损、员工失误	设备启动/调试运行前的次品
启动过程次品损失		质量损失	报废、返工、不合理装配	
生产过程次品损失		质量损失	报废、返工、不合理装配	生产稳定时产生的次品

个性化生产中影响可用性、质量、性能的因素如下：

（1）开机浪费与运行浪费

对于一个大批量的订单，开机浪费是成本，但是，这个成本整体考虑可以忽略不计。对于个性化的小批量订单,开机浪费就变成了巨大的成本。例如,一台注塑机生产一个产品的时候,如果订单是 10 万个,第一模产品通常不会合格。如果机器进入稳定生产前浪费 10 个产品,那么就是 0.01% 的开机浪费。由于一种产品的开机浪费通常是固定的,如果订单变为 10000 个的时候,这个开机浪费就会提高 10 倍,不良品占比就会提高,这代表质量下降。而且这些废品都会计入成本,良品率的下降导致成本上升。

运行浪费则与机器本身的稳定性与可靠性有关。控制工艺的稳定性和机器运行的稳定性欠缺都会造成不良品的产生。例如,机器由于维护或排故会造成在制品的损失,这同样会被纳入整个生产的不良品统计中。

(2)设备故障与工艺切换

如果生产线能够高品质地生产出成品,那么,这个产品生产过程称为增值;否则就是不增值环节。由于个性化需要频繁的更换模具、对生产流程进行调整,机械、电气调整都需要花费时间,这些都会造成机器的可用性的降低,无法稳定地提供有价值产品的输出。

(3)空转与短时停机、减速

机器与生产线都会有设计速度(额定值),但是,由于生产中的物料等待、加热时间延迟、机器故障或停机等,这些因素都会影响设备的整体性能,即相对于额定速度的真实运行值。

个性化会带来成本提高,虽然可以通过提高售价实现盈利,但又与价格竞争相悖。虽然用户需要个性化的产品,但如果价格超越过多,消费者无法接受。

智能化的柔性制造需要解决一个问题"如何让个性化产品有和标准化产品一样的价格",这就需要借助于各种先进技术来解决。

9.1.6 柔性生产线需要解决的问题

柔性制造系统通常由四个单元构成:自动化加工设备(如机床、注塑机等)、信息系统、软件系统、输送系统。作为从大规模制造不断发展起来的自动化加工设备,其技术已经成熟,柔性制造的工作在于如何把它们衔接起来构成一个协作的生产线。柔性生产线需要解决以下几个问题:

1)输送的柔性。

2)软件支撑。

3)信息交互与传递。

实时工业以太网 Powerlink、OPC UA over TSN 全架构可以为工业现场的信息交互与传递提供解决方案。

1. 传统机械输送的弊端

(1)生产线中的主要输送方式

1)链条传动。

2)蜗轮蜗杆。

3)齿轮齿条。

4)曲轴连杆。

5)液压传动。

6)气动。

7)物流自动辊传输。

8)分度盘或转台。

9)机器人搬运。

（2）机械的输送方式存在的问题

1）机械磨损带来的维护问题：除了机械磨损造成的精度损失外，还需要经常润滑、维护，这使得生产经常需要被中断，维护也是需要成本的。

2）工站之间的间距不能灵活变动：机械本身具有一定的安装精度要求，一旦调校需要相对稳定，频繁调整生产需要大量的时间重新安装调校。

3）生产流程复杂：为了实现产品的各种传输变化、翻转、分流等动作，需要设计大量的机械辅助抓手、机构。当这些设计变化时，工装夹具都需要更换，因此，传统的机械的输送方式比较难以胜任变化。

4）缺乏有效的数据协调：传统机械输送系统通常没有信号的传输，因此依赖于人工的检测，对于磨损、运行状态，机械结构之间的协调无法形成有效的机制。

现有机械传输存在的问题如图 9.2 所示。

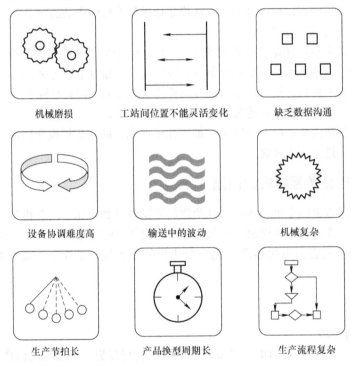

图 9.2　现有机械传输存在的问题

由不同的机器群组成生产线，因其速度不同，一般采取一个主机匹配多个后道机器的方案，这样成本高昂；若设置缓冲区，又会使生产占地面积大。另外，由于机械惯量大、机械结构复杂，生产节拍通常比较长。

由此可见，传统的机械传送不能满足"大规模定制"。因为大规模定制生产对自动化传送系统有着高度柔性和自适应的要求，频繁的机械调校使得工艺切换时间变长，会导致制造企业无法快速响应市场。

2. 电气与软件工具

除了机械问题，柔性制造在电气测试、软件上也存在着一些需要解决的问题：

1）如何为产品建模，自动适应变化，无需手动配置和干预。

2）产品变化后，相应的工装夹具的负载、空间尺寸等都会发生变化，如何进行电气测试验证？测试验证会增加成本。

虽然已有 CAD/CAE 等建模仿真软件，机械、电气、工艺软件如何在这种集成性的柔性生产线上实现协同？因为这些软件都有明显的"专业属性"，即"术业有专攻"，各有其任务与操作系统平台，统一协调困难重重，如各类软件的数据接口问题。如何把不同单元整合为一个整体，需要机电软一体化的规划能力。如何设计一种新的柔性电驱输送系统使得制造的生产线能够获得高度的生产柔性是工程师们面临的问题。

9.2 柔性电驱输送系统

9-2. ACOPOStrak 总览

柔性电驱输送系统是一种全新的机电一体化系统，是为解决生产的"灵活性"而诞生的设计方案。它通过直线长导轨上多组动子的运动，并配合机器人工作，在 3C 制造、食品包装、药品包装、饮料灌装等需要生产灵活加工与组装的应用领域提供最大的生产灵活性，从而实现高柔性和高效率的"大规模定制"。

柔性电驱输送技术方案是，在同一直线或曲线导轨上，多个永磁体动子根据生产组装工艺需求进行位置、速度、间距等参数的调整，配合机器人可以实现快速定位、数控跟随、系统仿真、波动抑制等功能，可以让承载的产品按照各自不同的速度、加速度、运动方向被传送。通过低维护与易维护设计，实现生产线稳定、可靠运行。此外，可以通过 Powerlink 将第三方的机器人系统、数控系统、视觉等予以集成，把传统机械工艺切换的人工调校变成软件自动化配置实现，减少工程师的工作量。这种设计方案的优点在于：一方面，单独控制每个滑块的输送方式非常贴近柔性生产的工艺；另一方面，大幅降低换型、换线时间，提高了生产效率，降低了生产成本，紧凑的结构也降低了设备占地面积。柔性电驱输送系统结合 CAD/CAE 软件、实时通信技术、建模仿真/数字孪生技术，解决了柔性生产线中的输送的问题，是对整个生产过程的一种重组。

从 2016 年以来，全球的主要自动化厂商如贝加莱（B&R）、罗克韦尔（Rockwell AB）、博世力士乐（Bosch Rexroth）、倍福（Beckhoff）等，均推出了柔性电驱输送系统。产品包括：贝加莱的 SuperTrak/ACOPOStrak、罗克韦尔的 MagMover、博世力士乐的 FTS、倍福的 XTS 等。ACOPOStrak 柔性电驱输送系统外观图如图 9.3 所示。

图 9.3 ACOPOStrak 柔性电驱输送系统外观图

9.2.1 柔性电驱工作原理

柔性电驱输送系统也可以称为"长定子直线电动机"。长定子直线电动机原理结构示意图如图 9.4 所示，柔性电驱输送系统结构图如图 9.5 所示。

由图 9.4、图 9.5 可见，轨道就是带有励磁绕组的直线电动机的定子，采用垂直安装的方式。

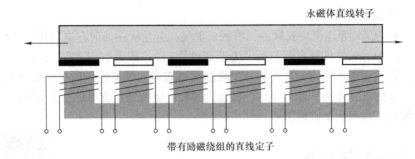

图 9.4 长定子直线电动机原理结构示意图

图 9.5 柔性电驱输送系统结构图

转子（也称为动子、滑块、穿梭车，本书统称为动子）采用永磁体，并在其上装有磁条，用于传感位置信息。轨道的光电眼扫描磁条，将动子位置信息传输至控制系统，用于柔性电驱输送系统的统一调度、协调，并与机器人、视觉同步。通过控制轨道上励磁绕组族的电压或电流，就能控制动子的运动速度。

由图 9.5 可见，柔性电驱输送系统的动子受到轨道垂直方向的吸力 F_y 和轨道水平方向的电磁推力 F_x，带着托盘（或其他形式的工装夹具）在轨道上运行。被加工件安装于托盘之上沿着轨道移动，经过不同的工位进行相应的加工处理，如焊接、钻孔、打磨、点胶、检测、贴标、灌装、打码、旋盖等。

SuperTrak 构成的生产线，单条轨道可长达 50m，实现上百个动子的运动控制。ACOPOStrak 由于轨道设计更为灵活，可实现长达数百米的柔性电驱输送，控制数千个动子的运动。

这种新型的电驱输送结构设计方案，避免了传统机械传送的弊端，在同一导轨上的多个永磁体动子可以根据生产组装工艺需求方便地进行位置、速度、间距的控制，而且这些被控参数的调整可以由软件进行配置，加工得以实现"柔性"。

9.2.2 机械结构设计

以两种典型的柔性电驱输送系统 SuperTrak 和 ACOPOStrak 为例，说明其机械结构设计的特点。

1. SuperTrak 机械结构

SuperTrak 机械结构如图 9.6 所示。SuperTrak 的环形轨道结构分为直道和弯道两部分。其弯道设计采用欧拉螺旋线，也称羊角螺旋线，具有缓和直线段与圆曲路线之间曲线变化的作用，可以完美链接直线与任何圆弧曲线，保证连接点与圆弧曲线的曲率完全一致。这种设计带来的好处就在于平稳过弯。通常过弯的时候需要减速，否则会有翻车的危险。设计采用羊角螺旋线的方式则可以实现匀速过弯，确保整个输送的机械稳定性。

9-3. 柔性电驱输送
SuperTrak

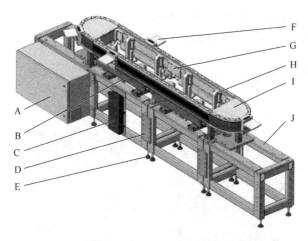

图 9.6 SuperTrak 机械结构

图 9.6 中，A～J 对应的模块名称如下：

A：SuperTrak 电控柜。

B：直线段轨道。

C：SuperTrak 系统供电模块，为轨道上的直流母线提供 28V 供电。

D：基架连接板，用于两机架间连接固定。

E：调水平脚，用于机架的水平调节。

F：托盘。

G：锲形调节板，可调节轨道往前或往后。

H：高度调节架，可调节轨道高度。

I：弯曲段轨道。

J：基架，用于安装 SuperTrak。

SuperTrak 动子结构如图 9.7 所示。

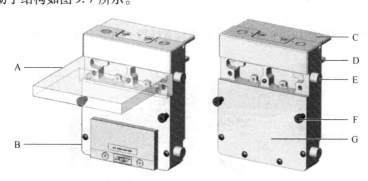

图 9.7 SuperTrak 动子结构

图 9.7 中，A～G 对应的模块名称如下：

A：托盘架。

B：红外标签，可为每个托盘提供独自的标号用来追踪托盘。

C：编码器带支架。

D：抗顶块，意外碰撞时保护托盘，带防静电刷。

E：保险杠，手动移动托盘时提供缓冲，减振。

F：装卸螺钉，为装卸托盘工具提供连接支点。

G：前盖板。

托盘背面结构如图9.8所示。

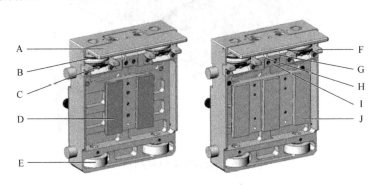

图9.8 托盘背面结构

图9.8中，A~J对应的模块名称如下：

A：编码器支架。

B：V形轮，在直线段的V形轨道上行进。

C：防静电刷，消散在穿梭运动中产生的静电。

D：磁体，托盘背面的磁体数量可以是2或3。

E：平轮，在直线段的平整防磨片上行进。

F：抗顶块，在意外碰撞时保护托盘，带防静电刷。

G：润滑毛毡，用于润滑上方的V形轨道。

H：有弹簧支撑的润滑毛毡。

I：润滑锁块，用于固定润滑支撑。

J：磁体。

SuperTrak直线段结构图如图9.9所示。弯道与直线段一致，只是轨道形式为螺旋线形式。

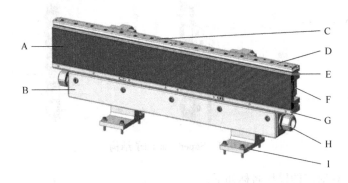

图9.9 SuperTrak直线段结构图

图9.9中，A~I对应的模块名称如下：

A：直线电动机，产生电磁力推动托盘运动。

B：电气元件舱门。

C：左编码器支架。

D：右编码器支架。

E：上方 V 形轨道。

F：铝制结构轨道，其他轨道模块组件安装在其上面。

G：平整防磨带。

H：电缆连接口，安放供电和网线线缆。

I：轨道支架。

SuperTrak 最小系统如图 9.10 所示。两个圆弧段、两个直线段，分别是 1m，整体为 4m 的轨道即可构成一个封闭的完整最小生产系统。SuperTrak 需要构成封闭的环形线。

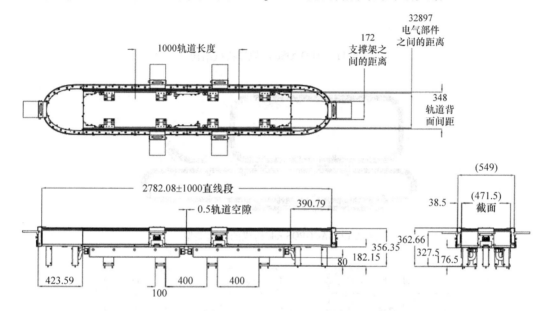

图 9.10　SuperTrak 最小系统

2. ACOPOStrak 机械结构

ACOPOStrak 与 SuperTrak 原理相同，只是增加了"变轨"技术。"变轨"指一个轨道的动子在两个轨道交汇的区间，可以实现从一个轨道到另一个轨道的切换。ACOPOStrak 还可以实现开放的轨道形式，即无需闭环。ACOPOStrak 这两个显著的机械特性赋予了它更大的灵活性，它的轨道形式更多样。ACOPOStrak 轨道机械结构如图 9.11 所示

9-4. ACOPOStrak
零停机更换动子

ACOPOStrak 构成的轨道类型如图 9.12 所示。

ACOPOStrak 可以构成多种类型的轨道组，如圆弧形的闭环、直线段开环、弯道开环等，在直线段和闭环还可以实现变轨，即动子从一个轨道转向另一个轨道运行。

SuperTrak 和 ACOPOStrak 的性能、功能比较如图 9.13 所示。

SuperTrak、ACOPOStrak 可以满足不同的用户需求。若需求环形轨道，且负载较大（大于 4kg），宜采用 SuperTrak。应用在如电子连接器、锂电池封装的生产线单元上。ACOPOStrak 更适合对于分流、汇流有需求的场景，满足开放式生产线需求，应用在如啤酒饮料的后道包装、婴儿纸尿裤的码垛线、日化产品的生产线上。

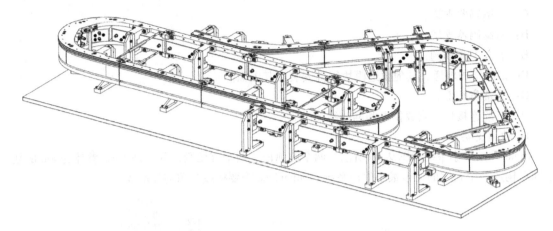

图 9.11 ACOPOStrak 轨道机械结构

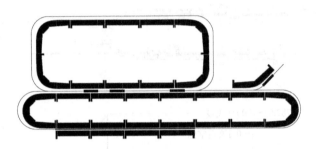

图 9.12 ACOPOStrak 构成的轨道类型

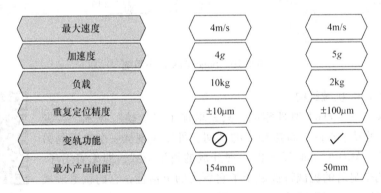

最大速度	4m/s	4m/s
加速度	4g	5g
负载	10kg	2kg
重复定位精度	±10μm	±100μm
变轨功能	⊘	✓
最小产品间距	154mm	50mm

图 9.13 SuperTrak 和 ACOPOStrak 的性能、功能比较

9.2.3 柔性电驱中的数字孪生技术

建模与仿真技术在现代工业控制系统设计中的作用越来越大，数字孪生是新一代仿真技术的代表。建模与仿真技术的发展如图 9.14 所示。

数字孪生是指利用物理模型、传感器更新、运行历史等数据，将物理实体映射入虚拟空间，从而反映对应的实体装备的全生命周期过程，为系统分析与决策提供参考的技术。

数字孪生物理实体的特征参数需实时、完备、正交地映射到虚拟空间，由此产生的海量数据需要全部归档。数字孪生技术是通过物理实体的几何特征及海量历史数据建立相应静态数字模

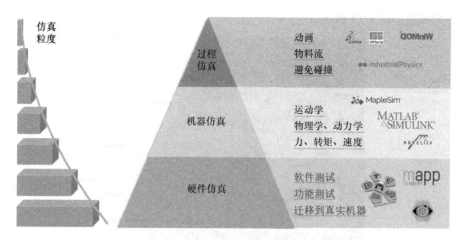

图 9.14 建模与仿真技术的发展

型，通过实体的运行数据实时同步静态数字模型与物理实体的加工状态，由此替代加工过程的形式化验证等繁琐工作。因此，可以将数字孪生看作现有仿真技术的升级。在智能制造领域，数字孪生是智能制造的关键技术之一，它通过机制实现物理世界和信息世界的互联互通与智能化操作，可以实现生产线的早期验证、虚拟调试、预警等功能。

数字孪生需要对物理空间中物理实体建立虚拟模型，并对物理实体进行数据采集、数据集成，虚拟模型可以实时监控、动态跟踪物理实体的状态。物理实体可以在信息虚拟空间中进行全要素重建，构成了具备感知、分析、决策、执行能力的数字孪生。数字孪生也可以看作是将物理实体映射到数字虚体中去，物理实体中的"形"和"态"与数字虚体中的"形"和"态"完全对应，如同一对双胞胎。

通常的建模仿真的关注点在于"保真度"，即对物理对象精确还原。数字孪生技术则关注于"动态交互"，即物理系统与虚拟的模型系统之间可以实时（100ms 级）的交互。通过数据交互可以实现：① 将现场物理设备状态反馈给数字系统；② 接受来自数字系统的调整，将数据传递给物理执行机构。

数字孪生实现了物理实体与信息虚体之间的交互联动、虚实映射，提升了资源优化配置效率，是物理世界和信息世界进行融合的一种高效方式，在智能化过程中得到了越来越多的应用。

1. 数字孪生三维模型

数字孪生技术的核心是数字镜像，它是与对应的物理实体完全一致的动态虚拟模型。在工作过程中，物理实体不断地向虚拟空间发送实时数据更新虚拟模型，数字镜像实时模拟物理实体在现实环境中的状态和性能，对物理实体进行分析、预测、优化和反馈。数字孪生技术主要应用在产品的设计和生产阶段。

利用数字孪生技术解决实际生产制造问题时，需要创建对象的数字孪生模型架构。该模型是由物理实体、虚拟镜像和数字纽带组成三维模型架构。其中物理实体是客观存在的对象；虚拟镜像是与物理实体完全一致的数字模型；数字纽带用于连接物理实体和虚拟镜像，实现两者之间的数据和信息流动。

物理实体是数字孪生技术应用的基础，决定了数字孪生技术的应用范围。虚拟模型是物理实体忠实的数字化镜像，集成并融合了几何、物理、行为及规则模型。几何与物理模型是对物理对象要素的描述；行为模型在此基础上加入驱动和和扰动因素使各要素具备行为特征；规则模型对几何、物理、行为等层面上的规律规则进行刻画，使虚拟模型层具备评估、演化和推理的能力。

数字孪生三维模型如图 9.15 所示。

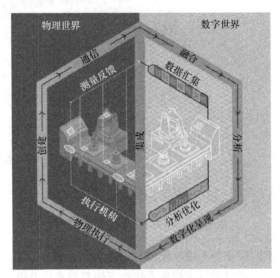

图 9.15 数字孪生三维模型

2. 柔性电驱数字孪生架构

ACOPOStrak 的数字孪生架构如图 9.16 所示。

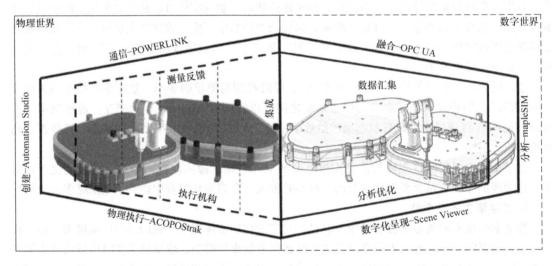

图 9.16 ACOPOStrak 的数字孪生架构

柔性电驱物理实体作为其数字孪生技术的基础，是物理空间中生产系统的集合。在 ACOPOStrak 自动化装配生产线中，其检测、控制、执行系统及辅助设备共同组成了这个物理实体层。ACOPOStrak 系统包括传感器、视觉、PLC、机器人等物理设备，这些物理设备接受指令并通过协作完成加工/装配任务，各种传感器安装在生产设备上，实时监测工作环境和运行状态，实现物理实体层的实时感知。

虚拟模型作为物理实体真实的数字化镜像，融合了与对象相关的几何、物理、行为及规则模型。其中，几何模型是 3D 实体模型，主要用于描述物理实体的尺寸、形状、装配关系等属性；物理模型用于分析对象的物理属性，如应力、强度、速度等；行为模型在虚拟空间中响应物理实体受到的驱动及扰动，描述物理实体模型在控制指令及干扰因素下的行为；规则模型包括约束、关联、推导等规则，使数字镜像具备判断、评估、预测、优化等功能。虚拟模型层与物理实体层交互优化，不断调整模型的参数保证虚拟空间的高保真度。

服务应用层在物理实体和虚拟模型的基础上，通过监控、维修、保养、预测等系统模块向用户直观地展示物理实体运行情况和虚拟模型判断、评估、预测结果，并针对物理实体运行情况提供优化策略。例如，在监控方面，服务应用层可具备制造资源实时监控、生产质量监控、生产进度监控等功能；在维修保养方面，可与虚拟模型相关联，提供设备维修保养方案查询功能，在预测方面，可通过先进的算法，对系统运行过程中的关键问题提供评估预测结果。

数字纽带通过 Powerlink、OPC UA 实现两个功能：

1）包含、存储各层级中的数据和规则知识。例如，物理实体生产数据，虚拟模型层仿真数据，服务应用的维修数据、监控数据、故障分析数据和健康评估数据等。这些多源异构数据通过数字纽带融合成可统一操作的信息模型，并在物理对象的全生命周期中不断更新与优化。

2）数字纽带支持层级之间的数据流动，保证有效的信息传递，实现虚实空间的实时交互。例如，在获取物理层信息后，数字纽带层可将基于知识库的虚拟模型仿真结果和服务层的改进方案实时反馈到生产现场，对生产活动指导，实现生产过程的迭代优化和预测。

柔性电驱数字孪生系统总体结构、基于 MapleSim 的开发流程示例、基于 OPC UA 信息传输的数字孪生分别如图 9.17 ~ 图 9.19 所示。

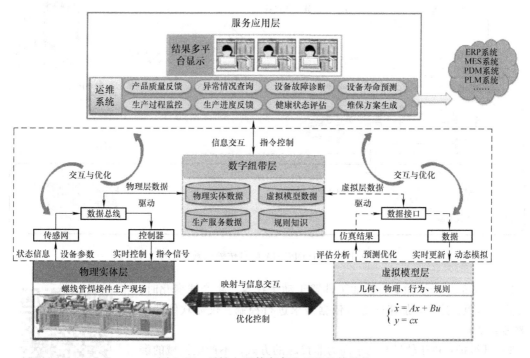

图 9.17　柔性电驱数字孪生系统总体结构

9.2.4　基于柔性电驱输送的生产线设计优势

柔性电驱输送技术为智能生产线的设计带来了变革性的影响。柔性电驱输送系统带给生产线规划的影响如图 9.20 所示。

基于柔性电驱输送的生产线设计优势如下：

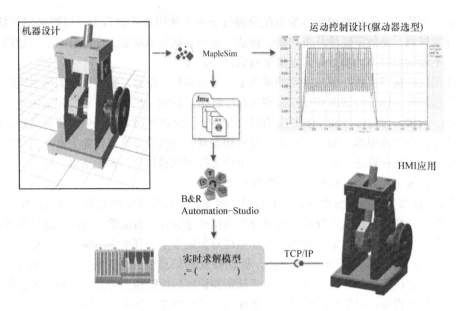

图 9.18 基于 MapleSim 的开发流程示例

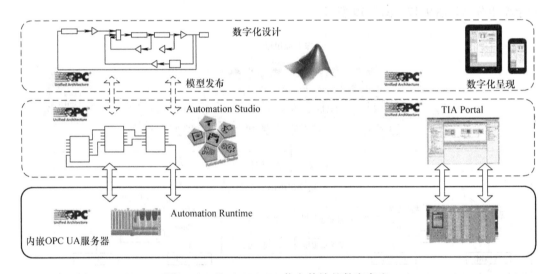

图 9.19 基于 OPC UA 信息传输的数字孪生

1）灵活的生产线输送：被加工件置于动子托盘，生产线变化时，其位置、间距、速度、加速度等可依据需求进行控制，仅需软件即可更改参数设置。

2）低维护：由于轨道与动子间为非接触的方式，不产生机械的磨损，不会有大量的维护工作，可长期运行。

3）结构简单：柔性输送系统仅需匹配合适数量动子，即可实现复杂的生产线需求。

9-5. ACOPOStrak 灵活

4）波动抑制的功能：传统机械输送如液体的时候需要考虑液位的波动，因此无法高速运行。柔性输送系统可以通过算法控制动子速度和加速度，抑制液体波动，以较高的速度输送液体。

图 9.20　柔性电驱输送系统带给生产线规划的影响

5）生产线复用：传统的机械生产线在经过大的工艺变更后，几乎完全抛弃，需要重新规划，如手机从金属外壳转为陶瓷、塑料外壳的生产线工艺变更。柔性输送系统则会尽量复用大部分生产线，仅需进行修改工装夹具的调整，这样就大幅降低工程量，节省成本。

9-6. ACOPOStrak 分流

9-7. ACOPOStrak 智能

9.3 基于 ACOPOStrak 的柔性生产线设计

ACOPOStrak 是一个基于线性驱动技术的智能轨道系统，采用模块化设计，拥有完全自由的设计轨道布局，不同轨道间可以变轨，可以进行灵活、无死角的工站配置，借助于高效智能系统软件，满足不同客户升级或者扩容的需求，完成高效的大规模生产小批次个性化产品的加工任务。

柔性生产线的项目实施流程如图 9.21 所示。

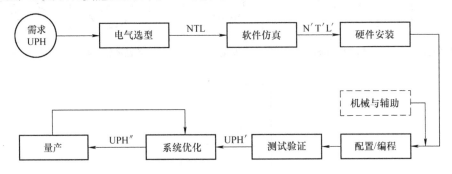

图 9.21　柔性生产线的项目实施流程

图 9.18 中，柔性生产线流程执行中的几个重要参数如下：

（1）UPH：单位时间产出（Units per Hour，UPH）

UPH 是用户对于整个生产线所设定的产能指标，是单位时间内的产成品的数量，UPH 参数由需求方进行设定，作为整个项目实施的目标。在实施过程中，UPH′代表经过仿真得到的产能；UPH″代表最终生产线投产中的产能。系统设计与规划的目标在于让 UPH = UPH′ = UPH″。

（2）N：工站数量

根据 UPH、生产流程来规划设计的工站个数，如经过一个焊接工站、一个检测工站、一个钻孔工站，则 N = 3。

（3）T：动子在每个工站所需的停留时间

动子在每个工站进行的加工动作不同，所需的停留时间不同。因此，生产线设计需要确定每个动子停留时间，这个时间与整个生产线动子的匹配相关。如 A 工站每个加工过程时间需要 3s，B 工站需要 1s，则在整个生产线规划时，在 A 工站安排 1 个产品加工的同时，B 工站安排 3 个产品加工，这样就可以优化生产。对于生产线整体设计，需要依据工站数、动子数量、T 值等指标，优化生产配置。

（4）L：生产线轨道总长

生产线轨道的整体长度由各个轨道段的轨道长度和间隔长度构成。动子在单位轨道上的布局数量与所需的加减速性能有关。尽管 ACOPOStrak 提供间距 150mm 的动子最小间距，但是，过短则影响每个动子的加减速性能，过长则会增加生产线整体的成本。

N′、T′、L′指的是优化后的 N、T、L 值。UPH、N、L、T 参数是柔性生产线设计的关键参数，后续的配置与开发都围绕这几个重要目标来进行优化。

9.3.1 需求分析

需求分析是整个工程实施的第一步，必须明晰用户需求，才能避免设计的反复及遗漏，并据此制定有效的架构，为项目制定时间、质量控制的计划。

工程项目的需求分析是项目成功的基础保障，而且，在项目的进程中，必须不断地与需求方沟通，以确保使用方和技术提供方之间的工程效率，避免返工等影响进度和质量的事件发生。整个项目的需求分析、沟通过程中，必须形成规范的文档，以备后续实施操作使用。柔性生产线需求定义表见表 9.2。

表 9.2　柔性生产线需求定义表

基本信息				
	用户名称		行业		
	项目编号		机械联络人		
	时间		电气联络人		
产线需求				
目标输出				
机器参数				
环境	温度		湿度		化学品
	IP 等级		清洗		
安装方式	垂直		水平		夹角
工站数				
流程时间				
动子数量				
同步的动子				
动子信息				
动子重复定位精度需求				
工装安装坐标点				
夹具重量				
工装及产品空间				
动子加工流程中的受力				
动子规格	□50mm　□100mm			
系统是否有速度限制？	注：与安全或者运动的振动影响有关			
产品是否有加速度限制？				

制定明确的生产线规划目标非常重要。产能的需求、工艺路径、生产规格范围，这些都会影响后续的选型工作。选型、布局又关系到设备整体的投资，以及是否能够达到设计目标。

柔性生产线的设计规划，需要机械、电气、工艺制程、软件、管理人员共同协作完成，工艺制程人员负责提出整个生产线的工艺需求，其他人员在整个生产线实施过程中必须予以考虑。

9.3.2　选型设计

确定需求之后，首先就需要进行选型设计。选择合适的机械和电气单元，通过 Powerlink 网络与控制系统进行连接，并将柔性输送系统与机器的其他单元（如机器人、驱动系统、视觉系统、I/O 系统、HMI 系统）进行协同，构成柔性生产线的机、电、软一体化架构。

1. 轨道选型

在柔性生产线设计中，轨道是核心单元。轨道组件有多种形式，柔性输送线的轨道种类见

表9.3。

表9.3 柔性输送线的轨道种类

轨道类型	直道	45°	90°	135°	180°
长度	660mm	900mm	1140mm	1380mm	1620mm
外形					

ACOPOStrak的各种轨道模块可以构成多种开放的、闭环的轨道形式。输送系统选型考虑的因素如下:

1)轨道布局。

2)负载大小。

3)功率匹配。

4)动子的加减速性能。

5)轨道上动子的密度。过度密集会造成加减速性能的损失,过低密度则使得轨道过长,成本提高。

6)空间干涉:通过 Industrial Physics 软件进行验证是否会产生空间干涉。

7)常用和特殊产品的加工中的变化。

2. 轨道布局

ACOPOStrak 柔性生产线系统的选型首先需要确定轨道的布局,根据布局选择轨道组件。根据生产的物料进入、流向、加工工位、检测工位、废品出口、成品出口对轨道进行布局。

规划一个生产过程的轨道布局如图9.22所示。

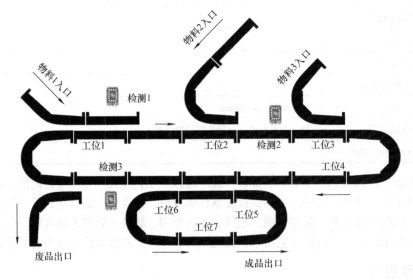

图9.22 规划一个生产过程的轨道布局

3. 电气配置

轨道布局完成后,需要根据轨道长度、动子数量等配置相应的电源、制动电阻、控制器、机器人、视觉系统、熔断器等组件。一组柔性生产线电气配置案例如图9.23所示。

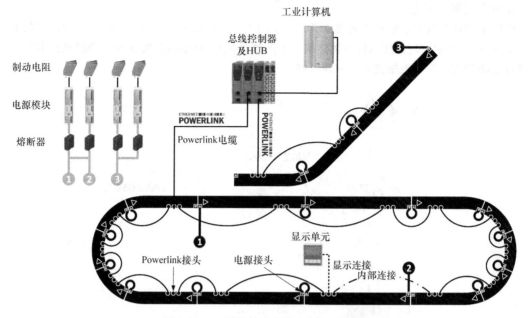

图 9.23　一组柔性生产线电气配置案例

4. 通信配置

柔性生产线 ACOPOStrak 系统通过 Powerlink 链接工业 PC、控制系统、机器视觉系统、I/O、伺服驱动、电动机，形成一个完整的柔性电驱输送系统。

Powerlink 配置规划如图 9.24 所示。在这组配置案例中，控制器（工业 PC、PLC）与电动机之间的通信通过 Powerlink 进行。

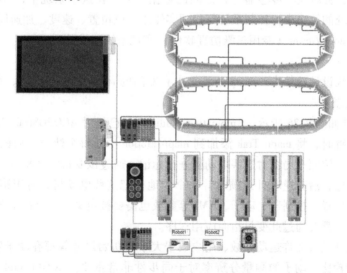

图 9.24　Powerlink 配置规划

9.3.3　仿真与项目开发

实际的工程设计中，可以在贝加莱的操作系统平台 Automation Studio 上对整个生产线项目进行开发，包括创建项目、配置轨道、仿真、控制任务、通信配置等。

1. 仿真与数字孪生

借助于仿真和数字孪生技术实现 ACOPOStrak 的生产线规划。ACOPOStrak 生产线设计的数字孪生如图 9.25 所示。对机械机构整体建模，生产线机械 CAD 图的参数被导入到控制任务中，与传动控制物理实体进行数据交互，实现协同。

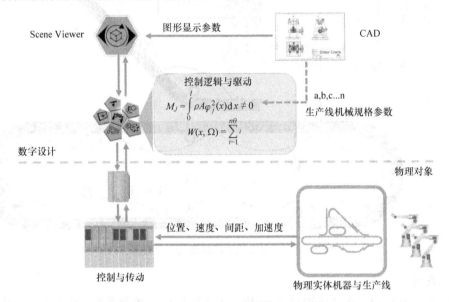

图 9.25 ACOPOStrak 生产线设计的数字孪生

图 9.25 展示了数字设计对象（建模仿真软件、控制系统设计软件）与物理实体对象（ACOPOStrak 硬件、机器人、传感器等）之间的数据交互。在这个系统中，CAD 中的参数作为变量输入到控制系统的算法中，控制系统与物理实体之间就位置、速度、加速度、加加速度进行交互，并可通过 Scene Viewer（专用三维仿真软件）实现系统三维呈现。

2. 软件配置

柔性输送生产线设计软件中，mapp 工具箱中有专门的 mapp Trak 功能块，在 Automation Studio 平台进行软件配置。

mapp Trak 组件如图 9.26 所示。Automation Studio 系统已经对 ACOPOStrak 进行了封装。柔性生产线进行软件设置时，将 mapp Trak 添加到 mapp Motion 中。每个轨道背后的一个个线圈就相当于一个个电动机，按照布局图对这些电动机进行标记，通过该变量定义相应的电动机。可以从任何一个电动机开始，沿着逆时针或顺时针一个个地标记这些电动机，对于第一个轨道的电动机，必须定义绝对位置。控制器、动子、HMI 等参数也需要被定义。一个系统全局变量会在系统的后台被创建。系统需要通过此变量指向应用程序。

动子的配置包括最大允许运动参数、用户数据大小、初始尺寸等都在动子定型配置中设置。为了给出正确的齿轮比，动子的测量分辨率对于同步性非常重要。ACOPOStrak 生产线设计还需要配置动子的工作区域，包含动子的起始位置、目标位置、相邻的每个动子。区域中的所有电动机也必须一一设置，从而就定义了工作区域的长度和方向。动子定型配置如图 9.27 所示。

3. 数据交互框架

ACOPOStrak 系统任务开发中过程点、用户数据的定义如下：

1）过程点：工作空间中定义的点被添加到区域中并具有各种功能。动子经过一个过程点即

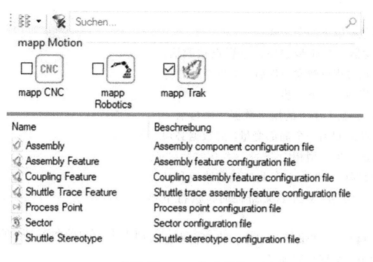

图 9.26　mapp Trak 组件

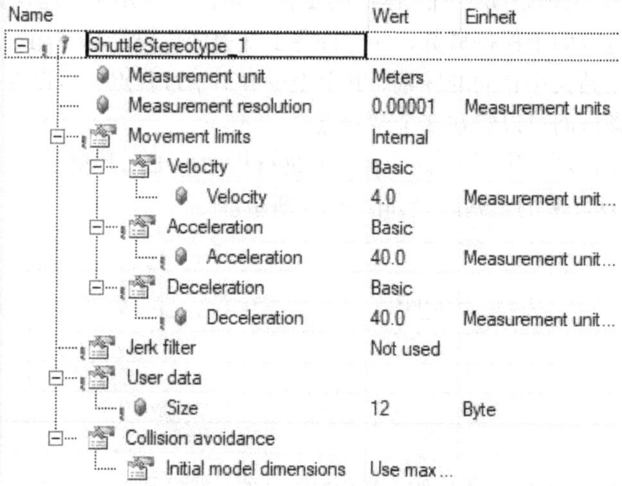

图 9.27　动子定型配置

可触发一个事件，这个过程点就是触发点。例如，动子到达一个钻孔点，就会触发钻头的动作；动子经过一个焊接点，就触发一个焊接动作。

2）用户数据：被加工件被动子上安装的工装夹具、托盘所携带沿着生产线运动，它相当于一个"用户"。用户数据是为了每个动子生成的数据，其基础是用户定义的数据结构，用户可以将其设计为所需的大小和范围。用户数据包含产品状态、产品序列号、动子信息和其他与过程有关的数据信息。通过功能块和动子的编号，可以读取、修改、写入相应的用户数据。基于用户数据，可以制定流程和路线，并将产品信息保存在数据库中。

ACOPOStrak 实现的数据交互框架如图 9.28 所示。每个动子、轨道过程点、区域、控制与数据库之间进行交互。动子在某个区域，运动到某个过程点，进行某个加工过程，这些信息都会被反馈到数据库中进行记录，这实质就是一个生产调度系统。

4. 集成到应用

使用步进排序器进行编程，将过程点、用户数据集成到应用中。步进排序器构成了所有后续工站的基础。

步进排序器包括以下四个步骤：

1）检查触发器：在此步骤中，过程点被激活，系统等待事件。在过程点触发事件后，立即对其进行评估，然后系统将切换到下一步。

2）获取用户数据：动子的用户数据和来自前一步动子属性可以被复制到一个局部变量。此数据必须与用户数据定义的数据类型相同。

3）处理：根据用户数据，在此处确定路线和其他过程。当该过程完成或已定义路径时，执行下一步。

4）设定用户数据：在最后一步中，将来自本地变量的修改后的用户数据写回动子。

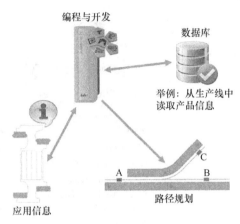

图 9.28 ACOPOStrak 实现的数据交互框架

5. ACOPOStrak 的工站

在 ACOPOStrak 中，工站是动子相互作用的工作区域。在应用中，建议为每个工站创建一个单独的任务或动作。这有助于保持概览，并允许将工站程序代码复制并用于新的工站。

工站的基础是与工站大小相同的区域。其上至少有 1 个过程点，可以为要处理的动子提供动子属性。如果需要，该区间可以存在多个过程点。

一个工站分为两个区域：① 工作区，在其间进行机械加工和其他操作；② 等待区，动子在那里等待处理。ACOPOStrak 的工站配置如图 9.29 所示。

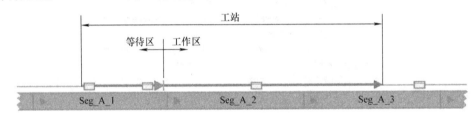

图 9.29 ACOPOStrak 的工站配置

工站还具有的优点：可以非常轻松地移动区域，从而移动整个工站。由于过程点和工站中的位置均以该区域为参考，因此无需更改；由于过程点和位置都已在区域中引用，因此路线也会自动调整。

工站编程：创建一个新任务对工站进行编程时，可以复制和修改已用于其他工站的程序。在任务中，将工站编程定为步进排序器可以提高清晰度和简便性。

6. ACOPOStrak 的 Interlinking

ACOPOStrak 的模块化设计和过程为导向的软件编程使其可以与传统的传送带连接，在 ACOPOStrak 工作区进行相应加工操作。

当动子进入 ACOPOStrak 系统工作区，必须通过应用程序将其添加到正确的位置对动子进行控制。在动子再次推出轨道之前，必须先通过应用程序将其删除。删除动子后，要确保动子个体确实离开了轨道。否则，由于缺少对动子碰撞监控，动子可能会发生碰撞。灌装站的 Interlinking 案例如图 9.30 所示。

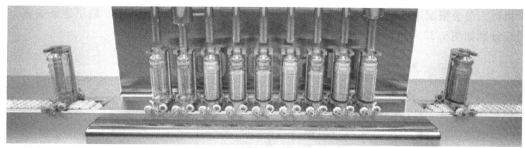

图 9.30 灌装站的 Interlinking 案例

7. 总结

ACOPOStrak 是一种灵活的轨道系统，核心是由四种类型的电动机组装而成的线形电动机系统。四种电动机类型是，直线电动机、45°电动机 、向右弯曲 22.5°电动机、向左弯曲 22.5°电动机。

ACOPOStrak 借助于模块化的系统设计方法，实现了全新的机器设计。快速启动和运行 ACOPOStrak 所需的所有步骤都可以在 Automation Studio 中完成。强大的软件功能贯穿于系统开发、布局、配置、编程、调试的全过程，减少了项目开发所需要的时间。

受益于面向过程的编程，程序员描述和定义轨道上产品流程变得简洁方便，可以在 Automation Studio 平台轻松配置和编辑 ACOPOStrak 智能系统软件。相较于单独对大量的轴或动子进行编程，体现了最大化的系统灵活性。集成防撞功能的自助交通控制减轻了开发人员的负担。

轨道上动子的运动基于过程点控制。在过程点，可以再次读取和写入特定动子的用户数据，用来定义动子的前进方向。有关产品信息可以直接存储在动子中，质量较差的产品可以使用高速变轨的方式从生产线中剔除。

ACOPOStrak 模块化设计和过程为导向的软件设计，使其可以与常规传送带结合使用。将 ACOPOStrak 安装在工厂的某个过程区域，节省成本的同时可以获得更大的灵活性。

9.3.4 安装调试

长定子直线电动机是一个典型的机电一体化产品，ACOPOStrak 的安装包含机械、电气的联合安装与调试。

9-8. ACOPOStrak
虚拟调试

1. 机械系统的安装

首先通过 Solidworks、Pro – engineering 等三维软件绘制并测试整个机械系统布局。ACOPOStrak 机械系统布局案例如图 9.31 所示。

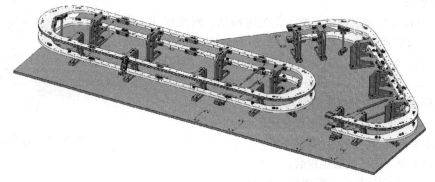

图 9.31 ACOPOStrak 机械系统布局案例

　　机械人员会根据布局制定安装计划。轨道基础安装、轨道基础架构安装、轨道磁条安装、动子安装分别如图 9.32 ~ 图 9.35 所示。

图 9.32　轨道基础安装

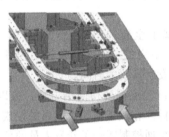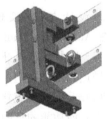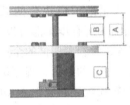

图 9.33　轨道基础架构安装

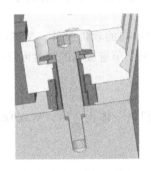

图 9.34　轨道磁条安装

2. 电气调试

　　ACOPOStrak 系统电气调试步骤：①上电测试，网络连接，检测电气、电源接线连接是否准确可靠；②在 Sence Viewer 中对运动过程进行测试，也可以与 MapleSIM 进行虚拟测试。ACOPOStrak 在 Sence Viewer 中的三维交互如图 9.36 所示。

　　ACOPOStrak 调试主要解决的问题如下：

　　1）整个动子的运动是否合乎设计规范。

　　2）性能指标是否达到设计要求。

　　3）各种工况下的参数最优组合。

　　典型的柔性电驱输送产线配置如图 9.37 所示。

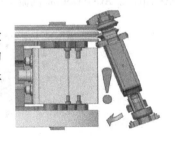

图 9.35　动子安装

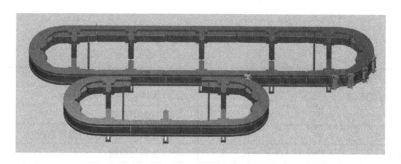

图 9.36　ACOPOStrak 在 Sence Viewer 中的三维交互

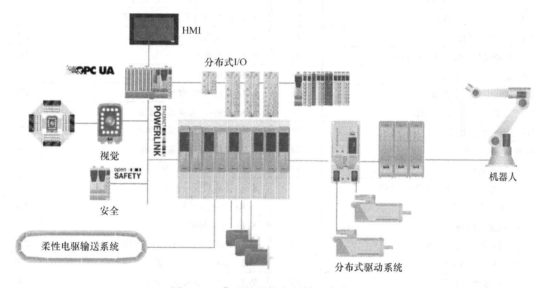

图 9.37　典型的柔性电驱输送产线配置

9.3.5　系统验收

生产线验收需要逐项考核制定的技术规范，包括：

1）项目验收单：最初设计规划相关的技术指标与功能设计需求。

2）项目变更说明：整个项目的设计过程中，根据现场需求的变化而产生的早期规范的变更以及确认。

3）系统使用手册：包含为用户操作系统所设置的安全规范指南、启动、运行、报警、维护等方面的相关指导性文件。

4）项目总结报告：针对项目开发中出现的各种问题、经验进行汇集，以便开发团队积累经验，降低后续开发风险。

二维码清单

温馨提示：翻到相应页码扫描二维码，即可观看视频！